空间信息获取与处理前沿技术丛书

稀疏贝叶斯ISAR成像技术

张双辉　刘永祥　黎　湘　著

科 学 出 版 社

北　京

内 容 简 介

逆合成孔径雷达成像是通过目标电磁散射回波获取尺寸、结构的重要途径，在稀疏孔径条件下，逆合成孔径雷达成像面临旁瓣与栅瓣干扰严重、平动补偿难等科学难题。针对这些难题，本书对稀疏贝叶斯逆合成孔径雷达成像技术进行详细论述。主要内容包括稀疏贝叶斯先验建模、稀疏孔径逆合成孔径雷达自聚焦、横向定标、双基逆合成孔径雷达成像与干涉逆合成孔径雷达成像等。本书重点阐述研究团队在稀疏孔径逆合成孔径雷达成像方面的研究成果，并归纳和整理国内外发展现状和最新成果。

本书可以作为信息与通信工程、电子科学与技术、雷达工程等专业的研究生教材，同时可作为雷达信号处理、目标识别等相关领域教学科研与工程实践的参考书。

图书在版编目(CIP)数据

稀疏贝叶斯ISAR成像技术 / 张双辉，刘永祥，黎湘著. —北京：科学出版社，2020.10

(空间信息获取与处理前沿技术丛书)

ISBN 978-7-03-066127-2

Ⅰ. ①稀… Ⅱ. ①张… ②刘… ③黎… Ⅲ. ①合成孔径雷达-图像处理 Ⅳ. ①TN958

中国版本图书馆CIP数据核字(2020)第173977号

责任编辑：张艳芬 李 娜 / 责任校对：王 瑞

责任印制：吴兆东 / 封面设计：陈 敬

科 学 出 版 社 出版

北京东黄城根北街 16 号

邮政编码: 100717

http://www.sciencep.com

北京中石油彩色印刷有限责任公司 印刷

科学出版社发行 各地新华书店经销

*

2020 年 10 月第 一 版 开本：720 × 1000 1/16

2021 年 3 月第二次印刷 印张：12 1/4

字数：232 000

定价：108.00 元

(如有印装质量问题，我社负责调换)

《空间信息获取与处理前沿技术丛书》序

进入 21 世纪，世界各大国加紧发展空间攻防武器装备，空间作战被提到了国家军事发展战略的高度，太空已成为国际军事竞争的战略制高点。作为空间攻防的重要支撑，同时伴随着我国在载人航天、高分专项、嫦娥探月、北斗导航等重大航天工程取得的成功，空间信息获取与处理技术也得到了蓬勃发展，受到国家高度重视。空间信息获取与处理技术在科学内涵上属于空间科学技术与电子信息技术交叉的学科，为各种航天装备的开发和建设提供支持。

国防科技大学是我国国防科技自主创新的高地。为适应空间攻防国家重大战略需求和学科发展要求，2004 年正式成立了空间电子技术研究所。经过十多年的发展，目前已经成长为相关领域研究的中坚力量，取得了一大批研究成果，在国内电子信息领域形成了一定的影响力。为总结和展示研究所多年的研究成果，也为有志于投身空间信息技术事业的研究人员提供一套有用的参考书，我们组织撰写了《空间信息获取与处理前沿技术丛书》，这对推动我国空间信息获取与处理技术发展无疑具有极大的裨益。

空间信息领域涉及信息、电子、雷达、轨道、测绘等诸多学科，其新理论、新方法与新技术层出不穷。作者结合严谨的理论推导和丰富的应用实例对各个专题进行了深入阐述，丛书概念清晰，前沿性强，图文并茂，文献丰富，凝结了各位作者多年深耕结出的累累硕果。

相信丛书的出版能为广大读者带来一场学术盛宴，成为我国空间信息技术发展史上的一道风景和独特印记。丛书的出版得到了国防科技大学和科学出版社的大力支持，各位作者在繁忙教学科研工作中高质量地完成书稿，特向他们表示深深的谢意。

2019 年 1 月

前　言

雷达成像作为雷达获取目标结构信息的主要手段，是雷达技术发展的重要里程碑，已广泛应用于军事与民用领域。其中，逆合成孔径雷达(inverse synthetic aperture radar，ISAR)是通过目标相对雷达运动所形成的虚拟孔径，实现对运动目标(飞机、导弹、卫星、舰船……)的凝视成像，可为雷达目标识别提供目标尺寸、结构特征，在战略预警、导弹防御及雷达天文学等领域具有重要的应用价值。

在雷达接收信号过程中，激烈的攻防对抗、较低的信噪比、受限的雷达资源等因素将导致雷达回波脉冲间隔不均匀，一般称为稀疏孔径雷达回波。在稀疏孔径条件下，传统距离-多普勒成像算法受到旁瓣与栅瓣的强烈干扰，且运动补偿精度明显下降，导致 ISAR 图像散焦。作者自 2014 年开始针对稀疏孔径 ISAR 成像技术展开研究，取得了阶段性成果。

多年以来，稀疏孔径 ISAR 成像方面的研究成果零散地发表在国内外学术论文和研究报告中，鲜有关于稀疏孔径 ISAR 成像的专著，鉴于此，作者决定把稀疏孔径 ISAR 成像研究的国内外最新进展及作者的阶段性研究成果总结出版，一方面吸引更多国内学者和机构从事该领域研究，提升国内在 ISAR 成像方面的研究水平；另一方面把已经取得的有价值的成果和结论进行总结，为不同背景下的雷达目标识别提供技术支持。

本书共 8 章。第 1 章介绍稀疏孔径 ISAR 成像概念、内涵，阐述稀疏孔径 ISAR 成像技术研究现状。第 2 章主要开展稀疏贝叶斯重构理论研究，首先提出对数拉普拉斯稀疏先验模型，并采用最大后验概率密度估计实现基于对数拉普拉斯先验的稀疏贝叶斯重构，接着提出拉普拉斯混合先验模型，并提出基于拉普拉斯估计的变分贝叶斯算法，以实现基于拉普拉斯混合先验的稀疏贝叶斯重构。第 3 章主要研究稀疏孔径条件下的 ISAR 自聚焦问题，提出两种基于熵与稀疏联合约束的稀疏孔径 ISAR 自聚焦算法，并通过仿真与实测飞机数据验证算法的有效性。第 4 章主要开展稀疏孔径条件下 ISAR 横向定标技术研究，提出基于最小熵和最大对比度的稀疏孔径 ISAR 横向定标算法，采用修正牛顿迭代算法保证该算法的收敛性。第 5 章主要研究稀疏孔径条件下的 ISAR 联合自聚焦与横向定标技术，在稀疏贝叶斯学习框架下实现 ISAR 图像重构，并在图像重构过程中联合估计初相误差与高阶相位误差。第 6 章主要研究稀疏孔径 Bi-ISAR 成像技术，采用非相参累积对距离像序列进行降噪预处理，提高了回波信噪比，提出一种基于重排时频分析的成像区间选取算法，并提出基于变分贝叶斯推导的短孔径 ISAR 成像算法。

第 7 章针对稀疏孔径 InISAR 成像技术，提出一种基于序贯多通道稀疏贝叶斯学习的稀疏孔径 InISAR 成像算法，提升了不同 ISAR 图像的匹配程度与目标散射点三维坐标估计精度。第 8 章对全书内容进行总结，并对稀疏孔径 ISAR 成像研究进行展望。

感谢课题组研究生陈润琦、黄玺、张弛等，他们先后参与了稀疏孔径 ISAR 成像课题的研究工作，其成果部分反映在本书中。感谢研究生邓理康、李瑞泽，他们参与了校稿。感谢姜卫东研究员、高勋章研究员、霍凯副研究员、刘振副研究员、刘天鹏副研究员、田彪副研究员、彭勃讲师、杨威讲师、卢哲俊讲师、张新禹讲师、沈亲沐博士后，他们对本书的撰写提出了宝贵意见。

本书得到了国家自然科学基金(61801484)、中国博士后科学基金(2019TQ0072)、国家自然科学基金委员会创新研究群体项目基金(61921001)的资助。

限于作者水平和学识，书中难免存在不足之处，希望广大读者批评指正。

目　录

《空间信息获取与处理前沿技术丛书》序
前言
第1章　绪论……1
1.1　引言……1
1.2　高分辨成像雷达系统发展概况……2
1.3　ISAR成像技术研究现状……6
1.3.1　ISAR平动补偿……7
1.3.2　ISAR横向定标……10
1.3.3　稀疏孔径ISAR成像……11
1.3.4　Bi-ISAR成像……12
1.3.5　InISAR成像……13
1.4　本书主要内容……14
参考文献……15
第2章　稀疏贝叶斯重构理论……18
2.1　概述……18
2.2　基于对数拉普拉斯先验的稀疏贝叶斯重构……19
2.2.1　对数拉普拉斯先验……19
2.2.2　基于MAP的稀疏贝叶斯重构……20
2.2.3　实验结果分析……24
2.3　基于LSM先验的稀疏贝叶斯重构……27
2.3.1　基于LSM先验的稀疏建模……27
2.3.2　基于LSM先验的稀疏贝叶斯重构……29
2.3.3　实验结果分析……35
2.4　本章小结……42
参考文献……42
第3章　稀疏孔径ISAR自聚焦技术……44
3.1　概述……44
3.2　稀疏孔径ISAR自聚焦信号模型……44
3.3　基于熵与稀疏联合约束的稀疏孔径ISAR自聚焦……47
3.3.1　基于LA-VB算法的ISAR图像稀疏重构……48

3.3.2 ME1 自聚焦算法……50
3.3.3 ME2 自聚焦算法……52
3.4 实验结果分析……54
3.4.1 仿真数据实验结果……55
3.4.2 实测数据实验结果……66
3.5 本章小结……75
参考文献……76
第 4 章 稀疏孔径 ISAR 横向定标技术……77
4.1 概述……77
4.2 ISAR 横向定标信号模型……78
4.3 基于修正牛顿迭代的 ISAR 成像横向定标……80
4.3.1 基于最小熵的转速估计……80
4.3.2 基于最大对比度的转速估计……85
4.4 实验结果分析……88
4.4.1 仿真数据实验结果……88
4.4.2 实测数据实验结果……99
4.5 本章小结……101
参考文献……102
第 5 章 稀疏孔径 ISAR 联合自聚焦与横向定标技术……103
5.1 概述……103
5.2 信号模型……103
5.3 基于变分贝叶斯算法的 ISAR 图像重构……105
5.4 基于修正牛顿迭代的最小熵 ISAR 联合自聚焦与横向定标……107
5.5 实验结果分析……110
5.5.1 仿真数据实验结果……111
5.5.2 实测数据实验结果……121
5.6 本章小结……133
参考文献……133
第 6 章 稀疏孔径 Bi-ISAR 成像技术……134
6.1 概述……134
6.2 Bi-ISAR 成像信号模型……134
6.3 一维像预处理……137
6.4 稀疏 Bi-ISAR 成像……140
6.5 实验结果分析……143
6.6 本章小结……156

参考文献……156
第 7 章　稀疏孔径 InISAR 成像技术……158
7.1　概述……158
7.2　稀疏孔径 InISAR 成像信号模型……158
7.3　基于 SM-SBL 的稀疏孔径 InISAR 成像……162
7.3.1　稀疏贝叶斯推理……162
7.3.2　基于序贯多通道稀疏贝叶斯恢复算法的 ISAR 成像……166
7.3.3　基于最小二乘法的运动参数估计与滤波……169
7.4　实验结果分析……171
7.5　本章小结……180
参考文献……181
第 8 章　结束语……182

第1章　绪　　论

1.1　引　　言

随着全球信息化程度的不断提高，各国空间攻防对抗愈演愈烈。作为空间攻防对抗的关键技术，空间目标识别越来越受到重视。尤其是为应对战略核导弹的持续威胁，弹道导弹防御系统的发展对空间目标识别技术提出了更高的要求。雷达是空间目标识别的重要传感器，与光学传感器相比，其具有全天时、全天候、穿透性强的优势，不仅可以测量目标位置与速度，实现定位与跟踪，还可捕获目标尺寸、形状等结构化信息。作为雷达获取目标结构信息的主要手段，雷达成像是雷达技术发展的重要里程碑，已广泛应用于军事与民用领域。

一般而言，成像雷达通过发射宽带信号实现距离向分辨，而通过其与目标相对运动产生的多普勒频率实现方位向分辨。根据相对运动形式的不同，成像雷达可分为合成孔径雷达(synthetic aperture radar，SAR)与逆合成孔径雷达(inverse synthetic aperture radar，ISAR)。其中，SAR成像通过雷达平台相对于固定地面运动合成孔径，实现方位向分辨，多用于对地观测；ISAR则是通过目标相对于固定雷达平台运动合成孔径，实现对运动目标(飞机、导弹、卫星、空间站、舰船、空间碎片……)凝视成像[1]。ISAR可为目标识别及分类提供二维尺寸与结构特征，在战略预警、导弹防御及雷达天文学等领域具有重要的应用价值。

在雷达成像中，成像区间内脉冲完整的信号称为全孔径信号。若回波信号存在随机缺失或者成段脉冲缺失，则称为稀疏孔径(sparse aperture，SA)信号。在ISAR系统中，许多因素均可造成回波信号孔径稀疏。首先，由目标距离较远、目标尺寸较小、复杂的空间电磁环境等导致的低信噪比(signal to noise ratio，SNR)将导致部分回波脉冲缺失；其次，在激烈的空间攻防对抗条件下，越来越多样的干扰措施也将导致部分回波脉冲不可用。另外，随着雷达技术的不断提高，多功能雷达的广泛应用也是产生稀疏孔径信号的重要因素。一方面，为同时实现对目标的搜索、跟踪与成像，多功能雷达系统多采用“宽-窄”交替的工作模式，即交替发射窄带信号与宽带信号，通过窄带信号对目标进行跟踪，测量目标位置与速度，通过宽带信号对目标进行成像，以获取目标尺寸结构信息。为降低硬件要求，这种工作模式下的雷达多间歇性地发射宽带信号，从而导致回波的孔径稀疏。另一方面，多通道雷达系统一般频繁地在多通道间来回切换，以实现对多目标的测量。尤其是抛物面天线的多通道雷达，由于只有一个主瓣，同一时刻只能测量主瓣内的目标，当目标群分布较分散时，雷达通道间切换将更加频繁，这种工作模式也将导致回波信号孔径稀疏。对于全孔径信号，传统距离-多普勒(range Doppler, RD)算法可获得理想的 ISAR 图像，然而对于稀疏孔径信号，RD 算法所获得的图像将受到严重的旁瓣、杂波干扰且主瓣展宽，导致分辨率降低，难以满足工程需求。另外，稀疏孔径还严重影响 ISAR 平动补偿的精度，虽然传统包络对齐(range alignment)算法对稀疏孔径信号依然适用，但传统自聚焦算法性能将明显下降，导致 ISAR 图像严重散焦。总之，获得广泛应用的多功能雷达虽然增强了目标识别能力，但增加了雷达成像处理的难度。机遇与挑战并存，开展稀疏孔径条件下 ISAR 成像技术研究具有重要的工程应用价值。

ISAR 成像目标多为飞机、卫星等空间目标或者舰船等海面目标，场景单一，目标区域小。另外，对于高频信号，目标总电磁散射可视为某些等效散射中心电磁散射之和，呈现较强的稀疏特性。因此，国内外学者多采用稀疏恢复算法解决稀疏孔径条件下的 ISAR 成像问题。尤其是近十几年来，压缩感知(compressive sensing, CS)技术[2,3]的兴起为解决稀疏孔径下的 ISAR 成像问题提供了思路，并且可降低对雷达系统采样率的要求，因而获得广泛关注。已经证明，基于贝叶斯框架的稀疏恢复算法采用统计建模，从统计信号处理角度解决稀疏恢复问题。与传统贪婪追踪及正则化稀疏恢复算法相比，稀疏贝叶斯恢复算法在参数学习、全局寻优和减少结构化误差等方面具有明显优势，已广泛应用于各领域。开展稀疏贝叶斯框架下稀疏孔径 ISAR 成像技术研究，对于有效改善稀疏孔径 ISAR 图像质量具有重要的理论意义。

1.2　高分辨成像雷达系统发展概况

高分辨成像雷达系统为 ISAR 成像技术的发展提供了硬件基础。本节主要梳理美国高分辨成像雷达系统发展脉络，以从中获得相关启示，为我国高分辨成像雷达系统研发提供借鉴。

夸贾林环礁是西太平洋马绍尔群岛的最大岛屿，环绕世界上最大的环礁湖。该岛自第二次世界大战期间被美军占领以来，成为美国重要的海军、空军和反导基地，多部高分辨成像雷达均建立于此。1970 年，麻省理工学院林肯实验室联合休斯(Hughes)公司、西屋(Westinghouse)公司、霍尼韦尔(Honeywell)公司以及美国无线电(Radio Corporation of America, RCA)公司在夸贾林环礁建成世界上第一部高功率、远距离宽带成像雷达——ALCOR[Advanced Research Projects Agency (ARPA) - Lincoln C-band observables radar]。如图 1.1 所示，ALCOR 工作于 C 波段(5.4～5.9GHz)，载频为 5.672GHz，发射信号为线性调频(linear frequency modulation, LFM)信号，其带宽为 512MHz，脉宽为 10μs，脉冲重复频率(pulse

速搜索算法估计参数，但是这类算法的运算效率仍难达到实时成像的要求。相比之下，非参数化算法无须对相位误差进行任何模型假设，因而自适应性更强。特显点法是一类典型的非参数化算法，这类算法以强散射点的相位作为参考，补偿各回波脉冲初相误差，主要包括单特显点法(dominant scatter algorithm，DSA)、多特显点法(multiple-scatter algorithm，MSA)与加权多特显点法(weighted multiple-scatter algorithm，WMSA)等。这类算法要求目标包含较强的孤立散射点，当不存在强散射点时，这类算法补偿精度降低。相位梯度自聚焦(phase gradient autofocus，PGA)算法是对特显点法的改进，最初用于SAR自聚焦。该算法对各距离单元多普勒谱进行循环移位与加窗处理，以抑制旁瓣与噪声，提高SNR，再将信号从多普勒域转换至慢时间域，并对其进行初相补偿；之后继续转换至多普勒域，并继续进行循环移位与加窗处理。随着初相补偿精度的提高，多普勒谱不断锐化，窗函数宽度也不断缩小，一般3～5次迭代即可获得较理想的聚焦效果。实验表明，PGA算法运算效率高，对噪声鲁棒性较强，并且聚焦精度明显高于DSA、MSA及WMSA，已在工程中获得广泛应用。但是，PGA算法需要人工设定参数，包括迭代次数及窗函数宽度，在一定程度上限制了其自适应性。

另外获得广泛关注的非参数化算法是基于图像质量的自聚焦算法。该类算法通常采用一定准则衡量图像质量，通过迭代方式获取最优化图像质量的初相误差，并加以补偿，主要包括最大对比度法(maximum contrast algorithm，MCA)、最小熵法(minimum entropy algorithm，MEA)、基于一般化瑞利熵的自聚焦算法及基于稀疏约束的自聚焦算法等。该类算法从整体考虑图像聚焦质量，并且目标无须存在强散射点，因此鲁棒性一般强于特显点法。在这些算法中，基于图像对比度的MCA过度关注强散射点，而忽视弱散射点；基于图像熵的MEA则兼顾了强弱散射点的聚焦，因而可以获得比MCA视觉效果更好的ISAR图像，但运算效率低于MCA。在已有MEA中，不同的寻优策略对应的运算效率有所不同。起初，Li等[10]采用尝试错误法搜寻各回波初相误差，运算效率低。随后，Wang等[11]引入不动点迭代法，以图像熵不动点对应的初相误差实现ISAR自聚焦。该算法与尝试错误法和MEA相比，运算效率大大提升，并且鲁棒性较强，是基于MEA的ISAR自聚焦算法发展的重要里程碑。林肯实验室Thomas等[12]进一步对MEA效率进行改进，分别提出逐点更新(coordinate descent based MEA，CD-MEA)法及批量更新(simultaneous update based MEA，SU-MEA)法。相比基于不动点迭代的MEA，CD-MEA与SU-MEA在运算效率上均有所提升，并且保证了图像熵在每次迭代过程中单调递减。其中，CD-MEA一次更新一个回波初相误差，效率较低，但鲁棒性较强；SU-MEA则是一次批量更新所有回波初相误差，鲁棒性低于CD-MEA，但运算效率较高。近年来，Lee等[13]提出了一种基于特征图像的最小熵自聚焦算法，该算法通过特征分解将整幅 ISAR 图像的聚焦转化为特征图像聚焦问题，其中，特征图像由少数特征向量组成。与原始 ISAR 图像相比，特征图像的维度大大降低(脉冲个数从几百个降至几个)，因而运算效率获得极大提升。该算法虽然在聚焦效果上不如传统 MEA，并且需要人工设定特征值门限，但其通过特征分解对图像的降维处理为后续提升 ISAR 自聚焦运算效率的研究提供了可借鉴的思路。

另外，非参数化算法还包括加权最小二乘(weighted least square，WLS)法、最大似然估计(maximum likelihood estimation，MLE)自聚焦算法及基于高阶统计量的自聚焦算法等。这些算法的鲁棒性均不如基于迭代求解的最小熵自聚焦算法。

1.3.2 ISAR 横向定标

ISAR 横向定标是指将 ISAR 图像的方位向从多普勒频率标定为实际距离，是基于 ISAR 图像的目标尺寸估计与形状反演的必要环节。ISAR 图像距离向分辨率为 $c/(2B)$，其中，c 为光速，B 为信号带宽。由于信号带宽已知，因此可以直接完成距离向定标；而其方位向分辨率为 $\lambda/(2\theta)$，其中，λ 与 θ 分别为信号波长与成像时间段内目标相对雷达的总转角。ISAR 成像多针对非合作式目标，目标转角通常未知，导致 ISAR 图像方位向分辨率未知，因而 ISAR 横向定标一般可等效为目标转角估计问题。当目标运动平稳、成像时间段较短时，目标在成像时间段内可近似为匀速旋转，此时横向定标亦可等效为目标转速估计。另外，当目标尺寸或转角较大时，由旋转引入的高阶相位项将导致多普勒谱展宽，使得 ISAR 图像散焦，必须加以补偿，称为多普勒单元走动校正或者高阶相位误差补偿。

已有的 ISAR 横向定标算法可分为基于图像驱动的横向定标算法与基于数据驱动的横向定标算法两大类。其中，基于图像驱动的横向定标算法直接估计两幅 ISAR 图像或其变换域图像的旋转角度，或者从 ISAR 图像中提取强散射点，并估计其旋转角度。该类算法对 ISAR 图像质量要求较高，当 SNR 较低或者雷达回波孔径稀疏时，ISAR 图像的质量难以满足要求。并且，该类算法至少需要两幅 ISAR 图像才可估计目标转角，当回波脉冲有限时，难以获得两幅清晰的 ISAR 图像。另外，ISAR 图像旋转与匹配处理导致这类算法运算效率较低，难以满足实时成像的要求。基于数据驱动的横向定标算法由回波数据驱动，该类算法通过估计距离像二阶相位系数获取目标转速估计，实现横向定标，并补偿二阶相位误差，从而提升 ISAR 图像的聚焦效果。这类算法包括基于 WLS 的横向定标算法与基于图像质量的横向定标算法等。其中，基于 WLS 的横向定标算法一般需要选取特显点所在的距离单元，以保证目标转速的估计精度；基于图像质量的横向定标算法则以图像熵或者对比度为衡量准则，通过最优化 ISAR 图像质量获取目标转速估计。

该类算法无须选取特显点所在距离单元，并且以迭代寻优的方式估计目标转速，鲁棒性强于基于 WLS 的横向定标算法。

当回波数据孔径稀疏时，ISAR 横向定标面临挑战。一方面，稀疏孔径数据的 RD 成像结果受到严重的旁瓣干扰，ISAR 图像质量难以满足基于图像驱动的横向定标算法的要求；另一方面，稀疏孔径数据将弱化回波之前的相干性，导致基于数据驱动的横向定标算法的估计精度降低。为解决稀疏孔径条件下的横向定标，文献[14]提出了一种基于稀疏恢复的定标算法，该算法依次假定不同的目标转速，并分别采用正交匹配追踪（orthogonal matching pursuit，OMP）算法重构 ISAR 图像，再从中选取对比度最大的图像作为最终成像结果，而该图像对应的转速即目标转速估计值。该算法可获取分辨率较高的 ISAR 图像，但由于采用尝试错误法估计目标转速，运算效率与转速估计精度较低。文献[15]在对 ISAR 图像进行稀疏重构的过程中，采用牛顿迭代对目标转角进行估计，以实现稀疏孔径条件下的联合 ISAR 成像与横向定标。但是，该算法容易陷入局部最优解，对目标转角的初值设定要求较高。稀疏孔径条件下的 ISAR 横向定标目前仍是工程上亟待解决的难题，具有较大的研究价值。

1.3.3 稀疏孔径 ISAR 成像

如 1.1 节所述，多种因素均可导致回波孔径稀疏，给后续 ISAR 成像处理带来挑战。稀疏孔径条件下 ISAR 成像的技术难点主要包括稀疏孔径条件下的旁瓣抑制与分辨率提高、稀疏孔径 ISAR 自聚焦与稀疏孔径横向定标等。

为有效抑制 RD 成像算法在稀疏孔径条件下产生的强旁瓣干扰与主瓣展宽，稀疏孔径 ISAR 成像一般通过稀疏恢复算法实现，而 ISAR 图像本身具有的强稀疏特性则是稀疏恢复算法可应用于 ISAR 成像的前提和基础。稀疏恢复算法经过几十年的发展，大致可分为贪婪追踪算法、l_p 正则化算法及稀疏贝叶斯重构算法三类。其中，贪婪追踪算法通过最大化观测数据与支撑基之间的匹配度逐个增加支撑基，直至残余误差小于设定阈值。典型的贪婪追踪算法包括匹配追踪（matching pursuit，MP）算法[16]、OMP 算法[17]及其改进算法。这类算法运算效率高，但重构精度较低，与 l_p 正则化算法及稀疏贝叶斯重构算法相比，需要更多的观测值。l_p 正则化算法通过引入 $l_p(0<p\leqslant 1)$ 范数正则项实现稀疏约束，以避免 l_0 范数导致的 NP 难问题。不同正则化范数对应不同算法。l_1 范数对应目标函数为凸函数，对应稀疏恢复算法为凸优化问题，求解方便，但解不一定为最稀疏结果。l_1 正则化算法包括基追踪（basis pursuit，BP）算法[18]、最小绝对收缩与选取（least absolute shrinkage and selection operator，LASSO）算法、稀疏重构梯度投影（gradient projection for sparse reconstruction，GPSR）算法[19]与加权 l_1 法[20]等。当 $0<p<1$ 时，l_p 正则化

算法称为聚焦欠定系统求解(focal underdetermined system solver，FOCUSS)算法[21]。与 l_1 不同，FOCUSS 算法存在许多局部最优解，当 p 趋近于 0 时，这些局部最优解逼近最稀疏解。另外，正则化稀疏恢复算法需人工设置正则系数，自适应性有限。贝叶斯稀疏重构算法[22,23]从统计学角度实现稀疏恢复，对待恢复信号进行稀疏先验建模，再结合似然函数求解后验概率密度，最后以后验概率密度的期望作为稀疏信号的估计。与贪婪追踪算法及正则化稀疏恢复算法相比，贝叶斯稀疏重构算法更容易获得最稀疏解，并且可以在稀疏重构过程中自动学习未知参数，因而自适应性更强。随着稀疏恢复算法的不断发展，国内外学者相继提出一系列基于稀疏恢复的 ISAR 成像算法，对改善稀疏孔径下的成像质量具有重要意义。

一般而言，稀疏孔径并未破坏不同回波距离像包络之间的相似性，因而传统包络对齐算法依然适用。然而在稀疏孔径条件下，信号的相干性遭到破坏，使得自聚焦性能受到严重影响。在传统自聚焦算法中，包括 DSA、MSA、WMSA 及 PGA 算法在内的特显点自聚焦算法基本失效，而基于图像质量的自聚焦算法(MEA、MCA)虽然并未完全失效，但聚焦精度大大降低。为解决稀疏孔径条件下的 ISAR 自聚焦问题，目前的稀疏成像算法多采用分步补偿的策略，即先采用传统 MEA、MCA 等算法实现对初相误差的粗估计，再在 ISAR 图像稀疏重构的过程中进一步采用 MLE 自聚焦算法进行初相误差精估计。当回波稀疏孔径程度较高时，这类算法补偿精度较低，并且收敛速度慢，运算效率较低。稀疏孔径下的 ISAR 自聚焦问题至今仍未得到完全解决，是稀疏孔径 ISAR 成像发展的瓶颈。

1.3.4 Bi-ISAR 成像

经过几十年的发展，单基 ISAR 技术已相对成熟，可以获得分辨率较高的 ISAR 图像。然而，单基 ISAR 存在两个明显缺陷。首先，单基 ISAR 通过目标相对雷达 LOS 的转动实现方位向分辨，因而对目标运动形式提出了一定的要求。当目标沿雷达 LOS 方向运动时，不存在转动分量，此时将无法通过单基 ISAR 实现目标方位向分辨。ISAR 作为战略预警中的重要传感器，通常是战场首要打击目标，容易受到战略战术导弹攻击。当受到战略战术导弹攻击时，单基 ISAR 无法对迎面飞来的弹头进行成像，存在明显缺陷。其次，ISAR 通常具有较高的发射功率，以获取较大的作用距离，满足弹道导弹预警与空间目标监视要求。此时，收发同址的单基 ISAR 容易暴露自身位置，战场生存能力较弱。为应对上述单基 ISAR 的两大明显缺陷，Bi-ISAR 应运而生。Bi-ISAR 系统通过两部分布式雷达分别实现信号收发，以满足对目标运动形式的要求，并且有效隐藏接收雷达的位置，可弥补单基 ISAR 的两大缺陷。此外，Bi-ISAR 还是多基 ISAR、被动 ISAR、等效 Bi-ISAR(即通过海面反射形成等效双基信号)及干涉 Bi-ISAR 等技术的研究基础，具有重要的研究价值。

意大利比萨大学 Marco 所在团队较早开展了 Bi-ISAR 的研究，搭建了 Bi-ISAR 系统，以验证 Bi-ISAR 技术的可行性。在实测数据的支持下，该团队开展了一系列 Bi-ISAR 关键技术研究，包括 Bi-ISAR 点散射函数推导[24]、同步相位误差分析[25]、Bi-ISAR 单基等效估计、双基角变化对 Bi-ISAR 成像的影响分析、被动 Bi-ISAR 成像[26]及双基三维 InISAR 成像[27]等，推动了 Bi-ISAR 技术的发展。此外，Bi-ISAR 分辨率与多普勒分析、Bi-ISAR 成像平面确定、Bi-ISAR 干扰及基于 Bi-ISAR 的三维定标等技术同样获得了关注。

本书主要介绍一种低 SNR 稀疏孔径复杂运动目标 Bi-ISAR 技术。由于双基角的影响，Bi-ISAR 下目标的复杂运动导致的多普勒变化比单基 ISAR 更加显著，必须选取合适的成像区间段进行成像，而且选出的成像区间段通常较短，导致 RD 成像方位向分辨率较低。当回波 SNR 较低时，可用回波脉冲进一步减少，这增加了成像的难度，本书提出一种针对复杂运动目标的 Bi-ISAR 成像算法，该算法先对回波进行高速运动补偿，再基于平滑后的多普勒谱选取成像区间，进一步对选取的成像区间内的回波进行 RD 成像。当选取的成像区间较短时，该算法得到的 ISAR 图像分辨率较低。

1.3.5 InISAR 成像

传统 ISAR 成像只能获得目标的二维图像，而无法获得目标各散射点的高程信息。InISAR 成像是在传统 ISAR 基础上发展起来的，通过干涉技术从多通道 ISAR 图像中重构目标散射点三维坐标的技术。一般而言，InISAR 系统部署 3 部或 5 部垂直分布的天线，以获取多通道 ISAR 图像，再对所得图像进行干涉，得到不同通道间 ISAR 图像的相位差，并通过所得相位差进一步反演得到目标各散射点的三维信息。InISAR 成像主要技术环节包括各通道高分辨 ISAR 成像、多通道 ISAR 图像配准、目标三维坐标反演及运动参数估计等。

InISAR 成像需要获取通道间 ISAR 图像干涉相位，因而对各通道 ISAR 图像质量要求较高，一般要求图像具有较高分辨率，并且各散射点相互分离，以避免各散射点相位相互干扰。在稀疏孔径条件下，传统 RD 成像所得 ISAR 图像分辨率下降，难以达到 InISAR 成像的要求。为提高各通道 ISAR 图像分辨率，已有算法多采用稀疏恢复算法对 ISAR 图像进行稀疏重构。其中，Liu 等[28]采用基于最大后验概率(maximum a posteriori probability，MAP)密度估计的稀疏贝叶斯算法分别对各通道数据进行稀疏成像，其本质上属于 l_1 正则化范畴，重构精度与算法鲁棒性低于基于完全贝叶斯推导的稀疏贝叶斯学习(sparse Bayesian learning，SBL)

算法。并且，该算法独立地稀疏重构各通道 ISAR 图像，而没有利用各通道 ISAR 图像之间的相似性，所得多通道 ISAR 图像匹配度较低，导致后续三维坐标反演精度较低。Wu 等[29]采用快速 SBL 算法分别对各通道 ISAR 图像进行重构，与文献[28]中算法相比运算效率明显提升，但同样未利用各通道 ISAR 图像间的相似性，对 ISAR 图像匹配程度的提升没有贡献。Xu 等[30]提出了一种基于多通道联合稀疏重构的 InISAR 成像算法，该算法利用多通道 ISAR 图像之间的相关性，通过一种改进的 OMP 算法对多通道 ISAR 图像进行联合重构，以最大化匹配不同通道获得的 ISAR 图像，并进一步采用 WLS 法进行野值剔除与运动参数估计。基于仿真与实测数据的实验结果表明，该算法有效改善了稀疏孔径条件下 InISAR 成像效果，提高了目标三维坐标与运动参数估计的精度。但是，该算法对 ISAR 图像的幅度和相位分别进行稀疏重构，运算效率较低。

1.4　本书主要内容

本书以稀疏贝叶斯重构为理论依据，对稀疏孔径 ISAR 成像技术展开研究，主要涉及稀疏先验模型、稀疏孔径 ISAR 自聚焦、稀疏孔径 ISAR 横向定标、稀疏孔径 Bi-ISAR 成像及稀疏孔径 InISAR 成像技术研究，力争回答“如何在稀疏孔径条件下获取高分辨 ISAR 图像”的科学问题，为数据受限条件下的目标尺寸与结构估计提供基础，并推动对应成果在目标探测与识别领域的应用。全书共 8 章，各章内容阐述如下：

第 1 章，首先介绍稀疏孔径 ISAR 成像技术的研究背景及意义，概括国内外高分辨成像雷达系统的发展脉络，并介绍 ISAR 成像技术的研究现状。最后简要介绍全书章节构成。

第 2 章，主要开展稀疏贝叶斯重构理论研究。首先提出对数拉普拉斯稀疏先验模型，并采用最大似然估计实现基于对数拉普拉斯先验的稀疏贝叶斯重构(log-Laplace prior based sparse Bayesian reconstruction，LSR)。接着提出拉普拉斯混合(Laplacian scale mixture，LSM)先验模型，并提出基于拉普拉斯估计的变分贝叶斯(Laplace approximation based variational Bayes，LA-VB)算法，以实现基于拉普拉斯混合先验模型的稀疏贝叶斯推导。

第 3 章，主要研究稀疏孔径条件下的 ISAR 自聚焦问题。提出两种基于熵与稀疏联合约束的稀疏孔径 ISAR 自聚焦算法，采用基于拉普拉斯估计的变分贝叶斯算法对 ISAR 图像进行稀疏重构，并在重构过程中通过最小化 ISAR 图像熵估计初相误差，从而实现自聚焦，最后通过仿真与实测飞机数据进行实验，验证算法有效性。

第 4 章，主要开展稀疏孔径条件下 ISAR 横向定标技术研究。提出基于最小熵和最大对比度的稀疏孔径 ISAR 横向定标算法，采用修正牛顿迭代算法保证该算法的收敛性，并通过仿真与实测数据进行实验结果分析，以验证算法在不同条件下的性能。

第 5 章，主要研究稀疏孔径条件下的高阶相位误差补偿。在稀疏贝叶斯学习框架下实现 ISAR 图像重构，并在重构过程中联合估计初相误差与高阶相位误差，从而实现稀疏孔径 ISAR 高阶相位误差补偿，最后结合实测数据给出相关研究结果。

第 6 章，主要研究稀疏孔径 Bi-ISAR 成像技术。采用非相参累积对距离像序列进行降噪预处理，以提高回波 SNR。提出一种基于重排时频分析的成像区间选取算法，并提出基于变分贝叶斯(variation Bayes，VB)推导的短孔径 ISAR 成像算法，最后展示暗室数据相关实验结果与分析。

第 7 章，主要开展稀疏孔径 InISAR 成像技术研究。提出一种基于序贯多通道稀疏贝叶斯学习(sequential multiple sparse Bayesian Learning，SM-SBL)的稀疏孔径 InISAR 成像算法，提升了不同 ISAR 图像的匹配程度与目标散射点三维坐标估计精度，最后展示相关实验结果与分析。

第 8 章，对全书内容进行总结，并对稀疏孔径 ISAR 成像研究进行展望。

参 考 文 献

[1] 保铮, 邢孟道, 王彤. 雷达成像技术[M]. 北京: 电子工业出版社, 2005.

[2] Donoho D L. Compressed sensing[J]. IEEE Transactions on Information Theory, 2006, 4(52): 1289-1306.

[3] Candès E J, Wakin A M B. An introduction to compressive sampling[J]. IEEE Signal Processing Magazine, 2008, 2(25): 21-30.

[4] Camp W W, Mayhan J T, O'Donnell R M. Wideband radar for ballistic missile defense and range-Doppler imaging of satellites[J]. Lincoln Laboratory Journal, 2000, 12(2): 267-280.

[5] Chen C C. Multi-frequency imaging of radar turntable data[J]. IEEE Transactions on Aerospace and Electronic Systems, 1980, 16(1): 15-22.

[6] Whitney A R, Lonsdale C J, Fish V L. Insights into the universe: Astronomy with Haystack's radio telescope[J]. Lincoln Laboratory Journal, 2014, 21(1): 8-28.

[7] Zhu D, Wang L, Yu Y, et al. Robust ISAR range alignment via minimizing the entropy of the average range profile[J]. IEEE Geoscience and Remote Sensing Letters, 2009, 6(2): 204-208.

[8] Wang R, Zeng T, Hu C, et al. Accurate range profile alignment method based on minimum entropy for inverse synthetic aperture radar image formation[J]. IET Radar, Sonar & Navigation, 2016, 10(4): 663-671.

[9] Peng S B, Xu J, Peng Y N, et al. Parametric inverse synthetic aperture radar manoeuvring target motion compensation based on particle swarm optimizer[J]. IET Radar, Sonar & Navigation, 2011, 5(3): 305-314.

[10] Li X, Liu G , Ni J. Autofocusing of ISAR images based on entropy minimization[J]. IEEE Transactions on Aerospace and Electronic Systems, 1999, 35(4): 1240-1251.

[11] Wang J, Liu X, Zhou Z. Minimum-entropy phase adjustment for ISAR[C]//IEEE Proceedings of Radar, Sonar and Navigation. 2004, 151(4): 203-209.

[12] Thomas J K, Kharbouch A A. Monotonic iterative algorithm for minimum-entropy autofocus[C]// Adaptive Sensor Array Processing (ASAP) Workshop, 2006, 53: 1-6.

[13] Lee S H, Bae J H, Kang M S, et al. Efficient ISAR autofocus technique using eigenimages[J]. IEEE Journal of Selected Topics in Applied Earth Observation and Remote Sensing, 2017, 10(2): 605-615.

[14] Rao W, Li G, Wang X, et al. ISAR 2-D imaging of uniformly rotating targets via matching pursuit[J]. IEEE Transactions on Aerospace & Electronic Systems, 2012, 48(2): 1838-1846.

[15] Jiu B, Liu H, Liu H, et al. Joint ISAR imaging and cross-range scaling method based on compressive sensing with adaptive dictionary[J]. IEEE Transactions on Antennas and Propagation, 2015, 63(5): 2112-2121.

[16] Mallat S G, Zhang Z. Matching pursuits with time-frequency dictionaries[J]. IEEE Transactions on Signal Processing, 1994, 41(12): 3397-3415.

[17] Tropp J A, Gilbert A C. Signal recovery from random measurements via orthogonal matching pursuit[J]. IEEE Transactions on Information Theory, 2008, 53(12): 4655-4666.

[18] Chen S S, Saunders D M A. Atomic decomposition by basis pursuit[J]. Siam Review, 1998, 20(1): 33-61.

[19] Figueiredo M A T, Nowak R D, Wright S J. Gradient projection for sparse reconstruction: Application to compressed sensing and other inverse problems[J]. IEEE Journal of Selected Topics in Signal Processing, 2008, 1(4): 586-597.

[20] Candès E J, Wakin M B, Boyd S P. Enhancing sparsity by reweighted l1 minimization[J]. Journal of Fourier Analysis & Applications, 2010, 14(5-6): 877-905.

[21] Gorodnitsky I F, Rao B D. Sparse signal reconstruction from limited data using FOCUSS: A re-weighted minimum norm algorithm[J]. IEEE Transactions on Signal Processing, 1997, 45(3): 600-616.

[22] Tipping M E. Sparse Bayesian learning and the relevance vector machine[J]. Journal of Machine Learning Research, 2001, 1 (3) : 211-244.

[23] David P, Wipf B D R. Sparse Bayesian learning for basis selection[J]. IEEE Transactions on Signal Processing, 2004, 8(52): 2153-2164.

[24] Martorella M, Palmer J, Homer J, et al. On bistatic inverse synthetic aperture radar[J]. IEEE Transactions on Aerospace and Electronic Systems, 2007, 43(3): 1125-1134.

[25] Martorella M. Analysis of the robustness of bistatic inverse synthetic aperture radar in the presence of phase synchronisation errors[J]. IEEE Transactions on Aerospace and Electronic Systems, 2011, 47(4): 2673-2689.

[26] Martorella M, Giusti E. Theoretical foundation of passive bistatic ISAR imaging[J]. IEEE Transactions on Aerospace and Electronic Systems, 2014, 50(3): 1647-1659.

[27] Zhao L, Gao M, Martorella M, et al. Bistatic three-dimensional interferometric ISAR image reconstruction[J]. IEEE Transactions on Aerospace and Electronic Systems, 2015, 51: 951-961.

[28] Liu Y, Li N, Wang R, et al. Achieving high-quality three-dimensional InISAR imageries of maneuvering target via super-resolution ISAR imaging by exploiting sparseness[J]. IEEE Geoscience and Remote Sensing Letters, 2014, 11(4): 828-832.

[29] Wu Y, Zhang S, Kang H, et al. Fast marginalized sparse bayesian learning for 3-D interferometric ISAR image formation via super-resolution ISAR imaging[J]. IEEE Journal of Selected Topics in Applied Earth Observations and Remote Sensing, 2015, 8(10): 4942-4951.

[30] Xu G, Xing M, Xia X, et al. 3D geometry and motion estimations of maneuvering targets for interferometric ISAR with sparse aperture[J]. IEEE Transactions on Image Processing, 2016, 25(5): 2005-2020.

第2章　稀疏贝叶斯重构理论

2.1　概　　述

稀疏恢复的目标是从较低维度的观测信号中恢复较高维度的稀疏信号，一般可建模为

$$\boldsymbol{y}=\boldsymbol{\Phi}\boldsymbol{w}+\boldsymbol{n} \tag{2.1}$$

式中，$\boldsymbol{y}\in\mathbf{R}^{N}$、$\boldsymbol{\Phi}\in\mathbf{R}^{N\times M}$、$\boldsymbol{w}\in\mathbf{R}^{M}$与$\boldsymbol{n}\in\mathbf{R}^{N}$分别表示观测信号、字典矩阵、稀疏信号及噪声。由于$N<M$，直接从$\boldsymbol{y}$中恢复$\boldsymbol{w}$的线性回归是病态问题，解不唯一。为使该线性回归问题可求解，需要引入额外信息。稀疏恢复算法利用待恢复信号$\boldsymbol{w}$的稀疏特性，使得式(2.1)所示病态问题可解。l_0范数表示信号非零元的个数，可用来表征信号的稀疏度，在l_0范数约束下，式(2.1)的求解可转化为

$$\hat{\boldsymbol{w}}=\arg\min_{\boldsymbol{w}}\left\{\left\|\boldsymbol{y}-\boldsymbol{\Phi}\boldsymbol{w}\right\|_2^2+\tau\left\|\boldsymbol{w}\right\|_0\right\} \tag{2.2}$$

式中，第一项表示对观测信号的拟合；第二项表示对恢复信号的稀疏约束，其约束力度由正则化参数τ控制。不难看出，若无稀疏约束项，则式(2.2)表示MLE。由于观测信号维数低于待恢复信号，MLE将存在无穷多组解。加上稀疏约束项$\tau\left\|\boldsymbol{w}\right\|_0$后，其等价于从这无穷多组解中选取使$\boldsymbol{w}$最稀疏的解。然而，基于$l_0$范数的式(2.2)同样不易求解，属NP难问题，一般较少采用。

目前的稀疏恢复算法主要包括l_p范数正则化算法、贪婪追踪算法及稀疏贝叶斯重构算法三大类。其中，l_p范数正则化算法采用l_p（$0<p\leqslant 1$）范数替换式(2.2)中的l_0范数，有效避免了NP难问题，但同时引入结构误差(全局最优解不一定对应最稀疏解，多见于l_1范数算法)或收敛误差(存在多组局部最优解，多见于l_p范数正则化算法，$0<p<1$)。贪婪追踪算法运算效率高，但重构精度低。相比之下，稀疏贝叶斯重构算法可有效避免结构误差与收敛误差，重构精度高，因而获得了广泛关注。

稀疏先验模型的确定是稀疏贝叶斯重构的首要环节，直接影响重构信号的稀疏度。本章从稀疏先验模型出发，对稀疏贝叶斯重构理论展开研究。其中，2.2节提出对数拉普拉斯稀疏先验模型，并利用MAP估计算法实现基于该先验模型的

稀疏贝叶斯重构；2.3 节进一步对对数拉普拉斯稀疏先验模型进行推广，提出拉普拉斯混合先验模型，并提出一种基于拉普拉斯估计的变分贝叶斯算法，以实现基于 LSM 先验的稀疏贝叶斯重构；2.4 节对本章内容进行小结。

2.2　基于对数拉普拉斯先验的稀疏贝叶斯重构

本节主要对传统拉普拉斯先验进行改进，提出对数拉普拉斯先验[1]，并采用 MAP 算法实现基于对数拉普拉斯先验的稀疏贝叶斯重构，最后通过实验验证对数拉普拉斯先验的稀疏表示性能。

2.2.1　对数拉普拉斯先验

一般而言，稀疏先验模型的概率密度函数(probability density function，PDF)应在零处具有较窄的峰值，使得重构信号各点以较大概率取零，从而保证信号稀疏性；另外，其 PDF 还应具有较高的拖尾，以保证信号非零点的恢复概率。拉普拉斯分布是典型的稀疏先验，早在稀疏恢复理论发展初期，就已验证基于拉普拉斯先验的 MAP 估计等价于 l_1 范数正则化估计，因而可以实现稀疏信号重构。为提升稀疏表示性能，本小节对拉普拉斯先验进行改进，提出一种对数拉普拉斯先验模型，其 PDF 为

$$p(x)=\frac{\lambda}{2}\exp\left[-2\ln\left(|x|+\lambda\right)\right] \tag{2.3}$$

式中，x 表示随机变量；λ 表示尺度因子。由式(2.3)可知，该模型由对拉普拉斯先验 PDF[①]的指数项取对数获得，因此称其为对数拉普拉斯先验。对 $p(x)$ 积分后可得

$$\begin{aligned}\int_{-\infty}^{+\infty}p(x)\mathrm{d}x&=\int_{-\infty}^{+\infty}\frac{\lambda}{2}\exp\left[-2\ln\left(|x|+\lambda\right)\right]\mathrm{d}x\\&=\lambda\int_{0}^{+\infty}\frac{1}{(x+\lambda)^2}\mathrm{d}x\\&=1\end{aligned} \tag{2.4}$$

式(2.4)验证了 $p(x)$ 满足积分特性，表明其为有效的 PDF。图 2.1 给出对数拉普拉斯先验与拉普拉斯先验的 PDF，以比较两者差异，其中两先验的尺度因子均设为 0.5，即 $\lambda=\sigma=0.5$。由图 2.1 可知，与传统拉普拉斯先验相比，本小节所提对数拉普拉斯先验的主瓣更窄、拖尾更高，因而更有利于稀疏先验表征。

---

① 拉普拉斯先验 PDF 表达式为 $p(x)=\frac{1}{2\sigma}\exp\left(-\frac{|x|}{\sigma}\right)$。

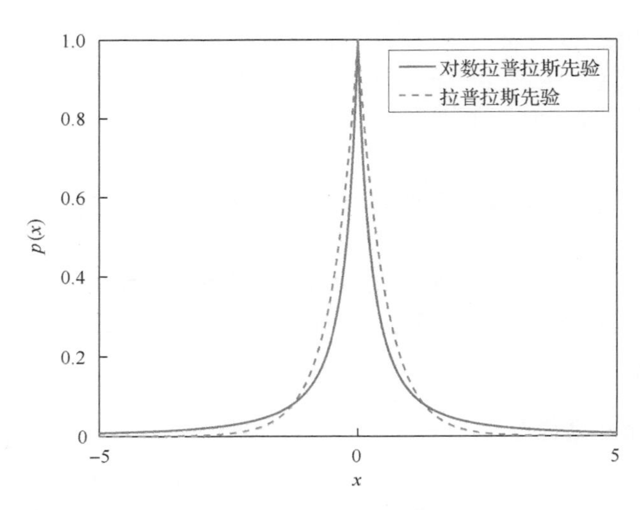

图 2.1　对数拉普拉斯先验与拉普拉斯先验的 PDF 比较

2.2.2　基于 MAP 的稀疏贝叶斯重构

稀疏贝叶斯重构，即从统计学角度求解式(2.1)所示稀疏恢复问题。首先假设噪声 $\boldsymbol{n}$ 为零均值高斯白噪声：

$$p(\boldsymbol{n})=\mathcal{N}(\boldsymbol{n}\mid 0,\sigma^2\boldsymbol{I}_M)=(2\pi\sigma^2)^{-\frac{N}{2}}\exp\left(-\frac{1}{2\sigma^2}\|\boldsymbol{n}\|_2^2\right) \tag{2.5}$$

式中，σ^2 表示噪声方差；$\boldsymbol{I}_M$ 表示 M 阶单位矩阵。观测信号 $\boldsymbol{y}$ 的似然函数为

$$\begin{aligned}p(\boldsymbol{y}\mid\boldsymbol{w};\sigma^2)&=\mathcal{N}(\boldsymbol{y}\mid\boldsymbol{\Phi}\boldsymbol{w},\sigma^2\boldsymbol{I}_M)\\&=(2\pi\sigma^2)^{-\frac{N}{2}}\exp\left(-\frac{1}{2\sigma^2}\|\boldsymbol{y}-\boldsymbol{\Phi}\boldsymbol{w}\|_2^2\right)\end{aligned} \tag{2.6}$$

为实现对信号 $\boldsymbol{w}$ 的稀疏重构，需要进一步对其进行稀疏先验建模。目前，常用的稀疏先验模型包括拉普拉斯先验与高斯尺度混合(Gaussian scale mixture，GSM) 先验(或 Student-t 先验)等。本小节采用 2.2.1 节所提对数拉普拉斯先验对 $\boldsymbol{w}$ 进行建模，假设 $\boldsymbol{w}$ 各点独立同分布，均服从尺度因子为 λ 的对数拉普拉斯分布，则有

$$p(\boldsymbol{w};\lambda)=\prod_{m=1}^{M}\frac{\lambda}{2}\exp\left[-2\ln\left(|\boldsymbol{w}_m|+\lambda\right)\right] \tag{2.7}$$

稀疏贝叶斯重构的目标为通过式(2.7)所示信号先验模型与式(2.6)所示似然函数，推导信号 $\boldsymbol{w}$ 的后验概率密度。由贝叶斯公式可得

$$p\left(\boldsymbol{w}\middle|\boldsymbol{y};\sigma^2,\lambda\right)=\frac{p(\boldsymbol{w};\lambda)\,p\left(\boldsymbol{y}\middle|\boldsymbol{w};\sigma^2\right)}{p\left(\boldsymbol{y}\middle|\lambda;\sigma^2\right)} \tag{2.8}$$

式中，$p\left(\boldsymbol{y}\middle|\lambda;\sigma^2\right)$称为边缘似然函数，可由如下积分获得：

$$\begin{aligned}p\left(\boldsymbol{y}\middle|\lambda;\sigma^2\right)&=\int p\left(\boldsymbol{y},\boldsymbol{w};\lambda,\sigma^2\right)\mathrm{d}\boldsymbol{w}\\&=\int p(\boldsymbol{w};\lambda)\,p\left(\boldsymbol{y}\middle|\boldsymbol{w};\sigma^2\right)\mathrm{d}\boldsymbol{w}\end{aligned} \tag{2.9}$$

然而，式(2.7)所示对数拉普拉斯先验与式(2.6)所示似然函数非共轭，导致不易获得式(2.9)所示积分的解析解，使得式(2.8)所示后验概率密度不易求解。因此，采用 MAP 算法对 $\boldsymbol{w}$ 进行估计：

$$\hat{\boldsymbol{w}}=\arg\max_{\boldsymbol{w}}\left[p\left(\boldsymbol{w}\mid\boldsymbol{y};\sigma^2,\lambda\right)\right] \tag{2.10}$$

式(2.8)中分母与 $\boldsymbol{w}$ 无关，因此式(2.10)可等价于

$$\begin{aligned}\hat{\boldsymbol{w}}&=\arg\max_{\boldsymbol{w}}\left[\ln\frac{p\left(\boldsymbol{y}\mid\boldsymbol{w};\sigma^2\right)\ln p(\boldsymbol{w};\lambda)}{p\left(\boldsymbol{y};\sigma^2,\lambda\right)}\right]\\&=\arg\max_{\boldsymbol{w}}\left[\ln p\left(\boldsymbol{y}\mid\boldsymbol{w};\sigma^2\right)+\ln p(\boldsymbol{w};\lambda)\right]\end{aligned} \tag{2.11}$$

将式(2.6)与式(2.7)代入式(2.11)，并且仅保留与 $\boldsymbol{w}$ 有关的项，则有

$$\begin{aligned}\hat{\boldsymbol{w}}&=\arg\max_{\boldsymbol{w}}\left[-\frac{N}{2}\ln(2\pi)-N\ln\sigma-\frac{1}{2\sigma^2}\|\boldsymbol{y}-\boldsymbol{\Phi}\boldsymbol{w}\|_2^2\right.\\&\qquad\left.+M\ln\frac{\lambda}{2}-2\sum_{m=1}^{M}\ln\left(|w_m|+\lambda\right)\right]\\&=\arg\max_{\boldsymbol{w}}\left[-\frac{1}{2\sigma^2}\|\boldsymbol{y}-\boldsymbol{\Phi}\boldsymbol{w}\|_2^2-2\sum_{m=1}^{M}\ln\left(|w_m|+\lambda\right)\right]\\&=\arg\max_{\boldsymbol{w}}\left[\|\boldsymbol{y}-\boldsymbol{\Phi}\boldsymbol{w}\|_2^2+4\sigma^2\sum_{m=1}^{M}\ln\left(|w_m|+\lambda\right)\right]\end{aligned} \tag{2.12}$$

记 $L \stackrel{\text{def}}{=} \|\boldsymbol{y}-\boldsymbol{\Phi w}\|_2^2 + 4\sigma^2 \sum_{m=1}^{M} \ln\left(|w_m|+\lambda\right)$，该目标函数与加权 l_1 范数正则化算法的目标函数类似，正则项均为对数 l_1 范数。然而，加权 l_1 范数正则化算法的正则系数需要人工设定，而本书基于对数拉普拉斯先验的 MAP 所得目标函数中，该正则系数由噪声方差 σ^2 决定，可在迭代过程中不断学习更新，不需要人工设定，因而具有更强的自适应性。由式(2.12)可知，正则系数正比于噪声水平，当噪声较强时，稀疏约束变强，以达到抑制噪声、提升信号稀疏性的目的。

下面采用拟牛顿迭代算法对式(2.12)进行求解，首先推导目标函数 L 关于待恢复信号 $\boldsymbol{w}$ 的梯度，即

$$\nabla_w(L) = \boldsymbol{H}(\boldsymbol{w})\boldsymbol{w} - 2\boldsymbol{\Phi}^{\mathrm{T}}\boldsymbol{y} \tag{2.13}$$

式中

$$\boldsymbol{H}(\boldsymbol{w}) = 2\boldsymbol{\Phi}^{\mathrm{T}}\boldsymbol{\Phi} + 4\sigma^2 \operatorname{diag}\left(\frac{1}{|\boldsymbol{w}_m|^2+\lambda|\boldsymbol{w}_m|+\delta}\right) \tag{2.14}$$

式中，diag(·)表示对角矩阵，其对角元素如括号中定义；δ 取较小正数(如 10^{-12})，以避免奇异值。由式(2.14)可知，$\boldsymbol{H}(\boldsymbol{w})$ 可以看作待恢复信号 $\boldsymbol{w}$ 的系数矩阵，因而可视为目标函数 L 关于待恢复信号 $\boldsymbol{w}$ 的近似 Hessian 矩阵。该矩阵并非 $\boldsymbol{w}$ 的真实 Hessian 矩阵，因而称其为拟牛顿迭代算法。基于拟牛顿迭代的 $\boldsymbol{w}$ 更新表达式为

$$\hat{\boldsymbol{w}}^{(i+1)} = \hat{\boldsymbol{w}}^{(i)} - \boldsymbol{H}(\hat{\boldsymbol{w}}^{(i)})^{-1}\nabla_w(L)\big|_{\boldsymbol{w}=\hat{\boldsymbol{w}}^{(i)}} \tag{2.15}$$

式中，$\hat{\boldsymbol{w}}^{(i)}$ 表示第 i 次迭代所估计的 $\boldsymbol{w}$。将式(2.13)代入式(2.15)，可得

$$\hat{\boldsymbol{w}}^{(i+1)} = 2\boldsymbol{H}(\hat{\boldsymbol{w}}^{(i)})^{-1}\boldsymbol{\Phi}^{\mathrm{T}}\boldsymbol{y} \tag{2.16}$$

式(2.16)等号右边包含矩阵求逆，运算效率较低，为避免矩阵求逆，将 $\boldsymbol{H}$ 移至等号左边，此时，式(2.16)等价于式(2.17)所示方程组求解。

$$\boldsymbol{H}'(\hat{\boldsymbol{w}}^{(i)})\hat{\boldsymbol{w}}^{(i+1)} = \boldsymbol{\Phi}^{\mathrm{T}}\boldsymbol{y} \tag{2.17}$$

式中，$\boldsymbol{H}'(\hat{\boldsymbol{w}}^{(i)}) = \boldsymbol{\Phi}^{\mathrm{T}}\boldsymbol{\Phi} + 2\sigma^2 \cdot \operatorname{diag}\left[1\Big/\left(\left|\hat{\boldsymbol{w}}_n^{(i)}\right|^2+\lambda\left|\hat{\boldsymbol{w}}_n^{(i)}\right|+\delta\right)\right]$。基于 CG 算法的迭代求解过程如算法 2.1 所示。

算法 2.1　基于 CG 算法的稀疏信号求解

1　初始化：$k=0$，$\boldsymbol{w}^{(0)}=\hat{\boldsymbol{w}}^{(i)}$，$\boldsymbol{r}^{(0)}=\boldsymbol{\Phi}^{\mathrm{T}}\boldsymbol{y}-\boldsymbol{H}'\left(\hat{\boldsymbol{w}}^{(i)}\right)\boldsymbol{w}^{(0)}$，$\boldsymbol{p}^{(0)}=\boldsymbol{r}^{(0)}$；

2　迭代：$k=k+1$；

3　$\sigma_k^2=\dfrac{\boldsymbol{r}^{(k)\mathrm{T}}\boldsymbol{r}^{(k)}}{\boldsymbol{p}^{(k)\mathrm{T}}\boldsymbol{H}'(\hat{\boldsymbol{w}}^{(i)})\boldsymbol{p}^{(k)}}$；

4　$\boldsymbol{w}^{(k+1)}=\boldsymbol{w}^{(k)}+\sigma_k^2\boldsymbol{p}^{(k)}$；

5　$\boldsymbol{r}^{(k+1)}=\boldsymbol{r}^{(k)}-\sigma_k^2\boldsymbol{H}'(\hat{\boldsymbol{w}}^{(i)})\boldsymbol{p}^{(k)}$；

6　$\beta_k=\dfrac{\boldsymbol{r}^{(k+1)\mathrm{T}}\boldsymbol{r}^{(k+1)}}{\boldsymbol{r}^{(k)\mathrm{T}}\boldsymbol{r}^{(k)}}$；

7　$\boldsymbol{p}^{(k+1)}=\boldsymbol{r}^{(k+1)}+\beta_k\boldsymbol{p}^{(k)}$；

8　终止迭代$\left(\left\|\boldsymbol{w}^{(k+1)}-\boldsymbol{w}^{(k)}\right\|_2^2\Big/\left\|\boldsymbol{w}^{(k)}\right\|_2^2<\mu\right)$；

9　$\hat{\boldsymbol{w}}^{(i)}=\boldsymbol{w}^{(k)}$。

信号 $\boldsymbol{w}$ 的更新表达式中包含噪声方差 σ^2，以及先验模型的尺度因子 λ，必须在迭代过程中对其进行估计，该过程一般称为贝叶斯参数学习。

首先采用 MLE 对噪声方差 σ^2 进行估计，即

$$\hat{\sigma}^2=\arg\max_{\sigma^2}\left[\ln p(\boldsymbol{y}\,|\,\boldsymbol{w};\sigma^2)\right] \tag{2.18}$$

通过式(2.6)求解 $\ln p(\boldsymbol{y}\,|\,\boldsymbol{w};\sigma^2)$ 关于 σ^2 的一阶偏导数，可得

$$\frac{\partial\ln p(\boldsymbol{y}\,|\,\boldsymbol{w};\sigma^2)}{\partial\sigma^2}=-\frac{N}{2\sigma^2}+\frac{1}{2(\sigma^2)^2}\left\|\boldsymbol{y}-\boldsymbol{\Phi}\boldsymbol{w}\right\|_2^2 \tag{2.19}$$

令该偏导数为零，可得

$$\hat{\sigma}^2=\frac{1}{N}\left\|\boldsymbol{y}-\boldsymbol{\Phi}\boldsymbol{w}\right\|_2^2 \tag{2.20}$$

进一步采用 MAP 算法估计尺度因子 λ，可得

$$\begin{aligned}\hat{\lambda}&=\arg\max_{\lambda}\left\{\ln\left[p(\boldsymbol{y}\,|\,\boldsymbol{w};\sigma^2)p(\boldsymbol{w};\lambda)\right]\right\}\\&=\arg\max_{\lambda}\left[\ln p(\boldsymbol{w};\lambda)\right]\end{aligned} \tag{2.21}$$

由式(2.7)可得 $\ln p(\boldsymbol{w};\lambda)$ 关于 λ 的偏导数为

$$\frac{\partial\ln p(\boldsymbol{w};\lambda)}{\partial\lambda}=\frac{M}{\lambda}-2\sum_{m=1}^{M}\frac{1}{|w_m|+\lambda} \tag{2.22}$$

进一步令该偏导数为零，可得

$$\hat{\lambda}^{(i+1)}=\frac{M}{2}\left(\sum_{m=1}^{M}\frac{1}{\left|\hat{\boldsymbol{w}}_m^{(i)}\right|+\hat{\lambda}^{(i)}}\right)^{-1} \tag{2.23}$$

综上所述，基于对数拉普拉斯先验的稀疏贝叶斯重构过程如算法 2.2 所示。其中，噪声方差 σ^2 初始化为 $\hat{\sigma}^{2(0)}=0.01\sigma_y^2$，$\sigma_y^2$ 表示观测信号 $\boldsymbol{y}$ 的方差。待恢复信号 $\boldsymbol{w}$ 与尺度因子则分别初始化为 $\hat{\boldsymbol{w}}^{(0)}=\boldsymbol{\Phi}^{\mathrm{T}}\boldsymbol{y}$、$\hat{\lambda}^{(0)}=1$。算法可在迭代过程中进行参数学习，对参数的初始设定要求不高，自适应性强于正则化算法。此外，在迭代过程中，每更新 5 次信号 $\boldsymbol{w}$ 更新一次 σ^2 与 λ。

算法 2.2　基于对数拉普拉斯先验的稀疏贝叶斯重构

1　初始化：$p=0$，$\sigma^{2(0)}=\mathrm{var}(\boldsymbol{y})$，$\hat{\boldsymbol{w}}^{(0)}=\boldsymbol{\Phi}^{\mathrm{T}}\boldsymbol{y}$，$\hat{\lambda}^{(0)}=1$；

2　迭代：$p=p+1$；

3　更新 $\boldsymbol{w}$：$i=0$，$\hat{\boldsymbol{w}}^{(i)}=\hat{\boldsymbol{w}}^{(p)}$；

4　迭代：$i=i+1$；

5　$\boldsymbol{H}'(\hat{\boldsymbol{w}}^{(i)})=\boldsymbol{\Phi}^{\mathrm{T}}\boldsymbol{\Phi}+2\sigma^{2(i)}\mathrm{diag}\left(\frac{1}{\left|\hat{\boldsymbol{w}}_{\mathrm{n}}^{(i)}\right|^2+\hat{\lambda}^{(p)}\left|\hat{\boldsymbol{w}}_{\mathrm{n}}^{(i)}\right|+\delta}\right)$；

6　通过算法 2.1 求解 $\boldsymbol{H}'(\hat{\boldsymbol{w}}^{(i)})\hat{\boldsymbol{w}}^{(i+1)}=\boldsymbol{\Phi}^{\mathrm{T}}\boldsymbol{y}$ 得到 $\hat{\boldsymbol{w}}^{(i+1)}$；

7　终止迭代（$i=4$）；

8　更新 σ^2 与 λ：$\hat{\sigma}^{2(p+1)}=\frac{1}{N}\left\|\boldsymbol{y}-\boldsymbol{\Phi}\hat{\boldsymbol{w}}^{(p+1)}\right\|_2^2$，$\hat{\lambda}^{(p+1)}=\frac{M}{2}\left(\sum_{m=1}^{M}\frac{1}{\left|\hat{\boldsymbol{w}}_{\mathrm{m}}^{(p+1)}\right|+\hat{\lambda}^{(p)}}\right)^{-1}$；

9　终止迭代$\left(\left\|\hat{\boldsymbol{w}}^{(p+1)}-\hat{\boldsymbol{w}}^{(p)}\right\|_2^2\Big/\left\|\hat{\boldsymbol{w}}^{(p)}\right\|_2^2<\mu\right)$；

10　$\hat{\boldsymbol{w}}=\hat{\boldsymbol{w}}^{(p+1)}$。

2.2.3　实验结果分析

本小节主要比较所提基于对数拉普拉斯先验的稀疏贝叶斯重构算法，与 OMP 算法、SBL 算法及基于拉普拉斯先验的贝叶斯压缩感知(Bayesian compressive sensing using Laplace priors，BCSL)算法的性能。

首先，比较四种算法的稀疏恢复性能。实验参数设置如下：观测信号 $\boldsymbol{y}$ 与稀疏信号 $\boldsymbol{w}$ 长度分别设为 120 与 512，即 N=120、M=512。$\boldsymbol{w}$ 包含 15 个非零值（$K=15$），并分别假设非零值为±1（“图钉”稀疏信号）且服从标准正态分布，如

图 2.2(a)和图 2.2(b)所示。字典矩阵 $\boldsymbol{\Phi}$ 设为高斯随机矩阵，各列服从正态分布，并经过了归一化处理。噪声服从均值为 0、标准差为 0.15 的高斯分布，对应观测信号 SNR 为 6.5dB。四种算法重构的稀疏信号如图 2.2 所示，重构误差（$\|\hat{\boldsymbol{w}}-\boldsymbol{w}\|_2/\|\boldsymbol{w}\|_2$）如表 2.1 所示。由图 2.2 可知，OMP、SBL 及 BCSL 的重构结果

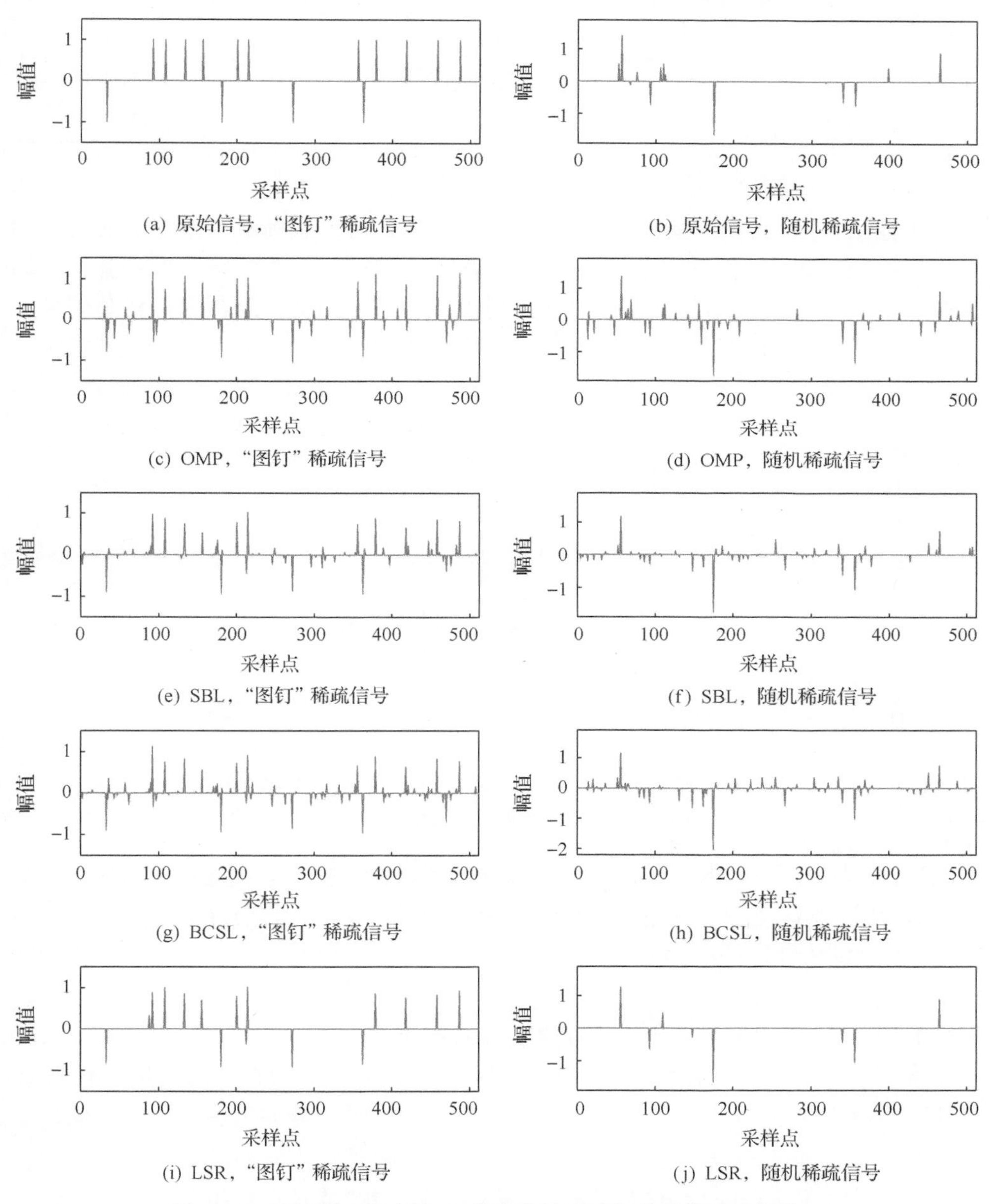

图 2.2　不同算法对“图钉”稀疏信号及随机稀疏信号重构结果

存在明显噪声干扰，而所提 LSR 在两种情况下均获得较理想的重构结果，从而验证了其对噪声的鲁棒性，表 2.1 给出的重构误差进一步验证了该结论。

表 2.1　不同算法稀疏重构误差

信号类型	算法名称			
	OMP	SBL	BCSL	LSR
“图钉”稀疏信号	0.4883	0.3841	0.4453	0.3251
随机稀疏信号	0.8366	0.6321	0.7424	0.3566

其次，比较四种算法在不同观测信号长度条件下的性能。设观测信号长度 N 的变化范围为[80,120]，变化步长为 10，其余参数与测试稀疏恢复性能的实验相同。在不同观测信号长度下，分别采用四种算法进行 100 次蒙特卡罗实验，平均重构误差如图 2.3 所示。由该图可知，对于“图钉”稀疏信号与随机稀疏信号，所提 LSR 算法均获得了最小的重构误差，从而验证了其较好的稀疏重构性能。

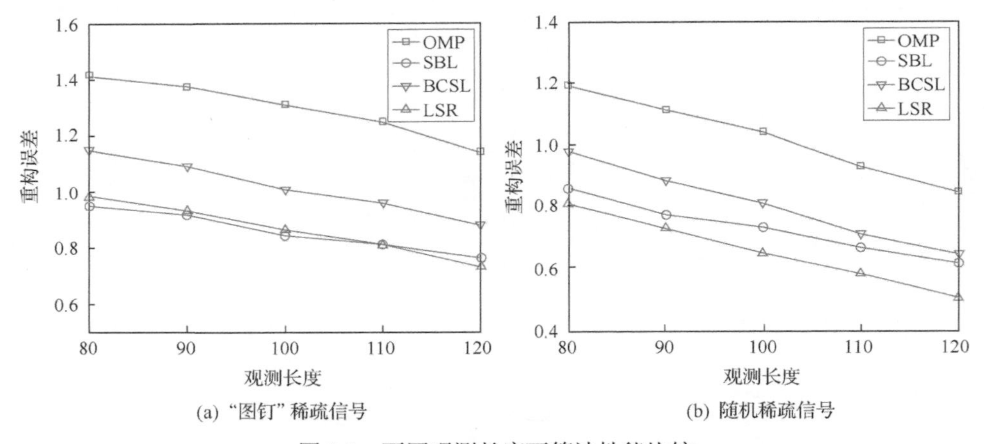

(a) “图钉”稀疏信号　　(b) 随机稀疏信号

图 2.3　不同观测长度下算法性能比较

最后，比较不同 SNR 条件下四种算法的稀疏重构性能。在此次实验中，观测信号 SNR 的变化范围设为[2dB, 10dB]，变化步长为 2dB，其余参数与测试稀疏恢复性能的实验保持一致。在不同 SNR 条件下，分别采用四种算法进行 100 次蒙特卡罗实验，平均重构误差如图 2.4 所示。由该图可知，对于两种形式的稀疏信号，所提 LSR 算法重构误差较小，表明其鲁棒性较强。

本小节对传统拉普拉斯先验进行改进，提出对数拉普拉斯先验，并采用 MAP 算法实现基于该先验的稀疏贝叶斯重构，最后通过实验验证了该先验较好的稀疏表示性能。然而所提算法采用 MAP 算法，未求解稀疏信号后验概率密度的解析表达式，因而无法获取稀疏信号的高阶统计信息。2.3 节对对数拉普拉斯先验进行延伸，提出一般化的 LSM 先验，并采用基于拉普拉斯估计的变分贝叶斯算法进行

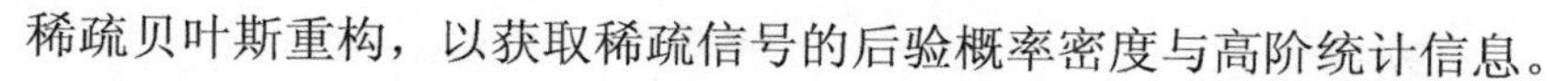
稀疏贝叶斯重构，以获取稀疏信号的后验概率密度与高阶统计信息。

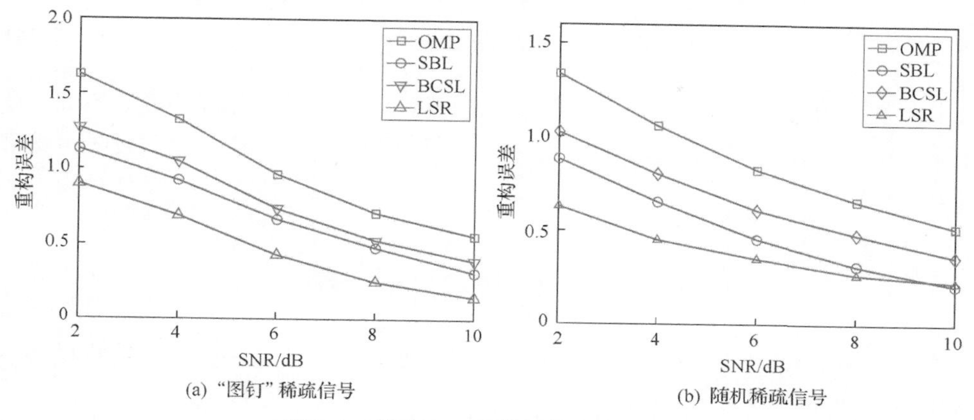

(a) “图钉”稀疏信号　　(b) 随机稀疏信号

图 2.4　不同 SNR 条件下算法性能比较

2.3　基于 LSM 先验的稀疏贝叶斯重构

本节对 2.2 节所提对数拉普拉斯先验进行延伸，提出 LSM 先验，并采用基于拉普拉斯估计的变分贝叶斯算法实现基于该先验的稀疏贝叶斯重构。该稀疏重构算法获得了稀疏信号后验概率密度的解析解，属于完全贝叶斯推导范畴。与 2.2 节基于 MAP 的稀疏重构算法相比，本节算法可获得稀疏信号的高阶统计信息，对目标识别与分类具有潜在应用价值。

2.3.1　基于 LSM 先验的稀疏建模

对于式(2.1)所示稀疏恢复问题，基于 LSM 先验的概率图模型如图 2.5 所示。其中，双环节点、单环节点及方框节点分别表示观测变量、隐藏变量及模型参数。

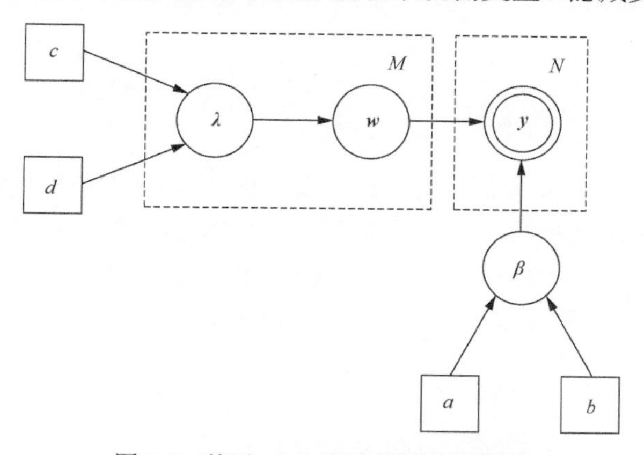

图 2.5　基于 LSM 先验的概率图模型

假设噪声为高斯白噪声：

$$p(\boldsymbol{n}) = \mathcal{N}(\boldsymbol{n}|0, \beta^{-1}\boldsymbol{I}) \tag{2.24}$$

式中，β 表示噪声精准度，即噪声方差的倒数。与式(2.5)所示噪声模型不同，此处噪声精准度 β 仍然为随机变量。为方便进行贝叶斯推导，进一步假设噪声精准度 β 服从伽马分布：

$$p(\beta; a, b) = \mathcal{G}(\beta; a, b) = \frac{b^a}{\Gamma(a)}\beta^{a-1}\exp(-b\beta) \tag{2.25}$$

式中，$\Gamma(a)$ 表示伽马函数①。为保证噪声精准度 β 是无信息先验，一般将模型参数 a、b 设为较小值，如 $a = b = 10^{-4}$。

由式(2.24)可知，观测信号 $\boldsymbol{y}$ 的似然函数为

$$p(\boldsymbol{y}|\boldsymbol{w}, \beta) = \mathcal{N}(\boldsymbol{y}|\boldsymbol{\Phi w}, \beta^{-1}\boldsymbol{I}) = (2\pi)^{-\frac{N}{2}}\beta^{\frac{N}{2}}\exp\left(-\frac{\beta}{2}\|\boldsymbol{y} - \boldsymbol{\Phi w}\|_2^2\right) \tag{2.26}$$

进一步采用 LSM 模型对稀疏信号 $\boldsymbol{w}$ 进行建模。首先假设 $\boldsymbol{w}$ 各点相互独立，且分别服从尺度因子各异的拉普拉斯分布，得

$$p(\boldsymbol{w}|\boldsymbol{\lambda}) = \prod_{m=1}^{M}\mathcal{L}(w_m|0, \lambda_m) = \prod_{m=1}^{M}\frac{1}{2\lambda_m}\exp\left(-\frac{|w_m|}{\lambda_m}\right) \tag{2.27}$$

上述模型引入 M 个未知变量 $\lambda_m (m = 1, 2, \cdots, M)$，在观测数据有限的条件下，直接对 $\boldsymbol{w}$ 和 $\boldsymbol{\lambda}$ 进行估计的解不唯一。因此，LSM 模型进一步采用拉普拉斯分布的共轭分布，即逆伽马分布对 M 个尺度因子进行建模：

$$p(\boldsymbol{\lambda}; c, d) = \prod_{m=1}^{M}\mathcal{IG}(\lambda_m; c, d) = \prod_{m=1}^{M}\frac{d^c}{\Gamma(c)}\lambda_m^{-c-1}\exp\left(-\frac{d}{\lambda_m}\right) \tag{2.28}$$

同样，设参数 c、d 为较小值(如 $c = d = 10^{-4}$)，以保证尺度因子 $\boldsymbol{\lambda}$ 的无信息先验。可见，LSM 先验采用如式(2.27)及式(2.28)所示的两层结构对稀疏信号 $\boldsymbol{w}$ 进行建模，因而称为拉普拉斯混合先验模型。联立式(2.27)和式(2.28)，并将隐藏变量 $\boldsymbol{\lambda}$ 进行积分，可得 $\boldsymbol{w}$ 关于参数 c、d 的边缘分布：

---

① 伽马函数定义为 $\Gamma(a) = \int_0^{+\infty} x^{a-1}\exp(-x)\mathrm{d}x$。

$$
\begin{aligned}
p(\boldsymbol{w};c,d) &= \prod_{m=1}^{M} p(\boldsymbol{w}_m;c,d) \\
&= \prod_{m=1}^{M} \int_0^{+\infty} p(\boldsymbol{w}_m|\boldsymbol{\lambda}_m) p(\boldsymbol{\lambda}_m;c,d) \mathrm{d}\boldsymbol{\lambda}_m \\
&= \prod_{m=1}^{M} \frac{cd^c}{2(|\boldsymbol{w}_m|+d)^{c+1}}
\end{aligned} \tag{2.29}
$$

由式(2.29)可知，LSM 先验的边缘分布与文献[2]中一般化帕累托分布(generalized Pareto distribution，GPD)一致。当$c=1$时，LSM 先验与 2.2.1 节所提对数拉普拉斯先验一致，因此 LSM 先验是对数拉普拉斯先验的一般化模型。为验证 LSM 模型作为稀疏先验的有效性，图 2.6 给出 GPD(LSM 的边缘分布)、Student-t 分布(GSM 的边缘分布)，以及拉普拉斯分布的 PDF 比较，其中各分布模型参数均固定为 1。由图 2.6 可知，在给出的三种分布中，GPD 的主瓣宽度最窄，拖尾最高，因而稀疏表示性能较好。

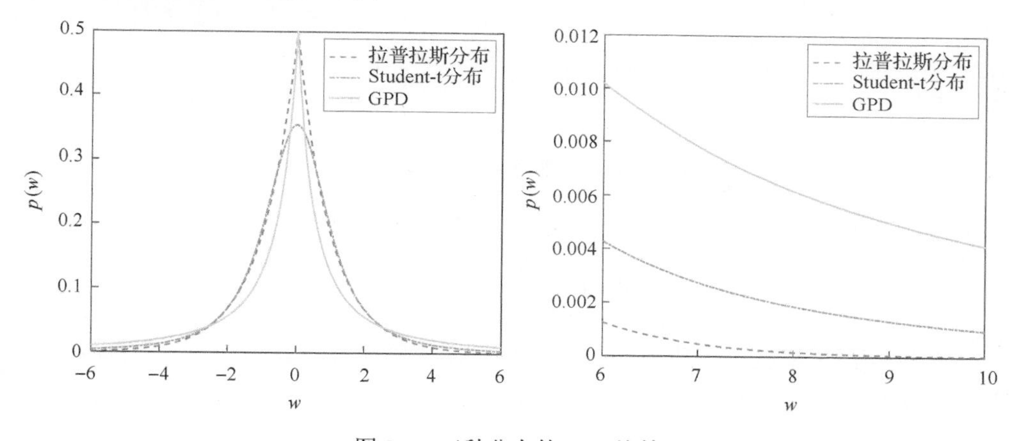

图 2.6　三种分布的 PDF 比较

2.3.2　基于 LSM 先验的稀疏贝叶斯重构

本小节主要进行基于 LSM 先验的稀疏贝叶斯重构。分别采用基于最大期望法的 MAP(expectation-maximization based MAP，EM-MAP)估计算法实现对稀疏信号 $\boldsymbol{w}$ 的点估计，以及 LA-VB 算法实现完全贝叶斯推导。

1. EM-MAP 稀疏重构

首先采用 MAP 对稀疏信号 $\boldsymbol{w}$ 进行估计，得

$$\hat{\boldsymbol{w}}_{\text{MAP}} = \arg\max_{\boldsymbol{w}} p\left(\boldsymbol{w} \middle| \boldsymbol{y}, \boldsymbol{\lambda}, \beta\right) \tag{2.30}$$

EM 算法是一种迭代求解算法，具有较好的单调性与收敛性，广泛应用于 MLE 参数估计。当采用 EM 算法进行 MAP 估计时，目标函数变为后验概率密度。基于 EM-MAP 的 $\boldsymbol{w}$ 估计分两步进行：步骤 E(求解期望)和步骤 M(最大化期望)。

步骤 E：此步骤主要计算后验概率的条件期望。该条件期望又称为 Q 函数，其表达式为

$$\begin{aligned} Q(\boldsymbol{w};\hat{\boldsymbol{w}}^{(t)}) &= E_{\lambda,\beta|y,\hat{w}^{(t)}}\left[\ln p\left(\boldsymbol{w}\middle|\boldsymbol{y},\boldsymbol{\lambda},\beta\right)\right] \\ &= E_{\lambda,\beta|y,\hat{w}^{(t)}}\left[\ln p\left(\boldsymbol{y}\middle|\boldsymbol{w},\beta\right)+\log p\left(\boldsymbol{w}\middle|\boldsymbol{\lambda}\right)\right]+\text{const} \end{aligned} \tag{2.31}$$

式中，$E_{\lambda,\beta|y,\hat{w}^{(t)}}[\cdot]$ 表示关于后验概率密度 $p(\boldsymbol{\lambda},\beta|\boldsymbol{y},\hat{\boldsymbol{w}}^{(t)})$ 的期望；$\hat{\boldsymbol{w}}^{(t)}$ 表示第 t 次迭代获得的 $\boldsymbol{w}$ 估计值；const 表示与 $\boldsymbol{w}$ 无关的常数。

步骤 M：此步骤主要通过最大化步骤 E 所得的 Q 函数估计未知参数。

$$\hat{\boldsymbol{w}}^{(t+1)} = \arg\max_{\boldsymbol{w}}\left[Q(\boldsymbol{w};\hat{\boldsymbol{w}}^{(t)})\right] \tag{2.32}$$

由式(2.31)可知，Q 函数与后验概率密度 $p\left(\boldsymbol{\lambda},\beta\middle|\boldsymbol{y},\hat{\boldsymbol{w}}^{(t)}\right)$ 有关。假设 $\boldsymbol{\lambda}$ 与 β 相互独立，则有

$$p\left(\boldsymbol{\lambda},\beta\middle|\boldsymbol{y},\hat{\boldsymbol{w}}^{(t)}\right) = p\left(\boldsymbol{\lambda}\middle|\boldsymbol{y},\hat{\boldsymbol{w}}^{(t)}\right)p\left(\beta\middle|\boldsymbol{y},\hat{\boldsymbol{w}}^{(t)}\right) \tag{2.33}$$

由于噪声精准度 β 的先验服从伽马分布，与高斯分布互为共轭，因此其后验概率密度同样服从伽马分布：

$$p\left(\beta\middle|\boldsymbol{y},\hat{\boldsymbol{w}}^{(t)}\right) = \mathcal{G}\left(\beta\middle|a+\frac{N}{2},b+\frac{1}{2}\left\|\boldsymbol{y}-\boldsymbol{\Phi}\hat{\boldsymbol{w}}^{(t)}\right\|^2\right) \tag{2.34}$$

则 β 的期望为

$$\langle\beta\rangle = \frac{2a+N}{2b+\left\|\boldsymbol{y}-\boldsymbol{\Phi}\hat{\boldsymbol{w}}^{(t)}\right\|^2} \tag{2.35}$$

式中，$\langle\cdot\rangle \overset{\text{def}}{=\!=} E_{\lambda,\beta|y,\hat{w}^{(t)}}[\cdot]$。同样，尺度因子 $\boldsymbol{\lambda}$ 的先验服从逆伽马分布，与拉普拉斯分布共轭，因此其后验概率密度同样服从逆伽马分布：

$$p\left(\boldsymbol{\lambda}\middle|\boldsymbol{y},\hat{\boldsymbol{w}}^{(t)}\right)=\prod_{m=1}^{M}\mathcal{IG}\left(\boldsymbol{\lambda}_m\middle|c+1,d+\left|\hat{\boldsymbol{w}}_m^{(t)}\right|\right) \tag{2.36}$$

故有

$$\left\langle\frac{1}{\boldsymbol{\lambda}_m}\right\rangle=\frac{c+1}{d+\left|\hat{\boldsymbol{w}}_m^{(t)}\right|} \tag{2.37}$$

将式(2.26)与式(2.27)代入式(2.31)，可得

$$\begin{aligned}Q(\boldsymbol{w};\hat{\boldsymbol{w}}^{(t)})&=\left\langle\ln p\left(\boldsymbol{y}\middle|\boldsymbol{w},\beta\right)+\ln p\left(\boldsymbol{w}\middle|\boldsymbol{\lambda}\right)\right\rangle\\&=-\frac{\langle\beta\rangle}{2}\|\boldsymbol{y}-\boldsymbol{\Phi}\boldsymbol{w}\|^2-\sum_{m=1}^{M}\left\langle\frac{1}{\boldsymbol{\lambda}_m}\right\rangle|\boldsymbol{w}_m|\end{aligned} \tag{2.38}$$

式中，$\langle\beta\rangle$ 与 $\langle 1/\boldsymbol{\lambda}_m\rangle$ 分别由式(2.35)与式(2.37)获得，则步骤 M 可转化为

$$\hat{\boldsymbol{w}}^{(t+1)}=\arg\min_{\boldsymbol{w}}\left[\frac{\langle\beta\rangle}{2}\|\boldsymbol{y}-\boldsymbol{\Phi}\boldsymbol{w}\|^2+\sum_{m=1}^{M}\left\langle\frac{1}{\boldsymbol{\lambda}_m}\right\rangle|\boldsymbol{w}_m|\right] \tag{2.39}$$

通过联合迭代式(2.35)与式(2.37)和式(2.39)即可实现基于 EM-MAP 的 $\boldsymbol{w}$ 估计，该算法仅实现了对 $\boldsymbol{w}$ 的点估计，并未推导其后验概率密度，不属于完全贝叶斯推导范畴。后面将通过 LA-VB 算法实现 $\boldsymbol{w}$ 的完全贝叶斯推导。

2. LA-VB 稀疏重构

完全贝叶斯推导需求解所有未知变量的联合后验概率密度，由贝叶斯公式可得

$$p\left(\boldsymbol{w},\boldsymbol{\lambda},\beta\middle|\boldsymbol{y}\right)=\frac{p\left(\boldsymbol{y}\middle|\boldsymbol{w},\beta\right)p\left(\boldsymbol{w}\middle|\boldsymbol{\lambda}\right)p\left(\beta\right)p\left(\boldsymbol{\lambda}\right)}{\iiint p\left(\boldsymbol{y}\middle|\boldsymbol{w},\beta\right)p\left(\boldsymbol{w}\middle|\boldsymbol{\lambda}\right)p\left(\beta\right)p\left(\boldsymbol{\lambda}\right)\mathrm{d}\boldsymbol{w}\mathrm{d}\lambda\mathrm{d}\beta} \tag{2.40}$$

式(2.40)的分母涉及多重积分，难以求取解析解，因此一般采用近似算法求解后验概率密度。常用的近似算法主要包括 VB 算法[3]与吉布斯采样。其中，VB 算法计算效率较高，并且估计精度接近吉布斯采样，因而获得了广泛应用。VB 算法假设各未知变量的后验概率密度相互独立，则式(2.40)所示联合后验概率密度可进行如下因式分解：

$$p\left(\boldsymbol{w},\boldsymbol{\lambda},\beta\middle|\boldsymbol{y}\right)\approx q\left(\boldsymbol{w},\boldsymbol{\lambda},\beta\right)=q\left(\boldsymbol{w}\right)q\left(\boldsymbol{\lambda}\right)q\left(\beta\right) \tag{2.41}$$

式中，$q(\cdot)$ 表示近似后验概率密度。根据 VB 算法，$q(\boldsymbol{w})$ 估计如下：

$$\begin{aligned}\ln q(\boldsymbol{w}) &= \left\langle \ln p(\boldsymbol{y},\boldsymbol{w},\boldsymbol{\lambda},\beta)\right\rangle_{q(\boldsymbol{\lambda})q(\beta)} + \text{const} \\ &= \left\langle \ln p(\boldsymbol{y}|\boldsymbol{w},\beta)\, p(\boldsymbol{w}|\boldsymbol{\lambda})\right\rangle_{q(\boldsymbol{\lambda})q(\beta)} + \text{const} \\ &= -\frac{\langle\beta\rangle}{2}\|\boldsymbol{y}-\boldsymbol{\Phi w}\|^2 - \sum_{m=1}^{M}\left\langle\frac{1}{\lambda_m}\right\rangle|w_m| + \text{const}\end{aligned} \tag{2.42}$$

式中，$\langle\cdot\rangle_{q(\boldsymbol{\lambda})q(\beta)}$ 表示关于概率密度 $q(\boldsymbol{\lambda})q(\beta)$ 的期望，在不引起混淆的前提下，将其简化为 $\langle\cdot\rangle$。然而，拉普拉斯先验 $p(\boldsymbol{w}|\boldsymbol{\lambda})$ 与高斯似然函数 $p(\boldsymbol{y}|\boldsymbol{w},\beta)$ 不共轭，导致无法由式(2.42)获得 $q(\boldsymbol{w})$ 的解析解。因此，进一步引入拉普拉斯估计算法，采用 $\ln q(\boldsymbol{w})$ 在 $\boldsymbol{w}$ 的 MAP 估计位置的二阶泰勒展开式对 $\ln q(\boldsymbol{w})$ 进行估计，得

$$\ln q(\boldsymbol{w}) \approx \ln q(\hat{\boldsymbol{w}}_{\text{MAP}}) + \frac{1}{2}(\boldsymbol{w}-\hat{\boldsymbol{w}}_{\text{MAP}})^{\text{T}}\boldsymbol{H}(\hat{\boldsymbol{w}}_{\text{MAP}})(\boldsymbol{w}-\hat{\boldsymbol{w}}_{\text{MAP}}) \tag{2.43}$$

式中，$\hat{\boldsymbol{w}}_{\text{MAP}}$ 表示 $\boldsymbol{w}$ 的 MAP 估计，故有 $\hat{\boldsymbol{w}}_{\text{MAP}} = \arg_{\boldsymbol{w}}\left[\nabla_w \ln q(\boldsymbol{w}) = 0\right]$，从而泰勒展开的一阶项 $(\boldsymbol{w}-\hat{\boldsymbol{w}}_{\text{MAP}})^{\text{T}}\nabla_w \ln q(\boldsymbol{w})\big|_{\boldsymbol{w}=\hat{\boldsymbol{w}}_{\text{MAP}}}=0$； $\boldsymbol{H}(\hat{\boldsymbol{w}}_{\text{MAP}})$ 为 $\ln q(\boldsymbol{w})$ 在 $\hat{\boldsymbol{w}}_{\text{MAP}}$ 处的 Hessian 矩阵，即 $\boldsymbol{H}(\hat{\boldsymbol{w}}_{\text{MAP}}) = \nabla_w^2 \ln q(\boldsymbol{w})\big|_{\boldsymbol{w}=\hat{\boldsymbol{w}}_{\text{MAP}}}$。由式(2.42)可得 $\ln q(\boldsymbol{w})$ 关于 $\boldsymbol{w}$ 的梯度：

$$\nabla_w \ln q(\boldsymbol{w}) = -\left(\langle\beta\rangle\boldsymbol{\Phi}^{\text{T}}\boldsymbol{\Phi} + \boldsymbol{\Lambda}\right)\boldsymbol{w} + \langle\beta\rangle\boldsymbol{\Phi}^{\text{T}}\boldsymbol{y} \tag{2.44}$$

式中，$\boldsymbol{\Lambda} = \text{diag}\left[\left\langle\frac{1}{\lambda_m}\right\rangle\frac{1}{|w_m|}\right]$，则有

$$\hat{\boldsymbol{w}}_{\text{MAP}} = \arg_{\boldsymbol{w}}\left[\nabla_w \ln q(\boldsymbol{w}) = 0\right] = \langle\beta\rangle\left(\langle\beta\rangle\boldsymbol{\Phi}^{\text{T}}\boldsymbol{\Phi} + \boldsymbol{\Lambda}\right)^{-1}\boldsymbol{\Phi}^{\text{T}}\boldsymbol{y} \tag{2.45}$$

$$\boldsymbol{H}(\hat{\boldsymbol{w}}_{\text{MAP}}) = \nabla_w^2 \ln q(\boldsymbol{w}) \approx -\left(\langle\beta\rangle\boldsymbol{\Phi}^{\text{T}}\boldsymbol{\Phi} + \boldsymbol{\Lambda}\right) \tag{2.46}$$

式(2.46)为近似 Hessian 矩阵，其中的对角矩阵 $\boldsymbol{\Lambda}$ 包含 $\boldsymbol{w}$，因此由式(2.43)可得

$$q(\boldsymbol{w}) \approx \frac{1}{C}\exp\left[-\frac{1}{2}(\boldsymbol{w}-\hat{\boldsymbol{w}}_{\text{MAP}})^{\text{T}}\boldsymbol{\Sigma}^{-1}(\boldsymbol{w}-\hat{\boldsymbol{w}}_{\text{MAP}})\right] \tag{2.47}$$

式中，$C = \int_{-\infty}^{+\infty}\exp\left[-\frac{1}{2}(\boldsymbol{w}-\hat{\boldsymbol{w}}_{\text{MAP}})^{\text{T}}\boldsymbol{\Sigma}^{-1}(\boldsymbol{w}-\hat{\boldsymbol{w}}_{\text{MAP}})\right]\text{d}\boldsymbol{w}$ 为归一化系数，$\boldsymbol{\Sigma} = \left(\langle\beta\rangle\boldsymbol{\Phi}^{\text{T}}\boldsymbol{\Phi} + \boldsymbol{\Lambda}\right)^{-1}$。由式(2.47)可知，$q(\boldsymbol{w})$ 近似服从如下高斯分布：

$$q(\boldsymbol{w}) \approx \mathcal{N}(\boldsymbol{w}|\boldsymbol{\mu}, \boldsymbol{\Sigma}) \tag{2.48}$$

式中

$$\boldsymbol{\mu} = \hat{\boldsymbol{w}}_{\mathrm{MAP}} = \langle\beta\rangle \boldsymbol{\Sigma\Phi}^{\mathrm{T}} \boldsymbol{y} \tag{2.49}$$

对于尺度因子 $\boldsymbol{\lambda}$，其近似后验概率密度 $q(\boldsymbol{\lambda})$ 为

$$\begin{aligned}
\ln q(\boldsymbol{\lambda}) &= \langle \ln p(\boldsymbol{w}, \boldsymbol{y}, \boldsymbol{\lambda}, \beta)\rangle_{q(\boldsymbol{w})q(\beta)} \\
&= \langle \ln p(\boldsymbol{w}|\boldsymbol{\lambda}) p(\boldsymbol{\lambda})\rangle_{q(\boldsymbol{w})q(\beta)} + \text{const} \\
&= -\sum_{m=1}^{M} \ln \lambda_m - \sum_{m=1}^{M} \frac{\langle |\boldsymbol{w}_m| \rangle}{\lambda_m} - (c+1)\sum_{m=1}^{M} \ln \lambda_m - d\sum_{m=1}^{M} \frac{1}{\lambda_m} + \text{const} \\
&= [-(c+1)-1]\sum_{m=1}^{M} \ln \lambda_m - \sum_{m=1}^{M} (d + \langle |\boldsymbol{w}_m| \rangle)\frac{1}{\lambda_m} + \text{const}
\end{aligned} \tag{2.50}$$

由式(2.50)可知，$q(\boldsymbol{\lambda})$ 同样服从逆伽马分布：

$$q(\boldsymbol{\lambda}) = \prod_{m=1}^{M} \mathcal{IG}(\lambda_m | \tilde{c}, \tilde{d}_m) \tag{2.51}$$

式中

$$\tilde{c} = c+1 \tag{2.52}$$

$$\tilde{d}_m = d + \langle |\boldsymbol{w}_m| \rangle \tag{2.53}$$

噪声精准度 β 的近似后验概率密度 $q(\beta)$ 为

$$\begin{aligned}
\ln q(\beta) &= \langle np(\boldsymbol{w}, \boldsymbol{y}, \boldsymbol{\lambda}, \beta)\rangle_{q(\boldsymbol{w})q(\boldsymbol{\lambda})} \\
&= \langle \ln p(\boldsymbol{y}|\boldsymbol{w}, \beta) p(\beta)\rangle_{q(\boldsymbol{w})q(\boldsymbol{\lambda})} + \text{const} \\
&= \frac{N}{2}\ln\beta - \frac{\beta}{2}\langle \|\boldsymbol{y} - \boldsymbol{\Phi w}\|^2 \rangle + (a-1)\ln\beta - b\beta + \text{const} \\
&= \left(a + \frac{N}{2} - 1\right)\ln\beta - \left(\frac{1}{2}\langle \|\boldsymbol{y} - \boldsymbol{\Phi w}\|^2 \rangle + b\right)\beta + \text{const}
\end{aligned} \tag{2.54}$$

故 $q(\beta)$ 服从如下伽马分布：

$$q(\beta) = \mathcal{G}(\beta | \tilde{a}, \tilde{b}) \tag{2.55}$$

由贝叶斯估计理论可知，未知随机变量的最小均方误差(minimum mean square error，MMSE)估计为后验概率密度的期望，由式(2.48)、式(2.51)与式(2.55)所得近似后验概率密度分别估计 $\boldsymbol{w}$、$\boldsymbol{\lambda}$ 与 β，得

$$\langle \boldsymbol{w} \rangle = \boldsymbol{\mu} = \langle \beta \rangle \left\{ \langle \beta \rangle \boldsymbol{\Phi}^{\mathrm{T}} \boldsymbol{\Phi} + \mathrm{diag}\left[\left\langle \frac{1}{\lambda_m} \right\rangle \frac{1}{\langle |\boldsymbol{w}_m| \rangle} \right] \right\}^{-1} \boldsymbol{\Phi}^{\mathrm{T}} \boldsymbol{y} \tag{2.56}$$

$$\left\langle \frac{1}{\lambda_m} \right\rangle = \frac{\tilde{c}}{\tilde{\boldsymbol{d}}_m} = \frac{c+1}{d + \langle |\boldsymbol{w}_m| \rangle} \tag{2.57}$$

$$\langle \beta \rangle = \frac{\tilde{a}}{\tilde{b}} = \frac{N+2a}{\left\langle \|\boldsymbol{y} - \boldsymbol{\Phi}\boldsymbol{w}\|^2 \right\rangle + 2b} \tag{2.58}$$

式中仍然包含未知期望 $\langle |\boldsymbol{w}_m| \rangle$、$\left\langle \|\boldsymbol{y} - \boldsymbol{\Phi}\boldsymbol{w}\|^2 \right\rangle$，进一步推导，可得

$$\left\langle \|\boldsymbol{y} - \boldsymbol{\Phi}\boldsymbol{w}\|^2 \right\rangle = \|\boldsymbol{y} - \boldsymbol{\Phi}\boldsymbol{\mu}\|^2 + \mathrm{tr}\left[\boldsymbol{\Sigma}\boldsymbol{\Phi}^{\mathrm{T}}\boldsymbol{\Phi} \right] \tag{2.59}$$

$$\begin{aligned} \langle |\boldsymbol{w}_m| \rangle &= \sqrt{\frac{2\boldsymbol{\Sigma}_w^{m,m}}{\pi}} \, {}_1F_1\left[-\frac{1}{2}, \frac{1}{2}, -\frac{1}{2}\left(\frac{\boldsymbol{\mu}_m^2}{\boldsymbol{\Sigma}_w^{m,m}} \right) \right] \\ &= \sqrt{\frac{2\boldsymbol{\Sigma}_w^{m,m}}{\pi}} \exp\left(-\frac{\boldsymbol{\mu}_m^2}{2\boldsymbol{\Sigma}_w^{m,m}} \right) + |\boldsymbol{\mu}_m| \mathrm{erf}\left(\sqrt{\frac{\boldsymbol{\mu}_m^2}{2\boldsymbol{\Sigma}_w^{m,m}}} \right) \end{aligned} \tag{2.60}$$

式中，${}_1F_1[a,b,z] = \sum_{n=0}^{+\infty}\left[a^{(n)} / b^{(n)} \right] \cdot \left(z^n / n! \right)$ 表示库默尔合流超几何函数(Kumar's confluent hypergeometric functions)；$(.)^{(n)}$ 表示阶乘幂；$\mathrm{erf}(x) = \left(2/\sqrt{\pi} \right) \int_0^x \mathrm{e}^{-t^2} \mathrm{d}t$ 表示误差函数。

综上所述，基于LA-VB算法的稀疏贝叶斯重构过程，即通过式(2.56)～式(2.58)依次更新稀疏信号 $\boldsymbol{w}$、尺度因子 $\boldsymbol{\lambda}$ 及噪声精准度 β，直至相邻两次迭代估计结果的相对误差小于设定阈值(如10^{-4})。与前面EM-MAP算法相比，LA-VB算法得到了稀疏信号 $\boldsymbol{w}$ 的后验概率密度，属于完全贝叶斯推导算法。所得后验概率密度对进一步研究 $\boldsymbol{w}$ 的统计特性具有重要意义。

上述稀疏恢复过程针对实信号，可进一步扩展为复稀疏信号的稀疏恢复。假设式(2.1)中噪声 $\boldsymbol{n}$ 为复高斯白噪声，则似然函数同样服从复高斯分布：

$$p\left(\boldsymbol{y} | \boldsymbol{w}, \beta \right) = \pi^{-N} \beta^N \exp\left(-\beta \|\boldsymbol{y} - \boldsymbol{\Phi}\boldsymbol{w}\|_2^2 \right) \tag{2.61}$$

此时式(2.42)所示 $\ln q(\boldsymbol{w})$ 变为

$$\ln q(\boldsymbol{w}) = -\langle\beta\rangle\|\boldsymbol{y}-\boldsymbol{\Phi}\boldsymbol{w}\|^2 - \sum_{m=1}^{M}\left\langle\frac{1}{\boldsymbol{\lambda}_m}\right\rangle|\boldsymbol{w}_m| + \text{const} \tag{2.62}$$

其关于 $\boldsymbol{w}$ 的共轭梯度变为

$$\nabla_{w^*}\ln q(\boldsymbol{w}) = -\left(\langle\beta\rangle\boldsymbol{\Phi}^{\mathrm{H}}\boldsymbol{\Phi}+\frac{1}{2}\boldsymbol{\Lambda}\right)\boldsymbol{w}+\langle\beta\rangle\boldsymbol{\Phi}^{\mathrm{H}}\boldsymbol{y} \tag{2.63}$$

式中，$\boldsymbol{\Lambda}=\mathrm{diag}\{\langle 1/\boldsymbol{\lambda}_m\rangle\cdot 1/|\boldsymbol{w}_m|\}$，令 $\nabla_{w^*}\ln q(\boldsymbol{w})=0$ 可得

$$\hat{\boldsymbol{w}}_{\mathrm{MAP}} = \langle\beta\rangle\left(\langle\beta\rangle\boldsymbol{\Phi}^{\mathrm{H}}\boldsymbol{\Phi}+\frac{1}{2}\boldsymbol{\Lambda}\right)^{-1}\boldsymbol{\Phi}^{\mathrm{H}}\boldsymbol{y} \tag{2.64}$$

将式(2.64)代入式(2.47)可得复稀疏信号 $\boldsymbol{w}$ 的近似后验概率密度：

$$q(\boldsymbol{w}) \approx \mathcal{CN}(\boldsymbol{w}|\boldsymbol{\mu}_C,\boldsymbol{\Sigma}_C) \tag{2.65}$$

式中

$$\boldsymbol{\mu}_C = \langle\beta\rangle\boldsymbol{\Sigma}_C\boldsymbol{\Phi}^{\mathrm{H}}\boldsymbol{y} \tag{2.66}$$

$$\boldsymbol{\Sigma}_C = \left(\langle\beta\rangle\boldsymbol{\Phi}^{\mathrm{H}}\boldsymbol{\Phi}+\frac{1}{2}\boldsymbol{\Lambda}\right)^{-1} \tag{2.67}$$

因此，对于复稀疏信号重构，只需将式(2.48)所示高斯后验概率密度改为复高斯，将所有表达式中的矩阵共轭改为复共轭，并将其协方差矩阵内对角矩阵 $\boldsymbol{\Lambda}$ 的系数调整为1/2即可。

2.3.3 实验结果分析

本小节分别采用仿真与实测数据进行实验，以验证本节所提稀疏贝叶斯重构算法的有效性。主要比较 LA-VB 算法、EM-MAP 算法、贝叶斯压缩感知(Bayesian compressive sensing，BCS)算法[4]及 BCSL 算法[5]的性能差异。

首先，分别采用上述四种算法重构仿真稀疏信号。实验设定如下：观测数据与待恢复稀疏信号长度分别为 N=100 与 M=512。字典矩阵 $\boldsymbol{\Phi}$ 为单位球向量集合，其各列均匀分布于单位球表面。与 2.2.3 节相同，考虑两种稀疏信号形式——“图钉”稀疏信号与随机稀疏信号。两种信号均包含 K=20 个非零元素。高斯噪声标准差设为 0.09，对应观测信号 SNR 为 10dB。四种算法对两种稀疏信号的重构结

果如图 2.7 所示，对应的重构误差$\left(\|\hat{\boldsymbol{w}}-\boldsymbol{w}\|_2/\|\boldsymbol{w}\|_2\right)$如表 2.2 所示。比较图 2.7 所示结果可知，LA-VB 算法所重构信号受噪声影响最小，并获得最小重构误差。虽然 EM-MAP 算法所得稀疏信号噪声水平较低，但信号失真程度最高，导致其得到的重构误差最大，这是因为 EM-MAP 算法只是点估计算法，而并未获取目标后验概率密度，属于简化的稀疏贝叶斯重构，存在较大的结构误差。

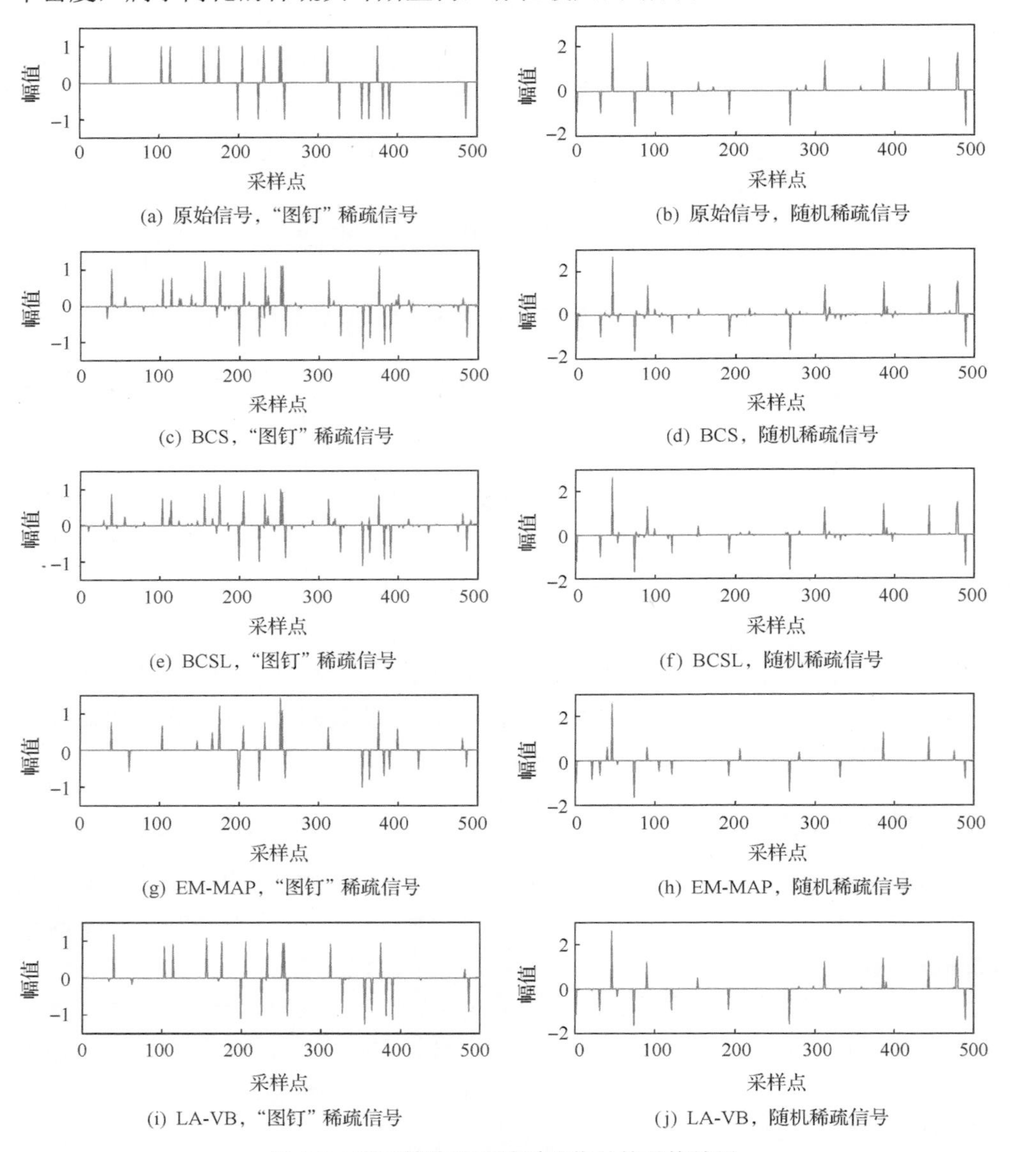

图 2.7　不同算法对两种稀疏信号的重构结果

表 2.2　不同算法稀疏重构误差

信号类型	算法名称			
	BCS	BCSL	EM-MAP	LA-VB
“图钉”稀疏信号	0.2790	0.2629	0.6030	0.1231
随机稀疏信号	0.2188	0.1997	0.5945	0.1443

其次，比较四种算法在无噪声条件下的稀疏恢复性能。实验参数设置如下：同样分别考虑“图钉”稀疏信号与随机稀疏信号，信号长度为 M=512，非零点数为 K=20，观测长度变化范围为[40,120]，变化步长为 20，以测试算法在不同观测长度条件下的算法性能。每种观测长度条件下，分别采用四种算法进行 100 次蒙特卡罗实验，并记录各算法平均重构误差，其中每次实验随机生成稀疏信号的非零点位置。所得重构误差与观测长度变化关系如图 2.8 所示，其中，图 2.8(a)与图 2.8(b)分别对应“图钉”稀疏信号与随机稀疏信号结果。比较可知，在四种算法中，LA-VB 算法的重构误差最小，尤其对于“图钉”稀疏信号，其性能优势更加明显。EM-MAP 算法所得重构误差曲线的变化趋势与其他三种算法相差较大，说明该算法不同于其他三种算法，不属于完全贝叶斯推导。

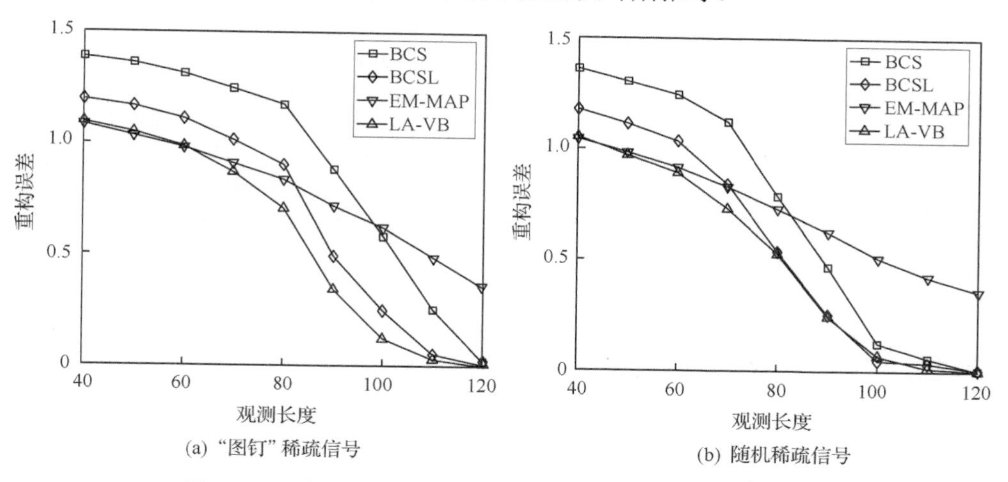

图 2.8　无噪声条件下不同算法重构误差与观测长度变化关系

再次，比较四种算法在 SNR 分别为 8dB 与 16dB 的条件下，重构误差与观测长度的关系。在本次实验中，设定观测长度变化范围为[80,140]，变化步长为 10，其余参数与上次实验相同。同样，分别对每次设定进行 100 次蒙特卡罗实验，取平均重构误差，如图 2.9 所示。由图 2.9 可知，当 SNR=8dB 时，LA-VB 算法所得重构误差稍低于 EM-MAP 算法；当 SNR=16dB 时，LA-VB 算法相对 EM-MAP 算法的稀疏重构性能优势更加明显。与 BCS 算法及 BCSL 算法相比，所提 LA-VB

算法在大多数条件下获得了较小的重构误差，并且在 SNR=8dB 的条件下优势更加明显。可见，本书所提 LA-VB 算法对噪声的鲁棒性强于 BCS 算法与 BCSL 算法。

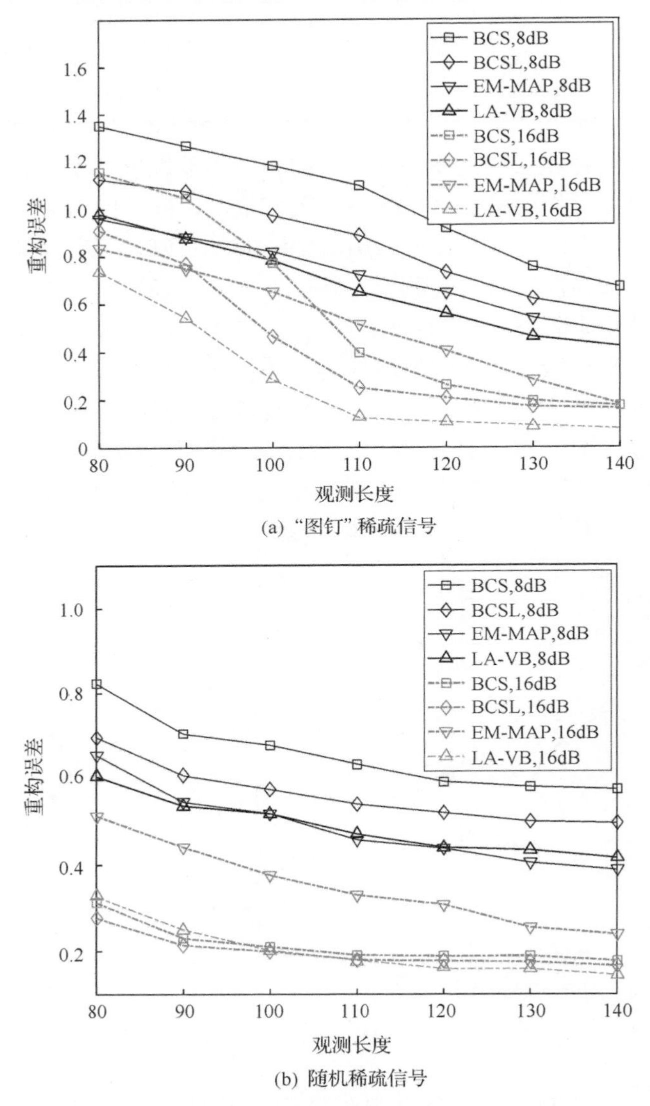

图 2.9　两种 SNR 条件下不同算法重构误差与观测长度变化关系

接下来，比较四种算法在不同 SNR 条件下的稀疏重构性能。实验设定如下：观测数据 SNR 变化范围设为[4dB,16dB]，变化步长为 2dB，稀疏信号长度为 M=512，并且包含 K=20 个非零点，同样考虑“图钉”稀疏信号与随机稀疏信号，观测长度分别取 100 与 160。图 2.10 给出不同 SNR 条件下各算法进行 100 次蒙特卡罗实验的平均重构误差。如图 2.10 所示，本书所提 LA-VB 算法在大多数情况下均获得了最低重构误差。尽管当 SNR 小于 8dB 时，EM-MAP 算法所得重构误差小于 LA-VB 算法，但当观测点数 N 减少时，其性能明显下降。当 N=100 时，EM-MAP 算法所得重构误差曲线与其他三种算法区别较大，说明该算法性能受观测长度影响较大，当观测长度较短时，结构误差较大。LA-VB 算法在任何条件下始终获得较小的重构误差，进一步验证了其较好的稀疏重构性能。

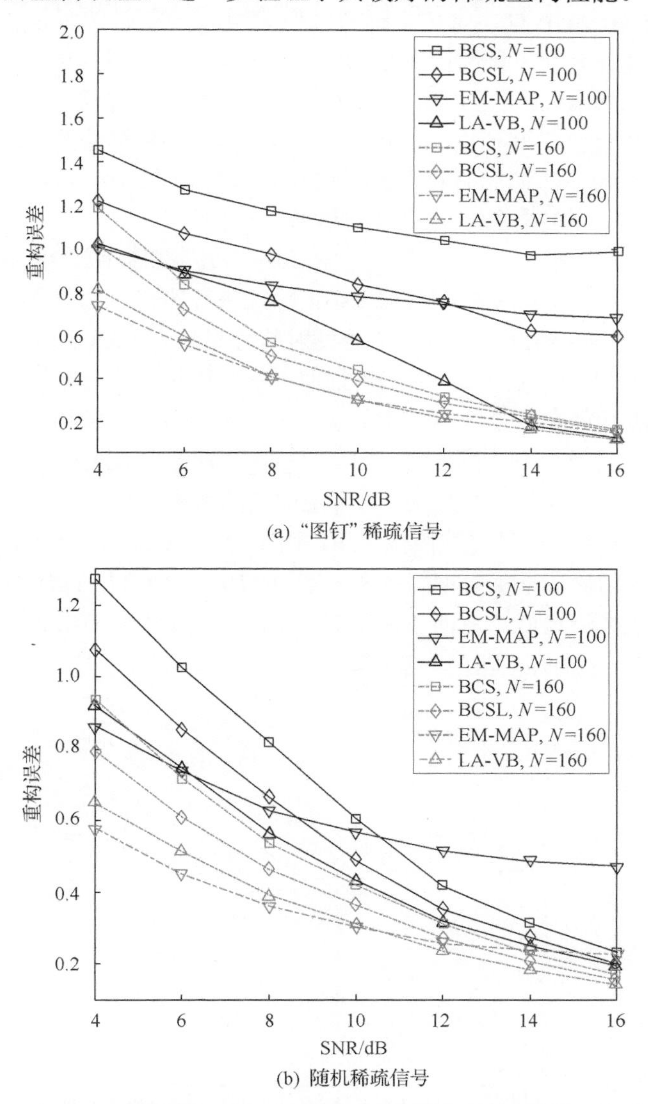

(a) “图钉”稀疏信号

(b) 随机稀疏信号

图 2.10　两种观测长度下不同算法重构误差与 SNR 变化关系

接下来，比较四种算法在不同非零点数条件下的稀疏重构性能。实验参数设置如下：观测信号与稀疏信号长度分别为 N=160 与 M=512，稀疏信号中非零点数 K 变化范围为[5,30]，变化步长为 5，同样分别考虑“图钉”稀疏信号与随机稀疏信号。四种算法进行 100 次蒙特卡罗实验所得平均重构误差如图 2.11 所示，其中，图 2.11(a)与图 2.11(b)分别对应“图钉”稀疏信号与随机稀疏信号的重构误差。由图 2.11(a)可知，对于“图钉”稀疏信号，当 $K>10$ 时，本书提及的 LA-VB 算法所得重构误差最小，而当 $K<10$ 时，EM-MAP 算法所得重构误差略小于 LA-VB 算法。可见，EM-MAP 算法对信号稀疏度要求更高，当信号非零点数上升时，结构误差导致其性能明显下降。由图 2.11(b)可知，当 SNR=16dB 时，由于严重的结构误差影响，EM-MAP 算法的重构误差明显高于另外三种算法；而当 SNR=8dB 时，EM-MAP 算法性能强于其他算法。可见，基于 EM-MAP 算法的稀疏贝叶斯重构算法对噪声鲁棒性较强，但同时存在较大的结构误差，而 LA-VB 算法不仅拥有与 EM-MAP 算法相当的鲁棒性，而且能有效避免结构误差。

最后，采用本书的 LA-VB 算法对“安-26”飞机实测数据进行 ISAR 稀疏重构，并与广泛应用于 ISAR 成像的 OMP 及 SBL 算法进行比较。如图 2.12(a)所示，“安-26”为固定翼双螺旋桨发动机飞机。雷达发射信号载频为 5.52GHz，带宽为 400MHz。全孔径数据包含 512 个回波，从中随机抽取 128 个回波作为稀疏孔径数据，回波孔径稀疏度（稀疏孔径脉冲个数/全孔径脉冲个数）为 25%。目标稀疏孔径条件下的一维距离像序列如图 2.12(b)所示。图 2.12(c)～(f)分别给出 RD、OMP、SBL 及 LA-VB 算法所得 ISAR 成像结果，并相应给出各图像的图像熵。由图 2.12 可知，由于稀疏孔径的影响，传统 RD 成像算法散焦严重。相比之下，OMP、SBL 及本书的 LA-VB 算法所重构的图像聚焦质量有明显改善。其中，LA-VB 算法所得 ISAR 图像聚焦效果最好，并且图像熵最低，从而验证了其在 ISAR 成像中的有效性。

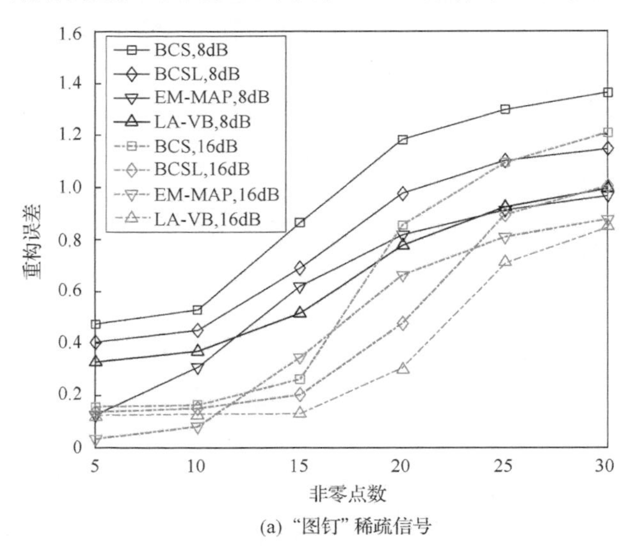

(a) “图钉”稀疏信号

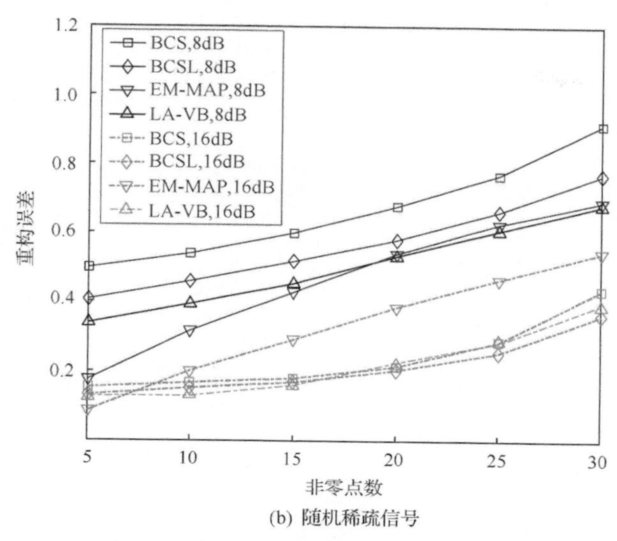

(b) 随机稀疏信号

图 2.11　两种 SNR 条件下不同算法重构误差与稀疏信号非零点数变化关系

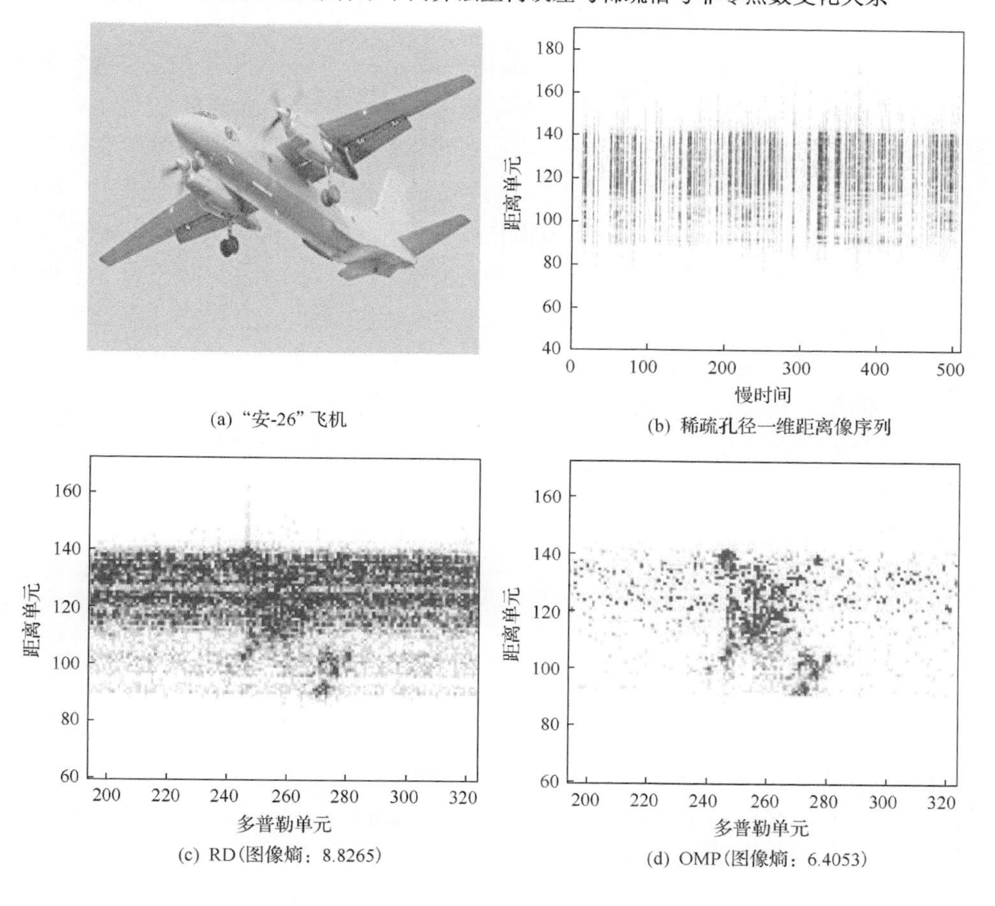

(a) “安-26”飞机　(b) 稀疏孔径一维距离像序列

(c) RD(图像熵：8.8265)　(d) OMP(图像熵：6.4053)

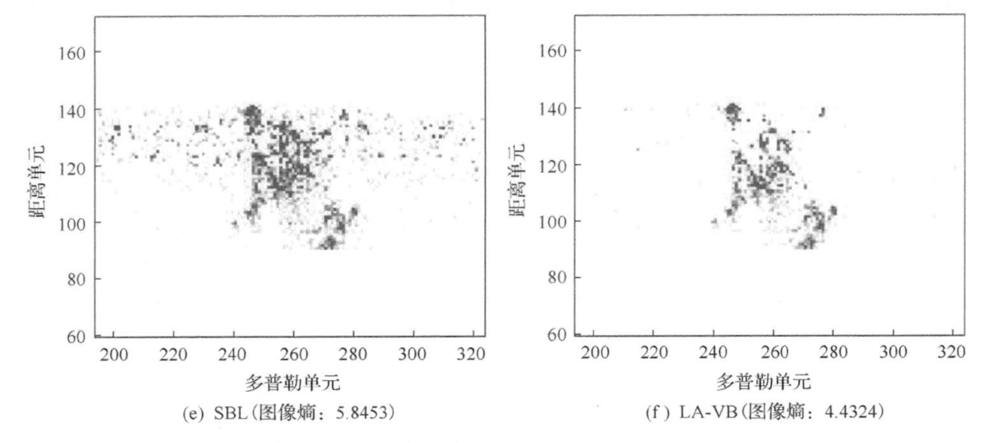

(e) SBL(图像熵：5.8453)　　(f) LA-VB(图像熵：4.4324)

图 2.12　基于不同算法的“安-26”飞机成像结果

2.4 本章小结

本章提出了对数拉普拉斯与 LSM 两种稀疏先验,并分别推导了基于两种稀疏先验的贝叶斯重构算法。对于对数拉普拉斯先验，采用 MAP 算法实现了稀疏信号重构，所得更新表达式与加权 l_1 范数正则化目标函数类似，但可以进行参数学习，从而避免了人工设定正则化参数，算法自适应性较强。对于 LSM 先验，分别采用 EM-MAP 算法及 LA-VB 算法实现稀疏贝叶斯重构。其中，EM-MAP 算法为点估计算法，无法获取稀疏信号的后验概率密度，LA-VB 算法则属于完全贝叶斯推导范畴，可在稀疏信号重构的同时得到其后验概率密度，其中包含信号高阶统计特性，具有潜在的应用价值。另外，LA-VB 算法还可以有效避免 EM-MAP 算法中存在的结构误差，重构精度较高。最后通过基于仿真和实测数据的实验验证了用对数拉普拉斯先验与 LSM 先验进行稀疏建模的有效性，以及基于 LA-VB 算法的 LSM 先验下稀疏贝叶斯重构算法的较强鲁棒性。本章的稀疏贝叶斯重构理论是稀疏贝叶斯 ISAR 成像的重要理论基础。

参考文献

[1] Gong T, Zhang S H, Li X. Bayesian sparse signal recovery based on log-Laplacian prior [J]. Journal of Applied Remote Sensing, 2018, 12(4): 045003.

[2] Cevher V, Indyk P, Carin L, et al. Sparse signal recovery and acquisition with graphical models[J]. IEEE Signal Processing Magazine, 2010, 27(6): 92-103.

[3] Zhang S H, Liu Y X, Li X, et al. Variational Bayesian sparse signal recovery with LSM prior[J]. IEEE Access, 2017, 5: 26690-26702.

[4] Ji S H, Xue Y, Carin L. Bayesian compressive sensing[J]. IEEE Transactions on Signal Processing, 2008, 56(6): 2346-2356.

[5] Babacan S D, Molina R, Katsaggelos A K. Bayesian compressive sensing using Laplace priors[J]. IEEE Transactions on Image Processing, 2010, 19(1): 53-63.

第3章　稀疏孔径ISAR自聚焦技术

3.1　概　　述

稀疏孔径回波会破坏脉冲间的相干性，严重影响ISAR成像自聚焦精度，进一步导致ISAR图像散焦。当目标回波孔径稀疏时，RD成像结果将受到严重旁瓣、栅瓣干扰，分辨率降低，使得基于特显点的自聚焦算法基本失效。在稀疏孔径条件下，最小熵法、最大对比度法及基于特征值分解的MLE自聚焦算法仍然有效，但补偿精度难以满足需求。目前已有的稀疏孔径条件下，ISAR自聚焦算法一般分粗补偿与精补偿两步进行，首先采用对于稀疏孔径仍然有效但补偿精度降低的最小熵法与基于特征值分解的MLE自聚焦算法等自聚焦算法获取初相误差的粗估计；然后在ISAR图像稀疏重构的过程中采用MLE自聚焦算法对初相误差进行精估计，以实现稀疏孔径条件下的ISAR自聚焦[1-5]。然而，该类算法收敛速度慢，且鲁棒性不强。实验表明，在回波孔径稀疏度低至12.5%时，该类算法基本失效。

本章对稀疏孔径条件下ISAR自聚焦技术展开研究，提出一种基于熵与稀疏联合约束的稀疏孔径ISAR自聚焦算法[6]。本章内容安排如下：3.2节建立稀疏孔径ISAR自聚焦信号模型，采用LSM先验对目标ISAR图像进行稀疏建模；3.3节首先采用LA-VB算法进行ISAR图像稀疏重构，然后提出两种基于熵与稀疏联合约束的自聚焦算法，在ISAR图像稀疏重构的过程中分别通过最小化RD图像与稀疏重构图像的熵，估计并补偿初相误差，以实现ISAR自聚焦，两种自聚焦算法分别简称为ME1自聚焦算法与ME2自聚焦算法；3.4节采用仿真与实测飞机数据验证两种自聚焦算法的有效性。实验结果表明，本章所提稀疏孔径ISAR自聚焦算法与已有算法相比，收敛速度快，对噪声鲁棒性强，并且不需要进行粗聚焦。3.5节对本章内容进行小结。本章符号定义如下：$\boldsymbol{A}_{i\cdot}$、$\boldsymbol{A}_{\cdot j}$及$\boldsymbol{A}_{i,j}$分别表示矩阵$\boldsymbol{A}$的第i行、第j列及第(i,j)个元素。当$\boldsymbol{A}$为矩阵时，$\mathrm{diag}(\boldsymbol{A})$表示由$\boldsymbol{A}$的对角线元素组成的对角矩阵；当$\boldsymbol{A}$为向量时，$\mathrm{diag}(\boldsymbol{A})$则表示由$\boldsymbol{A}$的所有元素组成的对角矩阵。后面，符号$\boldsymbol{A}_i$代表矩阵$\boldsymbol{A}$的第$i$列元素，$\boldsymbol{A}_{i\cdot}$代表矩阵$\boldsymbol{A}$的第$i$行元素。矩阵上标“*”代表矩阵元素取共轭。

3.2　稀疏孔径ISAR自聚焦信号模型

ISAR成像模型如图3.1所示。其中，坐标系xOy以目标重心为原点，以雷达

LOS 为 y 轴，x 轴则由 $\boldsymbol{\omega}\times\boldsymbol{i}_y$ 决定，其中 $\boldsymbol{\omega}$ 为目标有效旋转速度，即垂直于 LOS 方向的角速度分量，$\boldsymbol{i}_y$ 为 LOS 方向单位矢量。坐标系 xOy 所在平面为成像平面，x 轴与 y 轴方向分别对应 ISAR 成像的方位向与距离向。p 为目标上任意散射点，则经过解线调频与脉冲压缩处理后所得散射点 p 的距离为

$$s_p(t_m,\hat{t})=\sigma_p\cdot\operatorname{sinc}\left\{B\left[\hat{t}-\frac{2R_p(t_m)}{c}\right]\right\}\exp\left[-\mathrm{j}\frac{4\pi f_c}{c}R_p(t_m)\right] \tag{3.1}$$

式中，B、f_c 及 c 分别表示信号带宽、中心频率及传播速度；$\hat{t}$ 与 t_m 分别表示快时间与慢时间；σ_p 和 $R_p(t_m)$ 分别表示散射点 p 的反射系数及 t_m 时刻与雷达之间的距离。式(3.1)假设目标速度满足“走-停”模型，即认为目标在脉内静止，在脉间走动。一般平稳飞行的空中目标通常满足该假设，而高速运动的深空目标与轨道目标(弹道导弹、卫星等)则需要进行脉内速度补偿，补偿后的回波仍可由式(3.1)表示。

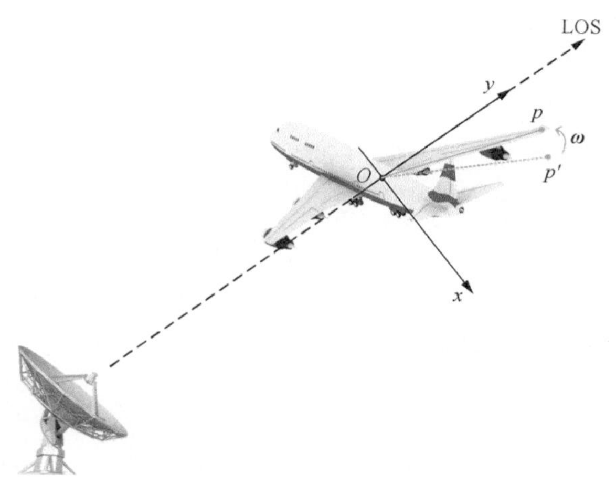

图 3.1　ISAR 成像模型

令 ω 为目标的有效旋转速率，即 $\omega=|\boldsymbol{\omega}|$。在远场假设下，当 ISAR 成像累积时间较短时，目标散射点 p 的瞬时距离 $R_p(t_m)$ 可近似为

$$\begin{aligned}R_p(t_m)&=R_O(t_m)+y_p\cos(\omega t_m)+x_p\sin(\omega t_m)\\&\approx R_O(t_m)+y_p+x_p\omega t_m\end{aligned} \tag{3.2}$$

式中，(x_p,y_p) 表示散射点 p 的坐标；$R_O(t_m)$ 表示原点 O 的瞬时雷达距离。将式(3.2)代入式(3.1)，可得

$$s_p(t_m,\hat{t})=\sigma_p'\exp\left(-\mathrm{j}\frac{4\pi f_c}{c}x_p\omega t_m\right)\exp(\mathrm{j}\varphi_m) \tag{3.3}$$

式中，$\sigma_p'=\sigma_p\cdot\mathrm{sinc}\left(B\left\{\hat{t}-2/c\cdot\left[R_O(t_m)+x_p\theta(t_m)+y_p\right]\right\}\right)$，经过包络对齐后变为 $\sigma_p'=\sigma_p\cdot\mathrm{sinc}\left[B(\hat{t}-2y_p/c)\right]$；$\varphi_m$ 为第 m 个脉冲的初相误差，即 ISAR 自聚焦待补偿项，并有 $\varphi_m=-4\pi f_c/c\cdot\left[R_O(t_m)+y_p\right]+\varphi_m^n$，$\varphi_m^n$ 为随机相位误差。对式(3.3)离散化，可得

$$s(m,n)=\sum_{p=1}^{P}\sigma_p'(n)\exp\left(-\mathrm{j}\frac{4\pi f_c x_p\omega}{c\cdot\mathrm{PRF}}m\right)\exp(\mathrm{j}\varphi_m) \tag{3.4}$$

式中，$n=0,1,\cdots,N-1$ 与 $m=0,1,\cdots,M-1$ 分别表示离散化后快时间与慢时间，N 和 M 分别为距离单元个数及全孔径多普勒单元个数；P 表示目标上散射点总数；$\sigma_p'(n)=\sigma_p\cdot\mathrm{sinc}\left[B(T_{\mathrm{pulse}}n/N-2y_p/c)\right]$ 表示散射点 p 的距离像包络，T_{pulse} 表示雷达发射信号脉宽；PRF 表示脉冲重复频率。此时，稀疏孔径条件下的 ISAR 成像模型可表示为

$$\boldsymbol{s}=\boldsymbol{EFx}+\boldsymbol{n} \tag{3.5}$$

式中，$\boldsymbol{s}\in\mathbf{C}^{L\times N}$、$\boldsymbol{E}\in\mathbf{C}^{L\times L}$、$\boldsymbol{F}\in\mathbf{C}^{L\times K}$、$\boldsymbol{x}\in\mathbf{C}^{K\times N}$ 与 $\boldsymbol{n}\in\mathbf{C}^{L\times N}$ 分别表示稀疏孔径一维像序列、初相误差矩阵、傅里叶字典、ISAR 图像及噪声。L 为稀疏孔径脉冲个数，K 为重构多普勒单元个数，K 取值越大，重构 ISAR 图像方位向分辨率越高，但运算效率越低。稀疏孔径一维像序列 $\boldsymbol{s}$ 定义为 $\boldsymbol{s}=[\boldsymbol{s}_{\cdot 0},\boldsymbol{s}_{\cdot 1},\cdots,\boldsymbol{s}_{\cdot N-1}]$，其中第 n 列 $\boldsymbol{s}_{\cdot n}$ 表示第 n 个距离单元回波数据，$\boldsymbol{s}_{\cdot n}=\left[\boldsymbol{s}_{I_0,n},\boldsymbol{s}_{I_1,n},\cdots,\boldsymbol{s}_{I_{L-1},n}\right]^{\mathrm{T}}$，$I$ 表示稀疏孔径脉冲索引序列。初相误差矩阵定义为 $\boldsymbol{E}=\mathrm{diag}\left[\exp(\mathrm{j}\boldsymbol{\varphi}_{I_0}),\cdots,\exp(\mathrm{j}\boldsymbol{\varphi}_{I_{L-1}})\right]$，$\boldsymbol{\varphi}_{I_L}$ 为第 $\boldsymbol{I}_L$ 个脉冲初相误差。傅里叶字典定义为 $\boldsymbol{F}=\left[\boldsymbol{f}_{\cdot -K/2},\cdots,\boldsymbol{f}_{\cdot K/2-1}\right]$，其中第 k 列 $\boldsymbol{f}_{\cdot k}=\left[\exp\left(-\mathrm{j}2\pi k/M\cdot\boldsymbol{I}_0\right),\cdots,\exp\left(-\mathrm{j}2\pi k/M\cdot\boldsymbol{I}_{L-1}\right)\right]^{\mathrm{T}}$。$\boldsymbol{F}$ 的列索引值变化范围为 $[-K/2, K/2-1]$，以有效覆盖正负多普勒频率。

进一步对式(3.5)所示 ISAR 成像模型进行统计建模，首先假设噪声 $\boldsymbol{n}$ 为复高斯白噪声：

$$p(\boldsymbol{n})=\mathcal{CN}(\boldsymbol{n}|0,\alpha^{-1}\boldsymbol{I}) \tag{3.6}$$

式中，α 表示噪声精准度。进一步假设其服从伽马分布：

$$p(\alpha;a,b)=\mathcal{G}(\alpha;a,b) \tag{3.7}$$

则一维像序列 $\boldsymbol{s}$ 的似然函数为

$$p(\boldsymbol{s}|\boldsymbol{x},\alpha;\boldsymbol{E})=\prod_{n=0}^{N-1}\mathcal{CN}\left(\boldsymbol{s}_{\cdot n}\middle|\boldsymbol{EFx}_{\cdot n},\alpha^{-1}\boldsymbol{I}\right) \tag{3.8}$$

对于 ISAR 图像 $\boldsymbol{x}$，采用 LSM 先验对其进行建模，首先设 $\boldsymbol{x}$ 各点分别服从拉普拉斯分布：

$$p(\boldsymbol{x}|\boldsymbol{\lambda})=\prod_{n=0}^{N-1}\mathcal{L}(\boldsymbol{x}_{\cdot n}|\boldsymbol{\lambda}_{\cdot n})=\prod_{n=0}^{N-1}\prod_{k=0}^{K-1}\mathcal{L}\left(\boldsymbol{x}_{k,n}\middle|\boldsymbol{\lambda}_{k,n}\right) \tag{3.9}$$

进一步假设第 n 个距离单元的尺度因子 $\boldsymbol{\lambda}_{\cdot n}$ 服从逆伽马分布：

$$p(\boldsymbol{\lambda}_{\cdot n}|c_n,d_n)=\prod_{k=0}^{K-1}\mathcal{IG}\left(\boldsymbol{\lambda}_{k,n}\middle|c_n,d_n\right) \tag{3.10}$$

式中，模型参数 c_n 与 d_n 一般设为较小值(如 $c_n=d_n=10^{-4}$)，以保证 $\boldsymbol{\lambda}_{\cdot n}$ 先验的无信息性。为更直观地表示上述建模过程，图 3.2 给出该建模过程的概率图模型。

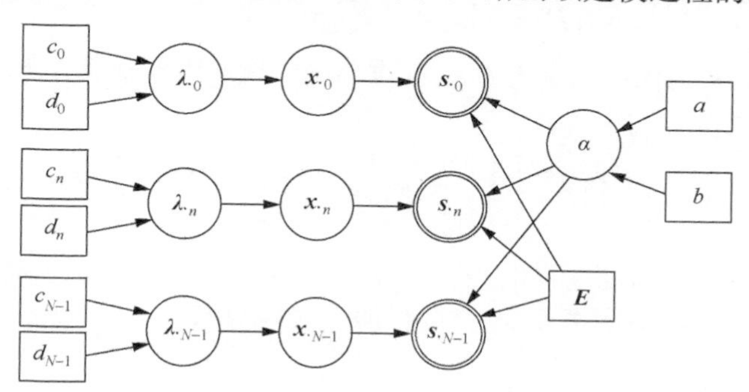

图 3.2　稀疏孔径 ISAR 成像概率图模型

3.3　基于熵与稀疏联合约束的稀疏孔径 ISAR 自聚焦

本节首先采用 LA-VB 算法对基于 LSM 先验建模的 ISAR 图像进行稀疏重构，并进一步提出两种基于熵与稀疏联合约束的自聚焦算法，分别称为 ME1 自聚焦算法与 ME2 自聚焦算法。两种自聚焦算法均是在 ISAR 图像重构过程中基于最小熵准则对初相误差进行估计的，区别在于 ME1 自聚焦算法所采用的图像为 RD 成像结果，而 ME2 自聚焦算法则采用 LA-VB 算法所重构的 ISAR 图像。本节最后给出基于 LSM 的 ISAR 图像重构与自聚焦的流程，并简要分析算法计算复杂度。

3.3.1 基于 LA-VB 算法的 ISAR 图像稀疏重构

由图 3.2 所示概率图模型可知，ISAR 图像 $\boldsymbol{x}$ 的各列 $\boldsymbol{x}_{\cdot n}$ $(n=0,1,\cdots,N-1)$，即各距离单元的方位像相互独立，因此考虑分别对其进行重构。噪声精准度 α 及初相误差矩阵 $\boldsymbol{E}$ 则与图像 $\boldsymbol{x}$ 各列相互关联，因此利用 ISAR 图像所有距离单元数据对其进行更新，称为全局更新。

由贝叶斯公式可知，图 3.2 中所有未知变量的联合后验概率密度为

$$p\left(\boldsymbol{x}_{\cdot n},\boldsymbol{\lambda}_{\cdot n},\alpha\middle|\boldsymbol{s}_{\cdot n};\boldsymbol{E}\right)=\frac{p\left(\boldsymbol{s}_{\cdot n}\middle|\boldsymbol{x}_{\cdot n},\alpha;\boldsymbol{E}\right)p\left(\boldsymbol{x}_{\cdot n}\middle|\boldsymbol{\lambda}_{\cdot n}\right)p(\alpha)p\left(\boldsymbol{\lambda}_{\cdot n}\right)}{p\left(\boldsymbol{s}_{\cdot n};\boldsymbol{E}\right)} \tag{3.11}$$

式中

$$p\left(\boldsymbol{s}_{\cdot n};\boldsymbol{E}\right)=\iiint p\left(\boldsymbol{s}_{\cdot n}\middle|\boldsymbol{x}_{\cdot n},\alpha;\boldsymbol{E}\right)p\left(\boldsymbol{x}_{\cdot n}\middle|\boldsymbol{\lambda}_{\cdot n}\right)p(\alpha)p\left(\boldsymbol{\lambda}_{\cdot n}\right)\mathrm{d}\boldsymbol{x}_{\cdot n}\mathrm{d}\alpha\mathrm{d}\boldsymbol{\lambda}_{\cdot n} \tag{3.12}$$

该多重积分不易求解，导致无法直接通过式(3.11)获取联合后验概率密度，因此采用 LA-VB 算法进行稀疏 ISAR 图像重构。首先假设联合后验概率密度可因式分解，即 $p\left(\boldsymbol{x}_{\cdot n},\boldsymbol{\lambda}_{\cdot n},\alpha\middle|\boldsymbol{s}_{\cdot n};\boldsymbol{E}\right)\approx q\left(\boldsymbol{x}_{\cdot n}\right)q\left(\boldsymbol{\lambda}_{\cdot n}\right)q(\alpha)$。

由于先验的共轭性，尺度因子 $\boldsymbol{\lambda}_{\cdot n}$ 的近似后验概率密度 $q\left(\boldsymbol{\lambda}_{\cdot n}\right)$ 服从逆伽马分布：

$$q\left(\boldsymbol{\lambda}_{\cdot n}\right)=\prod_{k=0}^{K-1}\mathcal{IG}\left(\boldsymbol{\lambda}_{k,n}\middle|c_n+1,d_n+\left\langle\left|\boldsymbol{x}_{k,n}\right|\right\rangle\right) \tag{3.13}$$

同样，由于噪声精准度 α 的先验为伽马分布，与式(3.8)所示高斯似然函数共轭，因此其近似后验概率密度 $q(\alpha)$ 同样服从伽马分布：

$$q(\alpha)=\mathcal{G}\left(\alpha\middle|a+NL,b+\left\langle\left\|\boldsymbol{s}-\boldsymbol{EFx}\right\|_{\mathrm{F}}^{2}\right\rangle\right) \tag{3.14}$$

由式(3.13)与式(3.14)可知，当先验与似然函数互为共轭时，后验概率密度具有与先验概率密度相同的形式。然而对于 ISAR 图像 $\boldsymbol{x}$，其先验如式(3.9)所示，服从拉普拉斯分布，与式(3.8)所示高斯似然函数不共轭，导致无法直接求解 $\boldsymbol{x}_{\cdot n}$ 的近似后验概率密度 $q\left(\boldsymbol{x}_{\cdot n}\right)$。因此，进一步采用拉普拉斯估计算法估计 $q\left(\boldsymbol{x}_{\cdot n}\right)$，即在 $\boldsymbol{x}_{\cdot n}$ 的 MAP 估计处对 $\ln q\left(\boldsymbol{x}_{\cdot n}\right)$ 进行二阶泰勒展开，得

$$\ln q\left(\boldsymbol{x}_{\cdot n}\right)\approx\ln q\left(\hat{\boldsymbol{x}}_{\cdot n}^{\mathrm{MAP}}\right)+\frac{1}{2}\left(\boldsymbol{x}_{\cdot n}-\hat{\boldsymbol{x}}_{\cdot n}^{\mathrm{MAP}}\right)^{\mathrm{H}}\boldsymbol{H}_n\left(\boldsymbol{x}_{\cdot n}-\hat{\boldsymbol{x}}_{\cdot n}^{\mathrm{MAP}}\right) \tag{3.15}$$

式中，$\hat{\boldsymbol{x}}_{\cdot n}^{\mathrm{MAP}}$ 表示 $\boldsymbol{x}_{\cdot n}$ 的 MAP 估计：

$$\hat{\boldsymbol{x}}_{\cdot n}^{\mathrm{MAP}}=\langle\alpha\rangle\left(\langle\alpha\rangle\boldsymbol{F}^{\mathrm{H}}\boldsymbol{F}+\frac{1}{2}\boldsymbol{\Lambda}\right)^{-1}\boldsymbol{F}^{\mathrm{H}}\boldsymbol{E}^{\mathrm{H}}\boldsymbol{s}_{n} \tag{3.16}$$

式中，$\boldsymbol{\Lambda}=\mathrm{diag}\left[1/\boldsymbol{\lambda}_{\cdot,n}\odot 1/\left\langle\left|\boldsymbol{x}_{\cdot,n}\right|\right\rangle\right]$，“$\odot$”表示矩阵 Hardmard 乘积。式(3.15)中 $\boldsymbol{H}_n$ 表示 $\ln q\left(\boldsymbol{x}_{\cdot n}\right)$ 关于 $\boldsymbol{x}_{\cdot n}$ 的 Hessian 矩阵：

$$\boldsymbol{H}_n=-\left(\langle\alpha\rangle\boldsymbol{F}^{\mathrm{H}}\boldsymbol{F}+\frac{1}{2}\boldsymbol{\Lambda}\right) \tag{3.17}$$

由式(3.15)可知，$q\left(\boldsymbol{x}_{\cdot n}\right)$ 可近似服从如下复高斯分布：

$$q\left(\boldsymbol{x}_{\cdot n}\right)\approx\mathcal{CN}\left(\boldsymbol{x}_{\cdot n}\middle|\boldsymbol{\mu}_{\cdot n},\boldsymbol{\Sigma}_n\right) \tag{3.18}$$

式中，期望 $\boldsymbol{\mu}_{\cdot n}$ 与协方差矩阵 $\boldsymbol{\Sigma}_n$ 分别为

$$\boldsymbol{\mu}_{\cdot n}=\hat{\boldsymbol{x}}_{\cdot n}^{\mathrm{MAP}}=\langle\alpha\rangle\boldsymbol{\Sigma}_n\boldsymbol{F}^{\mathrm{H}}\boldsymbol{E}^{\mathrm{H}}\boldsymbol{s}_{\cdot n} \tag{3.19}$$

$$\boldsymbol{\Sigma}_n=-\boldsymbol{H}_n^{-1}=\left(\langle\alpha\rangle\boldsymbol{F}^{\mathrm{H}}\boldsymbol{F}+\frac{1}{2}\boldsymbol{\Lambda}\right)^{-1} \tag{3.20}$$

式中，$\boldsymbol{\Sigma}_n$ 的表达式可通过 Woodbury 公式[①]转化为 $\boldsymbol{\Sigma}_n=2\boldsymbol{\Lambda}^{-1}-4\langle\alpha\rangle\boldsymbol{\Lambda}^{-1}\boldsymbol{F}^{\mathrm{H}}(\boldsymbol{I}+2\langle\alpha\rangle\boldsymbol{F}\boldsymbol{\Lambda}^{-1}\boldsymbol{F}^{\mathrm{H}})^{-1}\boldsymbol{F}\boldsymbol{\Lambda}^{-1}$，以减少计算量。由式(3.13)、式(3.14)及式(3.18)可知，各未知变量的后验概率密度中包含彼此的期望，包括 $\langle\boldsymbol{x}_{\cdot n}\rangle$、$\left\langle\left|\boldsymbol{x}_{k,n}\right|\right\rangle$、$\left\langle\|\boldsymbol{s}-\boldsymbol{E}\boldsymbol{F}\boldsymbol{x}\|_{\mathrm{F}}^2\right\rangle$、$\left\langle 1/\boldsymbol{\lambda}_{k,n}\right\rangle$ 及 $\langle\alpha\rangle$，可分别由对应后验概率密度分布求得

$$\langle\boldsymbol{x}_{\cdot n}\rangle=\boldsymbol{\mu}_{\cdot n} \tag{3.21}$$

$$\left\langle\left|\boldsymbol{x}_{k,n}\right|\right\rangle=\sqrt{\frac{2}{\pi}\boldsymbol{\Sigma}_n^{k,k}}\,{}_1F_1\left(-\frac{1}{2},\frac{1}{2},-\frac{1}{2}\frac{\boldsymbol{\mu}_{k,n}}{\boldsymbol{\Sigma}_n^{k,k}}\right) \tag{3.22}$$

$$\left\langle\|\boldsymbol{s}-\boldsymbol{E}\boldsymbol{F}\boldsymbol{x}\|_{\mathrm{F}}^2\right\rangle=\|\boldsymbol{s}-\boldsymbol{E}\boldsymbol{F}\boldsymbol{\mu}\|_{\mathrm{F}}^2+\sum_{n=0}^{N-1}\mathrm{trace}\left(\boldsymbol{F}^{\mathrm{H}}\boldsymbol{E}^{\mathrm{H}}\boldsymbol{E}\boldsymbol{F}\boldsymbol{\Sigma}_n\right) \tag{3.23}$$

① Woodbury 公式为矩阵求逆转换公式：$(\boldsymbol{A}+\boldsymbol{UCV})^{-1}=\boldsymbol{A}^{-1}-\boldsymbol{A}^{-1}\boldsymbol{U}(\boldsymbol{C}^{-1}+\boldsymbol{V}\boldsymbol{A}^{-1}\boldsymbol{U})^{-1}\boldsymbol{V}\boldsymbol{A}^{-1}$。

$$\left\langle \frac{1}{\boldsymbol{\lambda}_{k,n}} \right\rangle = \frac{c_n + 1}{d_n + \left\langle \left| \boldsymbol{x}_{k,n} \right| \right\rangle} \tag{3.24}$$

$$\langle \alpha \rangle = \frac{a + NL}{b + \left\langle \left\| \boldsymbol{s} - \boldsymbol{EFx} \right\|_{\mathrm{F}}^2 \right\rangle} \tag{3.25}$$

式中，$\boldsymbol{\mu} = \left[\boldsymbol{\mu}_{\cdot 0}, \boldsymbol{\mu}_{\cdot 1}, \cdots, \boldsymbol{\mu}_{\cdot N-1} \right]$表示 ISAR 图像 $\boldsymbol{x}$ 的期望；$\boldsymbol{\Sigma}_n^{k,k}$ 表示 $\boldsymbol{\Sigma}_n$ 的第 k 个对角线元素。由式(3.21)、式(3.24)及式(3.25)可分别实现对 ISAR 图像 $\boldsymbol{x}$、尺度因子 $\boldsymbol{\lambda}$ 及噪声精准度 α 的迭代更新。

3.3.2 ME1 自聚焦算法

在已有的稀疏孔径 ISAR 自聚焦算法中，一般在 ISAR 图像重构迭代过程中采用 MLE 对初相误差矩阵进行估计，得

$$\hat{\boldsymbol{E}}^{(i+1)} = \arg\min_{\boldsymbol{E}} \left\| \boldsymbol{s} - \boldsymbol{EF}\hat{\boldsymbol{x}}^{(i)} \right\|_2^2 \tag{3.26}$$

进而推导得到初相误差更新式为

$$\hat{\boldsymbol{E}}^{(i+1)} = \operatorname{diag}\left\{ \exp\left[\mathrm{j} \cdot \operatorname{angle}(\boldsymbol{s}\hat{\boldsymbol{x}}^{(i)\mathrm{H}} \boldsymbol{F}^{\mathrm{H}}) \right] \right\} \tag{3.27}$$

式中，angle(·)表示取相位算子。式(3.26)所示目标函数为观测与估计之间的均方误差，因而该算法估计初相误差仅对观测数据进行拟合，而无法改善 ISAR 图像的聚焦效果。为此，本小节采用最小熵准则，在 ISAR 图像重构过程中最小化图像熵，以估计初相误差。提出两种自聚焦算法，根据目标图像选取的不同，分别称为 ME1 自聚焦算法和 ME2 自聚焦算法。

ME1 自聚焦算法所选取的目标图像为 RD 成像结果，在 ISAR 稀疏重构迭代过程中，通过最小化目标图像的熵实现对初相误差的更新。RD 成像可表示为

$$\boldsymbol{x} = \boldsymbol{F}^{\mathrm{H}} \boldsymbol{E}^{\mathrm{H}} \boldsymbol{s} \tag{3.28}$$

式中，$\boldsymbol{F}^{\mathrm{H}}$ 表示沿慢时间方向进行快速傅里叶变换(fast Fourier transform，FFT)，则所得 ISAR 图像 $\boldsymbol{x}$ 的图像熵为

$$\boldsymbol{E}_{\boldsymbol{x}} = -\sum_{k=0}^{K-1} \sum_{n=0}^{N-1} \frac{\left| \boldsymbol{x}_{k,n} \right|^2}{P} \ln \frac{\left| \boldsymbol{x}_{k,n} \right|^2}{P} \tag{3.29}$$

式中，$P = \sum_{k=0}^{K-1} \sum_{n=0}^{N-1} \left| \boldsymbol{x}_{k,n} \right|^2$ 表示图像能量，由帕塞瓦尔定理可知，该值与初相误差无

关。因此，式(3.29)可简化为

$$\tilde{\boldsymbol{E}}_x = -\sum_{k=0}^{K-1}\sum_{n=0}^{N-1}\left|\boldsymbol{x}_{k,n}\right|^2 \ln\left|\boldsymbol{x}_{k,n}\right|^2 \tag{3.30}$$

进一步求得图像熵 $\tilde{\boldsymbol{E}}_x$ 关于第 l_0 个脉冲初相误差的一阶偏导数：

$$\frac{\partial \tilde{\boldsymbol{E}}_x}{\partial \boldsymbol{\varphi}_{l_0}} = -\sum_{k=0}^{K-1}\sum_{n=0}^{N-1}\left(1+\ln\left|\boldsymbol{x}_{k,n}\right|^2\right)\frac{\partial\left|\boldsymbol{x}_{k,n}\right|^2}{\partial \boldsymbol{\varphi}_{l_0}} \tag{3.31}$$

式中，$\partial\left|\boldsymbol{x}_{k,n}\right|^2 \big/ \partial \boldsymbol{\varphi}_{l_0} = 2\operatorname{Re}\left(\boldsymbol{x}_{k,n}^* \cdot \partial \boldsymbol{x}_{k,n} / \partial \boldsymbol{\varphi}_{l_0}\right)$，$\operatorname{Re}\{\cdot\}$ 为取实部算子。由式(3.28)可得 $\boldsymbol{x}_{k,n} = \sum_{l=0}^{L-1} \boldsymbol{F}_{l,k}^* \boldsymbol{s}_{l,n} \exp\left(-\mathrm{j}\boldsymbol{\varphi}_l\right)$，其中 l_0 仅为所有检索值 l 中的一个值，因此 $\boldsymbol{x}_{k,n}$ 关于 l_0 的一阶偏导数为

$$\frac{\partial \boldsymbol{x}_{k,n}}{\partial \varphi_{l_0}} = -\mathrm{j}\boldsymbol{F}_{l_0,k}^* \boldsymbol{s}_{l_0,n} \exp\left(-\mathrm{j}\boldsymbol{\varphi}_{l_0}\right) \tag{3.32}$$

将其代入式(3.31)有

$$\frac{\partial \tilde{E}_x}{\partial \boldsymbol{\varphi}_{l_0}} = -2\operatorname{Im}\left[\exp\left(-\mathrm{j}\boldsymbol{\varphi}_{l_0}\right)\sum_{k=0}^{K-1}\sum_{n=0}^{N-1}\left(1+\ln\left|\boldsymbol{x}_{k,n}\right|^2\right)\boldsymbol{x}_{k,n}^* \boldsymbol{F}_{l_0,k}^* \boldsymbol{s}_{l_0,n}\right] \tag{3.33}$$

令该偏导数为零，则有

$$\hat{\boldsymbol{\varphi}}_{l_0} = \operatorname{angle}\left[\sum_{k=0}^{K-1}\sum_{n=0}^{N-1}\left(1+\ln\left|\boldsymbol{x}_{k,n}\right|^2\right)\boldsymbol{x}_{k,n}^* \boldsymbol{F}_{l_0,k}^* \boldsymbol{s}_{l_0,n}\right] \tag{3.34}$$

此时，初相误差矩阵 $\boldsymbol{E}$ 的更新表达式为

$$\hat{\boldsymbol{E}}^{(i+1)} = \operatorname{diag}\left(\exp\left\{\mathrm{j}\cdot\operatorname{angle}\left[\boldsymbol{s}\left(\hat{\boldsymbol{x}}_{p,q}^{(i)} + \ln\left|\hat{\boldsymbol{x}}_{p,q}^{(i)}\right|^2\right)^{\mathrm{H}} \boldsymbol{F}^{\mathrm{H}}\right]\right\}\right) \tag{3.35}$$

式中，$\left(\hat{\boldsymbol{x}}_{p,q}^{(i)}\right)$表示以元素形式表示的第 i 次迭代所得 ISAR 图像。对比式(3.27)与式(3.35)可知，ME1 自聚焦算法所得初相误差更新表达式与 MLE 自聚焦算法类似，两者区别在于，ME1 自聚焦算法所得表达式用$\left(\hat{\boldsymbol{x}}_{p,q}^{(i)} + \ln\left|\hat{\boldsymbol{x}}_{p,q}^{(i)}\right|^2\right)^{\mathrm{H}}$替换了 MLE 表达式中的 $\hat{\boldsymbol{x}}^{(i)\mathrm{H}}$ 项。3.4 节实验结果表明，ME1 自聚焦精度与对噪声的鲁棒性强于 MLE 自聚焦算法。

3.3.3 ME2 自聚焦算法

本书进一步提出 ME2 自聚焦算法。与 ME1 自聚焦算法不同，ME2 自聚焦算法最小熵的目标图像为式(3.19)所示 LA-VB 算法所重构的 ISAR 图像，而非 ME1 自聚焦算法所采用的 RD 成像结果。其图像熵可表示为

$$\tilde{\boldsymbol{E}}_{\mu} = -\sum_{k=0}^{K-1}\sum_{n=0}^{N-1}\left|\boldsymbol{\mu}_{k,n}\right|^2 \ln\left|\boldsymbol{\mu}_{k,n}\right|^2 \tag{3.36}$$

该图像熵关于初相误差 $\boldsymbol{\varphi}_{l_0}$ 的一阶偏导数为

$$\frac{\partial \tilde{E}_{\mu}}{\partial \boldsymbol{\varphi}_{l_0}} = -2\sum_{k=0}^{K-1}\sum_{n=0}^{N-1}\left(1+\ln\left|\boldsymbol{\mu}_{k,n}\right|^2\right)\mathrm{Re}\left(\boldsymbol{\mu}_{k,n}^{*}\frac{\partial \boldsymbol{\mu}_{k,n}}{\partial \boldsymbol{\varphi}_{l_0}}\right) \tag{3.37}$$

式中，$\boldsymbol{\mu}_{k,n}$ 可由式(3.19)获得，其表达式为

$$\boldsymbol{\mu}_{k,n} = \langle\alpha\rangle\sum_{l=0}^{L-1}\left(\boldsymbol{\Sigma}_n \boldsymbol{F}^{\mathrm{H}}\right)_{k,l}\boldsymbol{s}_{l,n}\exp(-\mathrm{j}\varphi_l) \tag{3.38}$$

进一步求得 $\boldsymbol{\mu}_{k,n}$ 关于 $\boldsymbol{\varphi}_{l_0}$ 的一阶偏导数为

$$\frac{\partial \boldsymbol{\mu}_{k,n}}{\partial \boldsymbol{\varphi}_{l_0}} = -\mathrm{j}\exp(-\mathrm{j}\boldsymbol{\varphi}_{l_0})\langle\alpha\rangle(\boldsymbol{\Sigma}_n \boldsymbol{F}^{\mathrm{H}})_{k,l_0}\boldsymbol{s}_{l_0,n} \tag{3.39}$$

将其代入式(3.37)，可得

$$\frac{\partial \tilde{E}_{\mu}}{\partial \boldsymbol{\varphi}_{l_0}} = 2\sum_{k=0}^{K-1}\sum_{n=0}^{N-1}\left(1+\ln\left|\boldsymbol{\mu}_{k,n}\right|^2\right)\mathrm{Im}\left\{\boldsymbol{\mu}_{k,n}^{*}\cdot\exp(-\mathrm{j}\boldsymbol{\varphi}_{l_0})\langle\alpha\rangle(\boldsymbol{\Sigma}_n \boldsymbol{F}^{\mathrm{H}})_{k,l_0}\boldsymbol{s}_{l_0,n}\right\} \tag{3.40}$$

式中，$\mathrm{Im}\{\cdot\}$ 表示取虚部算子。令 $\dfrac{\partial \tilde{\boldsymbol{E}}_{\mu}}{\partial \boldsymbol{\varphi}_{l_0}} = 0$，有

$$\hat{\boldsymbol{\varphi}}_{l_0} = \mathrm{angle}\left[\langle\alpha\rangle\sum_{n=0}^{N-1}\sum_{k=0}^{K-1}\boldsymbol{\mu}_{k,n}^{*}\left(1+\ln\left|\boldsymbol{\mu}_{k,n}\right|^2\right)(\boldsymbol{\Sigma}_n \boldsymbol{F}^{\mathrm{H}})_{k,l_0}\boldsymbol{s}_{l_0,n}\right] \tag{3.41}$$

则初相误差矩阵 $\boldsymbol{E}$ 更新表达式为

$$\hat{\boldsymbol{E}} = \begin{bmatrix} \exp(\mathrm{j}\hat{\varphi}_0) & & \\ & \ddots & \\ & & \exp(\mathrm{j}\hat{\varphi}_{L-1}) \end{bmatrix} \tag{3.42}$$

比较式(3.35)与式(3.41)可知，ME2 自聚焦算法的更新表达式比 ME1 自聚焦算法多引入了 ISAR 图像后验概率密度的协方差矩阵 $\boldsymbol{\Sigma}_n$，利用了目标的二维统计信息。3.4 节基于仿真和实测数据的实验结果表明，ME2 自聚焦算法与 ME1 自聚焦算法相比，提升了迭代速度与鲁棒性，且降低了对初相误差初始值设定的要求，增强了自适应性。

基于熵与稀疏联合约束的稀疏孔径 ISAR 成像流程如图 3.3 所示。传统全局型包络对齐算法在稀疏孔径条件下依然有效，因此本章假定包络对齐已经完成，直接以对齐后的一维像序列作为算法输入。对于初值的设定，本算法可直接将初相误差矩阵设为单位矩阵，不需要通过粗自聚焦算法获取初值，自适应性较强。如果采用粗自聚焦算法对初相误差进行初始化，那么可进一步提升算法收敛速度。提取目标所在距离单元，以提升算法运算效率，具体可采用门限法估计目标所在距离单元范围，即

$$N_{\min}(N_{\max}) = \underset{\text{index}}{\arg\min(\max)}\{s_a > \eta\bar{s}_a\} \tag{3.43}$$

式中，$N_{\min}$ 与 $N_{\max}$ 分别表示目标所在距离单元范围的下界与上界；s_a 与 $\bar{s}_a$ 分别表示平均一维距离像及其均值；η 表示加权系数，一般取$1\sim3$。

确定目标所在距离单元范围$[N_{\min}, N_{\max}]$后，分别对各距离单元的协方差矩阵 $\boldsymbol{\Sigma}_n$、ISAR 图像 $\boldsymbol{x}_{\cdot n}$ 及尺度因子 $\boldsymbol{\lambda}_{\cdot n}$ 依次进行更新。这些变量均与距离单元有关，故称为局部更新。对所有$[N_{\min}, N_{\max}]$内距离单元完成一次更新后，采用 ME1 自聚焦算法或 ME2 自聚焦算法对初相误差矩阵 $\boldsymbol{E}$ 进行更新，并进一步更新噪声精准度 α。$\boldsymbol{E}$ 和 α 的更新与距离单元无关，称为全局更新。

下面分析所提稀疏孔径自聚焦算法的计算复杂度。由图 3.3 可知，每进行一次全局更新需要进行 $N_1 = N_{\max} - N_{\min} + 1$ 次局部更新，因此本算法主要的计算复杂度在于局部更新。每进行一次局部更新需要依次计算式(3.20)、式(3.19)及式(3.24)，其计算复杂度分别为 $O(L^3 + L^2K)$、$O(LK^2)$ 及 $O[K(\ln K)^2]$。采用的 ME1 自聚焦算法和 ME2 自聚焦算法更新初相误差矩阵 $\boldsymbol{E}$ 的计算复杂度相当，均为 $O(N_1LK)$。更新噪声精准度 α 的计算复杂度为 $O(N_1LK^2)$。假设算法需要 N_2 次全局更新达到收敛，则总的计算复杂度为 $O\left\{N_2N_1\left[L^3 + L^2K + 2LK^2 + K(\ln K)^2 + LK\right]\right\}$。

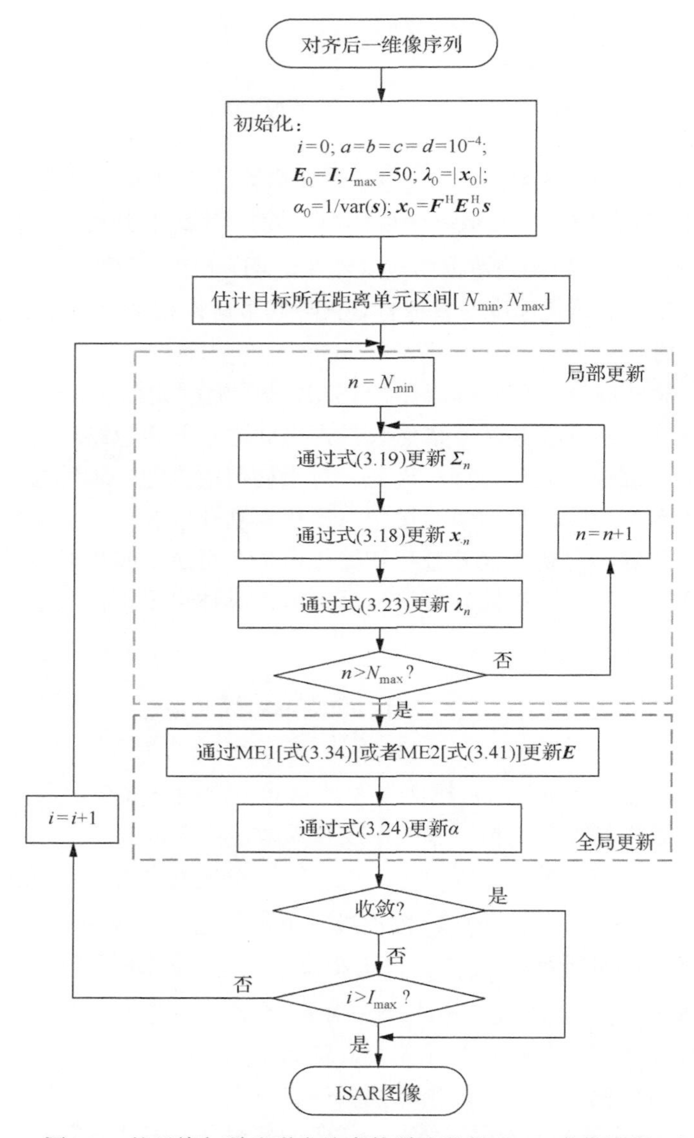

图 3.3　基于熵与稀疏联合约束的稀疏孔径 ISAR 成像流程

3.4　实验结果分析

本节分别采用仿真与实测飞机数据进行实验，以验证基于熵与稀疏联合约束的稀疏孔径 ISAR 自聚焦算法的有效性。

3.4.1　仿真数据实验结果

仿真实验采用某民航飞机仿真数据，其俯视图与散射点模型如图 3.4 所示。

这里对某型号“波音”民航飞机进行散射点建模，如图 3.4 所示，其尺寸为 $32\text{m}\times32\text{m}$。假设平动补偿后飞机相对雷达的转速为 0.02rad/s。雷达工作于 X 波段，中心频率为 9GHz，发射信号带宽为 0.5GHz，脉宽为 100μs，PRF 为 100Hz。脉冲采样点数为 256，全孔径包含 256 个脉冲。

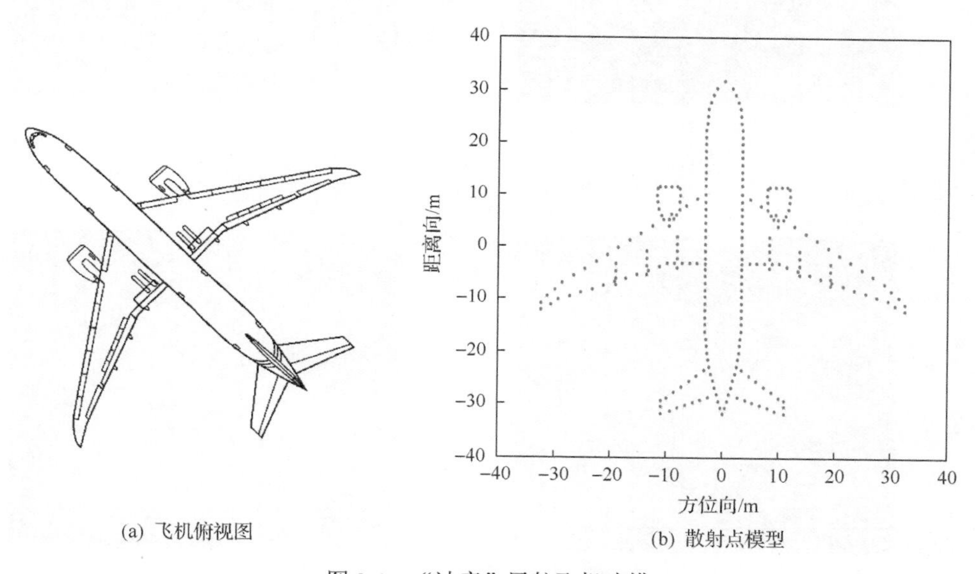

(a) 飞机俯视图　(b) 散射点模型

图 3.4　“波音”民航飞机建模

(1) 比较不同稀疏恢复算法在 ISAR 成像中的性能，主要比较本章算法与 OMP 算法、SBL 算法的性能。回波信噪比设为 10dB，由于仅比较稀疏恢复性能，因此假设回波初相误差已经补偿。从全孔径 256 个脉冲中分别随机抽取 128、96 及 64 个脉冲，以模拟孔径稀疏度为 50%、37.5%与 25%的稀疏孔径信号。分别采用上述三种稀疏恢复算法对不同稀疏孔径条件下的数据进行 ISAR 成像，重构的图像如图 3.5 所示，其中各子图分别对应孔径稀疏度为 50%、37.5%与 25%的重构结果。由图 3.5 可知，本章基于 LA-VB 算法所重构的 ISAR 图像最为清晰，受栅瓣影响最小。为进一步比较算法重构性能，图 3.6 给出三种算法的量化结果比较，其中图 3.6(a)、图 3.6(b) 分别为不同算法所得图像熵及运算时间。如图 3.6 所示，基于 LA-VB 算法的 ISAR 重构算法所得图像熵最小，计算量与 SBL 算法相当，略低于 OMP 算法。

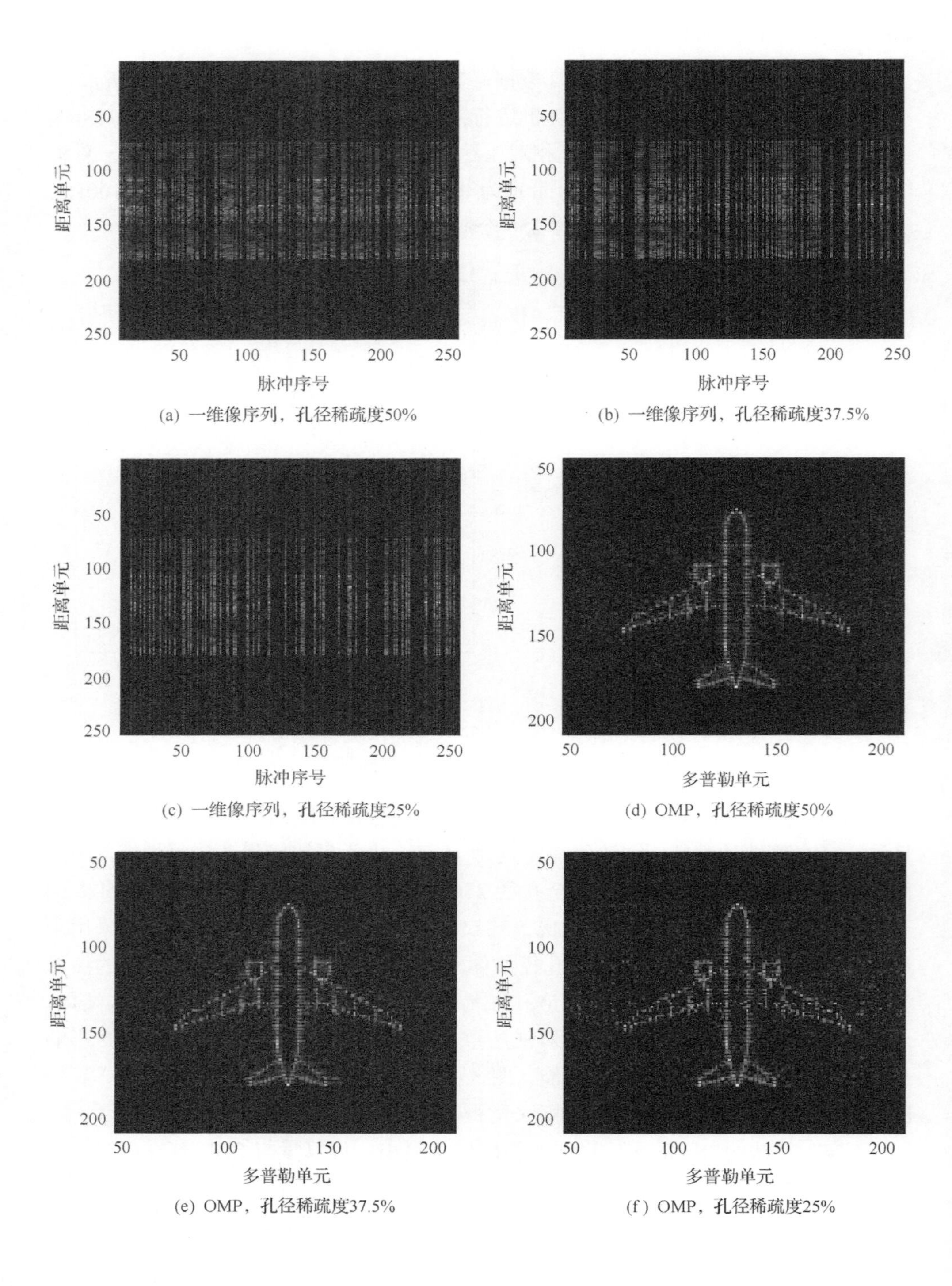

(a) 一维像序列，孔径稀疏度50%
(b) 一维像序列，孔径稀疏度37.5%
(c) 一维像序列，孔径稀疏度25%
(d) OMP，孔径稀疏度50%
(e) OMP，孔径稀疏度37.5%
(f) OMP，孔径稀疏度25%

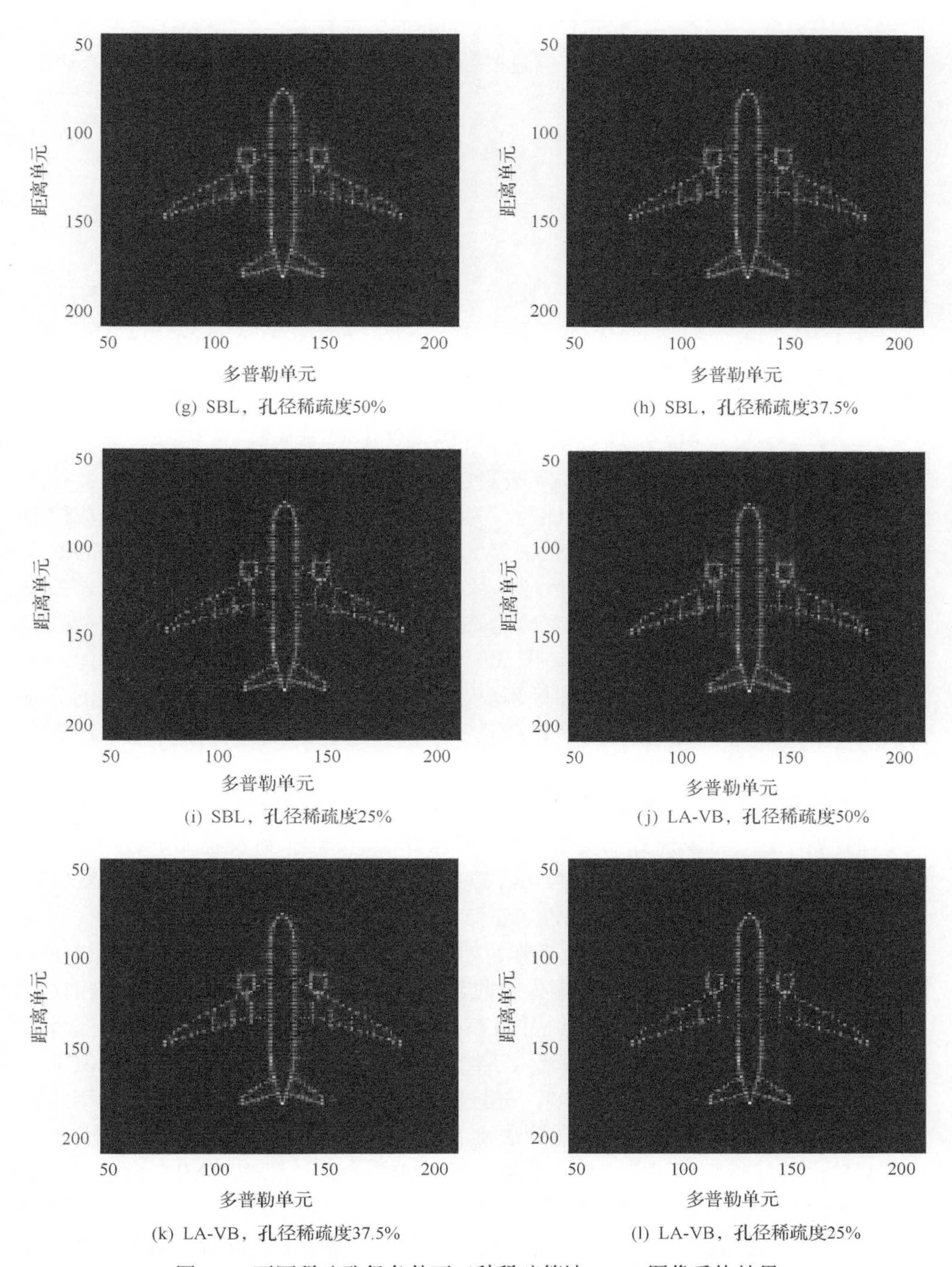

图 3.5　不同稀疏孔径条件下三种稀疏算法 ISAR 图像重构结果

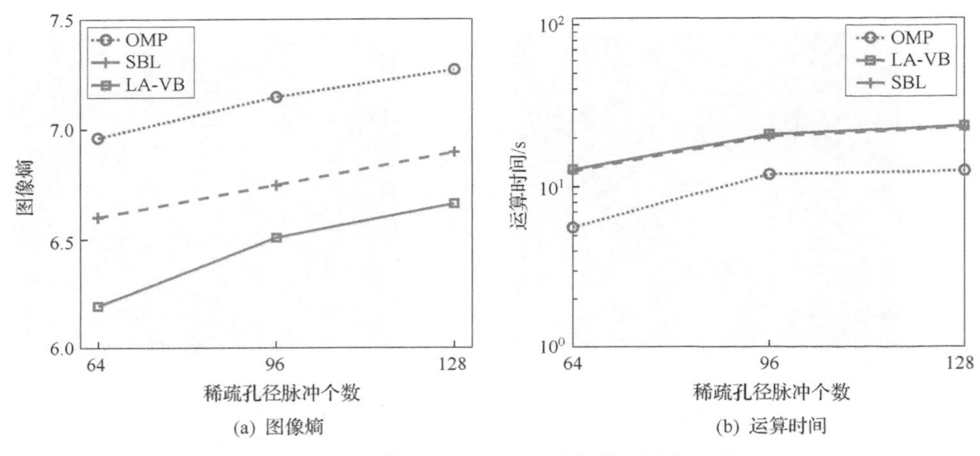

(a) 图像熵　　(b) 运算时间

图 3.6　不同稀疏恢复 ISAR 成像算法性能比较

(2) 比较稀疏孔径条件下不同算法的自聚焦性能。如 3.1 节所述，稀疏孔径严重影响传统自聚焦及 RD 成像的性能。为验证该结论，首先采用基于 RD 成像的最小熵自聚焦算法[7]对孔径稀疏度为 25%的稀疏孔径数据进行自聚焦与 ISAR 成像，结果如图 3.7 所示。其中，稀疏孔径数据的 SNR 设为 10dB，初相误差为线性误差，如图 3.7(a)所示。图 3.7(b)为稀疏孔径一维像序列，图 3.7(c)为最小熵自聚焦算法所得图像熵收敛曲线，图 3.7(d)为 RD 成像结果。由图 3.7 可知，虽然最小熵自聚焦算法所得 ISAR 图像熵快速收敛，但成像结果依然受到严重的旁瓣与栅瓣干扰，散焦严重，由此证明稀疏孔径数据严重影响了传统自聚焦与 RD 成像的性能。

(3) 比较基于稀疏恢复的自聚焦算法性能，包括广泛采用的 MLE 自聚焦算法及本章所提 ME1 自聚焦算法与 ME2 自聚焦算法。实验参数设置如下：回波 SNR 设为 10dB，稀疏孔径脉冲个数为 64，对应孔径稀疏度为 25%，初相误差分别设为图 3.8(a)～图 3.8(c)所示线性、正弦及随机误差。三种自聚焦算法迭代次数均固定为 20，并且均将初相误差矩阵初始化为单位矩阵。图 3.8 给出不同初相误差条件下三种算法所得 ISAR 与图像熵收敛曲线。由图 3.8 可知，在线性初相误差条件下，三种算法都能快速收敛，并且获得清晰的 ISAR 图像。当初相误差为正弦误差时，只有 ME2 自聚焦算法获得了清晰图像，而 MLE 自聚焦算法与 ME1 自聚焦算法均受到残余周期误差影响，导致图像出现“鬼影”。并且 ME2 自聚焦算法将图像熵收敛到比 MLE 自聚焦算法及 ME1 自聚焦算法更低的水平，进一步验证了其较优的性能。在随机初相误差条件下，ME1 自聚焦算法与 ME2 自聚焦算法所得 ISAR 图像聚焦效果较好，图像熵较低，性能优于 MLE 自聚焦算法，其中 ME2 自聚焦算法的收敛速度快于 ME1 自聚焦算法，由此证明了本章所提两种自聚焦算法的有效性。尤其是 ME2 自聚焦算法，在不需要进行初相误差矩阵初始化的条件下，可对任何形式的初始误差实现补偿，并且收敛速度快。在没有对初相误差进行初始化的条件下，应用广泛的 MLE 自聚焦算法仅能补偿线性初相误差，而对于正弦或随机初相误差，补偿精度明显下降。

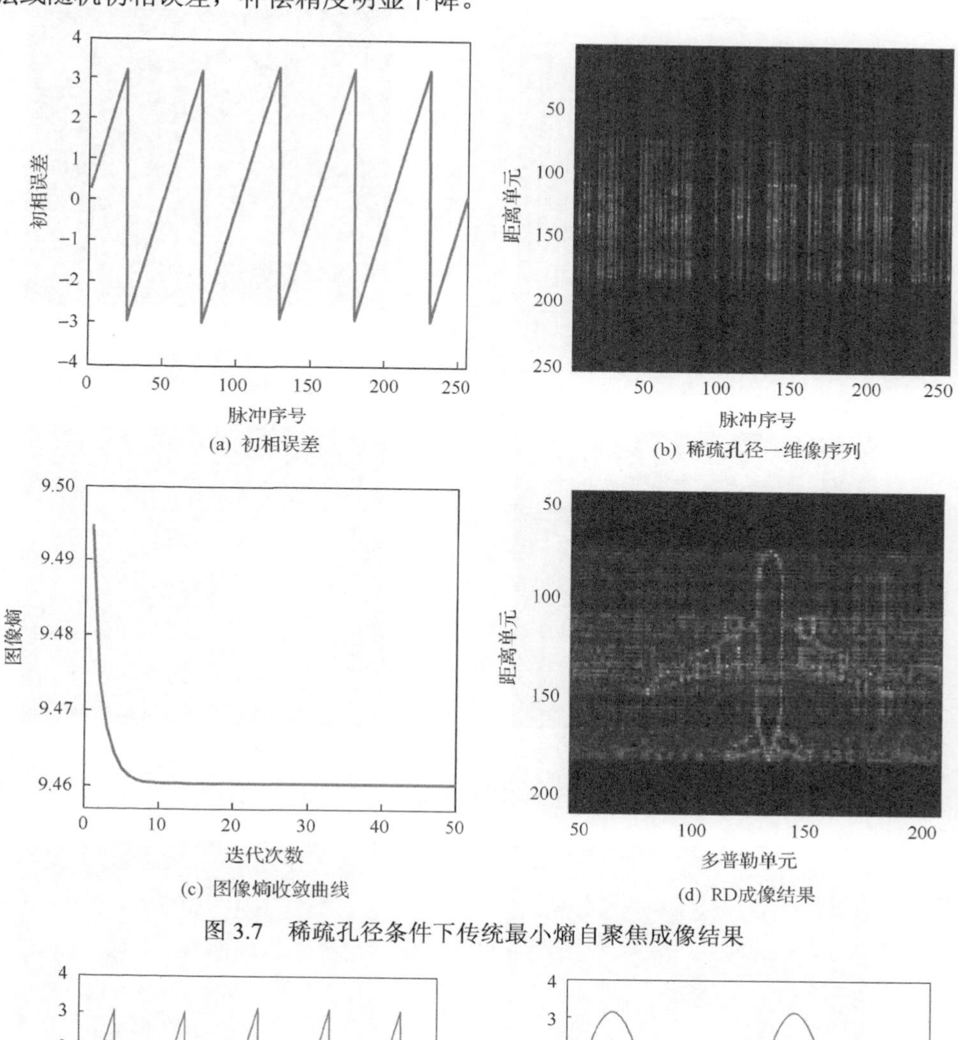

(a) 初相误差　(b) 稀疏孔径一维像序列

(c) 图像熵收敛曲线　(d) RD成像结果

图 3.7　稀疏孔径条件下传统最小熵自聚焦成像结果

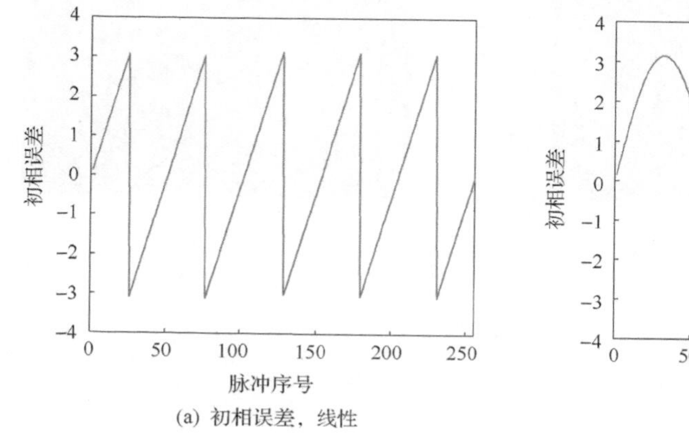

(a) 初相误差，线性

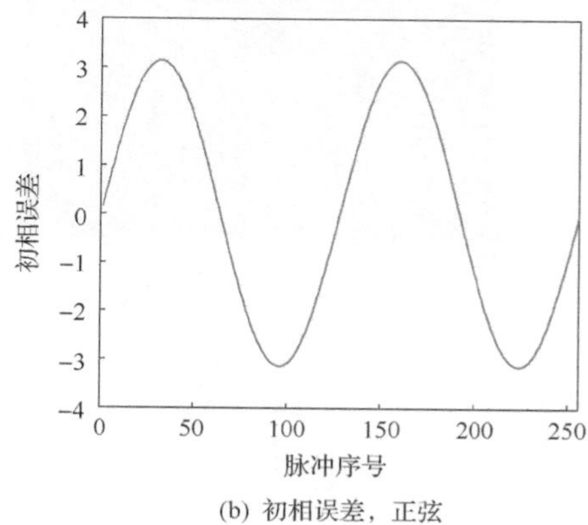

(b) 初相误差，正弦

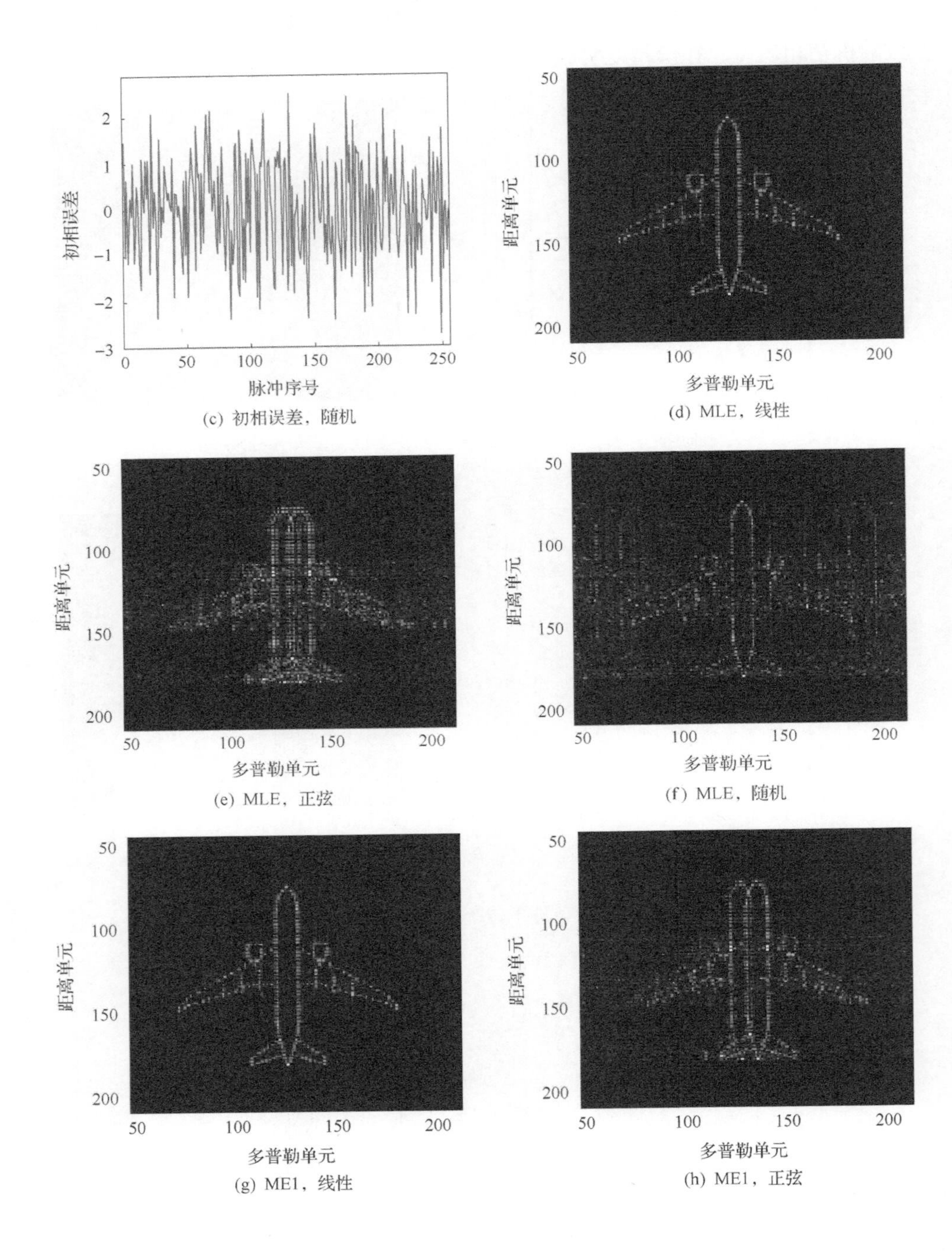

(c) 初相误差，随机

(d) MLE，线性

(e) MLE，正弦

(f) MLE，随机

(g) ME1，线性

(h) ME1，正弦

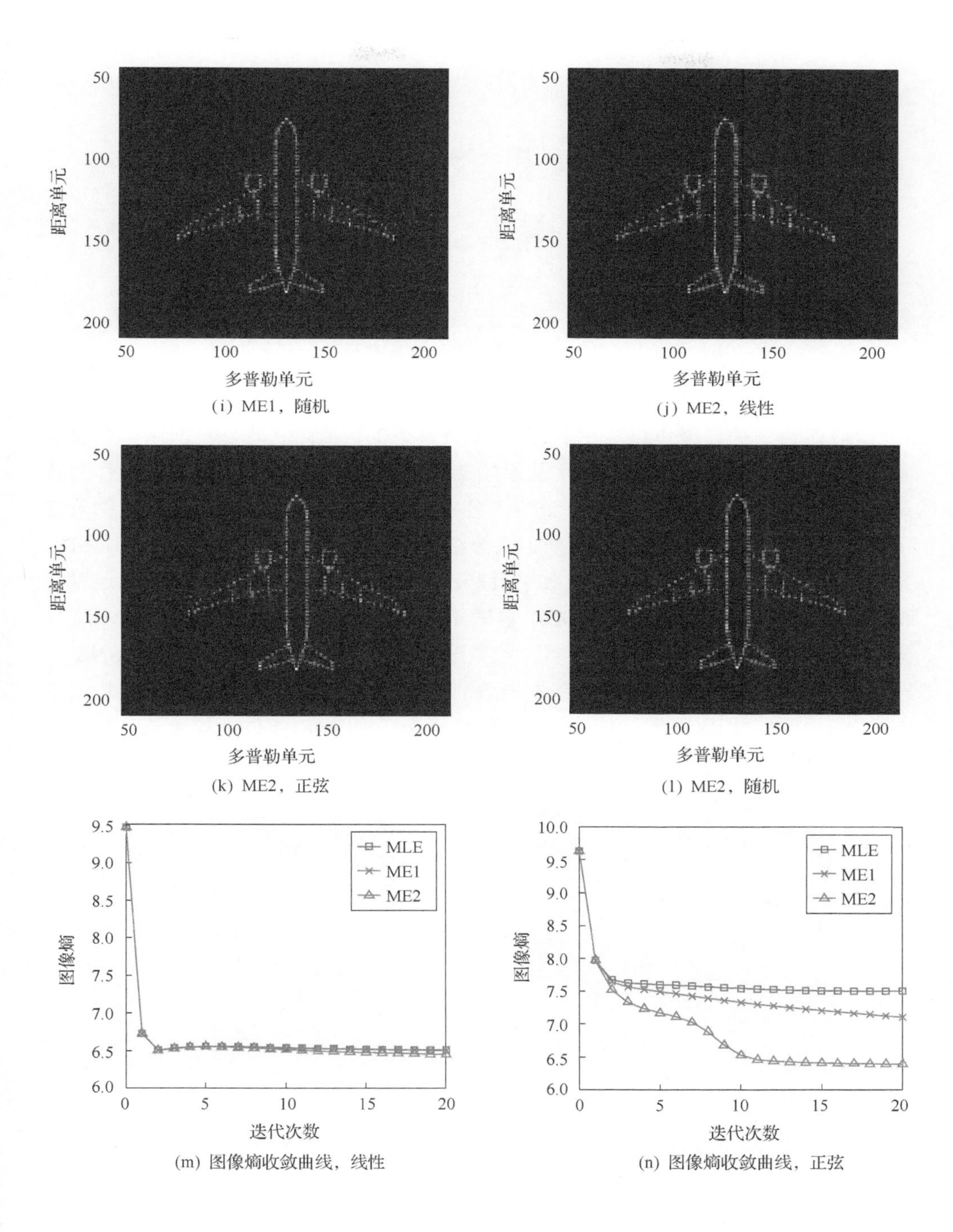

(i) ME1，随机　(j) ME2，线性

(k) ME2，正弦　(l) ME2，随机

(m) 图像熵收敛曲线，线性　(n) 图像熵收敛曲线，正弦

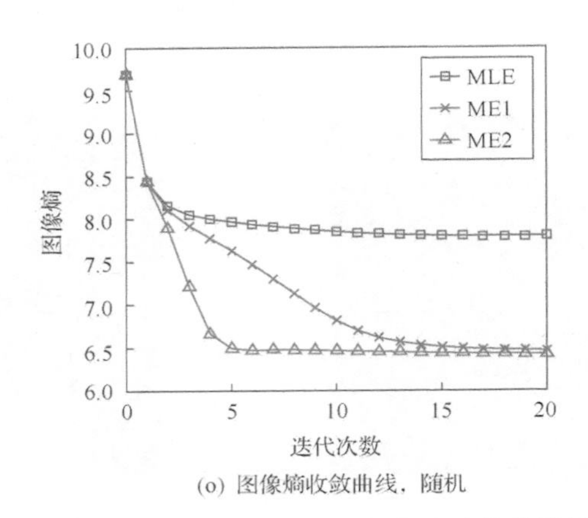

(o) 图像熵收敛曲线，随机

图 3.8　不同初相误差条件下不同稀疏恢复自聚焦算法性能比较

(4) 比较三种自聚焦算法在不同 SNR 条件下的性能。在本次实验中，初相误差设为标准差为 $\pi/3$ 的随机误差，从原始 256 个回波中随机抽取 64 个回波作为稀疏孔径信号，对应孔径稀疏度为 25%。分别在 SNR 为 5dB、0dB 及–5dB 的条件下采用三种自聚焦算法进行自聚焦，成像结果如图 3.9 所示。由图 3.9 可知，ME2 自聚焦算法获得的成像结果聚焦效果最好，所得图像熵水平最低，且迭代速度最快。当 SNR 为 5dB 和 0dB 时，ME1 自聚焦算法所得 ISAR 图像质量接近 ME2 自聚焦算法，但是所需迭代次数较多，收敛速度低于 ME2 自聚焦算法。当 SNR 低至–5dB 时，ME1 自聚焦算法已基本失效，而 ME2 自聚焦算法仍可获得聚焦效果的 ISAR 图像。相比之下，传统的 MLE 算法在三种 SNR 条件下均无法获得理想的成像效果，从而验证了本章算法对噪声的鲁棒性强于 MLE 算法。

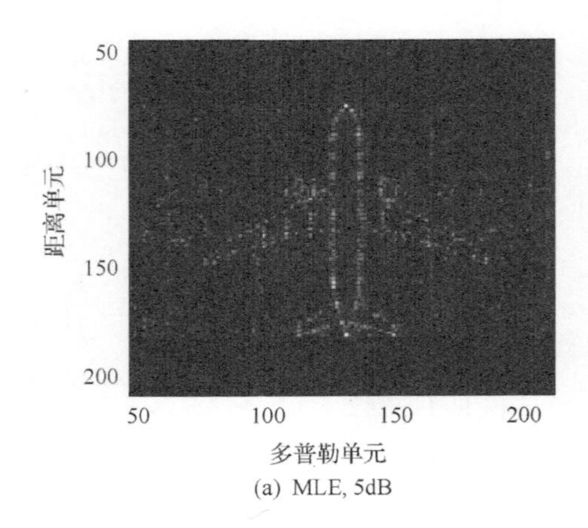

(a) MLE, 5dB

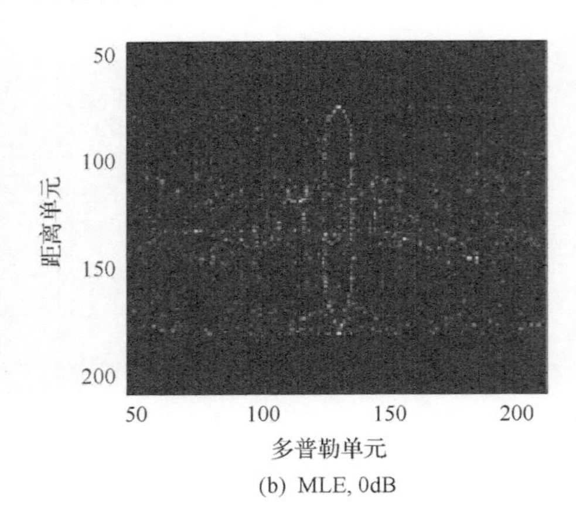

(b) MLE, 0dB

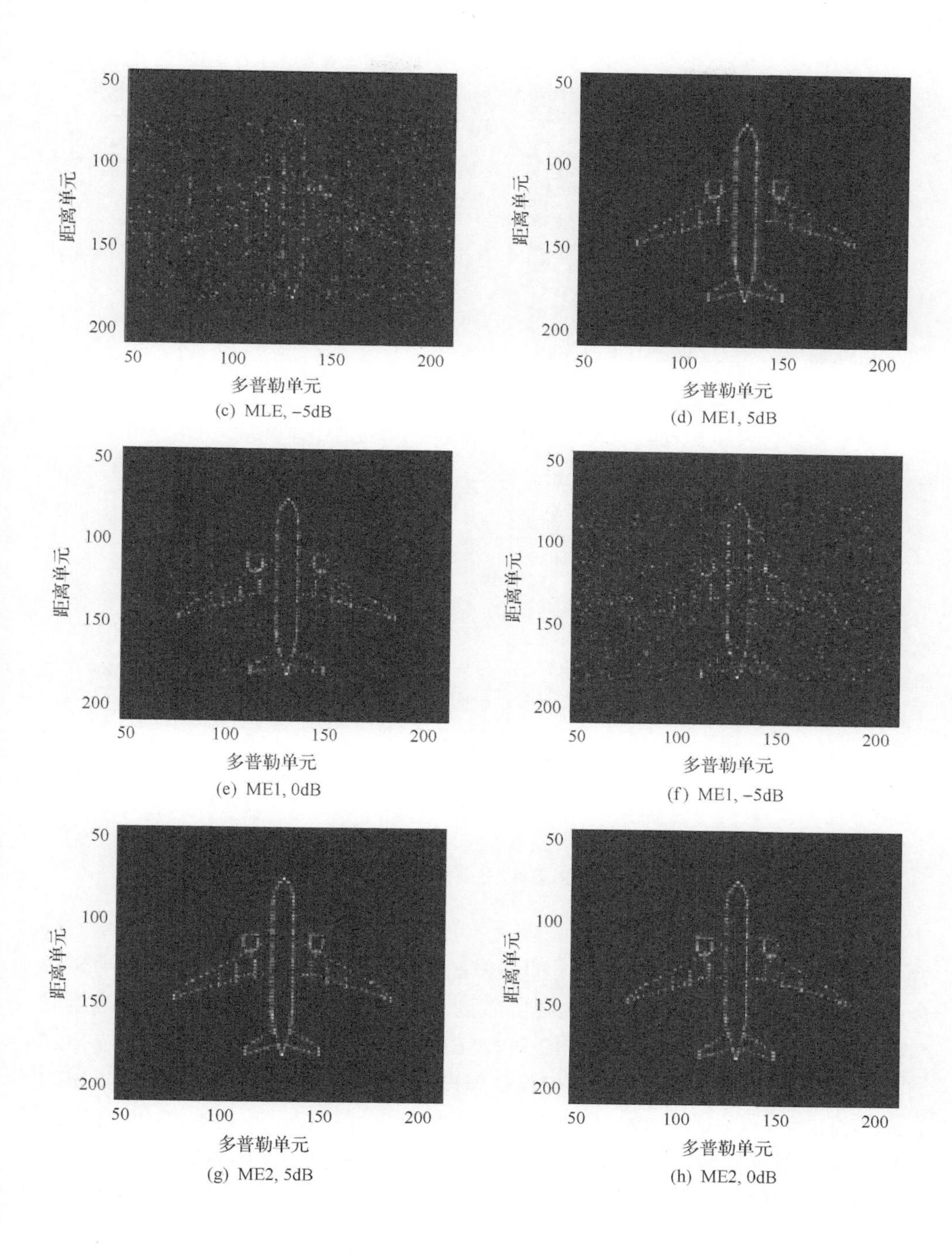

(c) MLE, −5dB

(d) ME1, 5dB

(e) ME1, 0dB

(f) ME1, −5dB

(g) ME2, 5dB

(h) ME2, 0dB

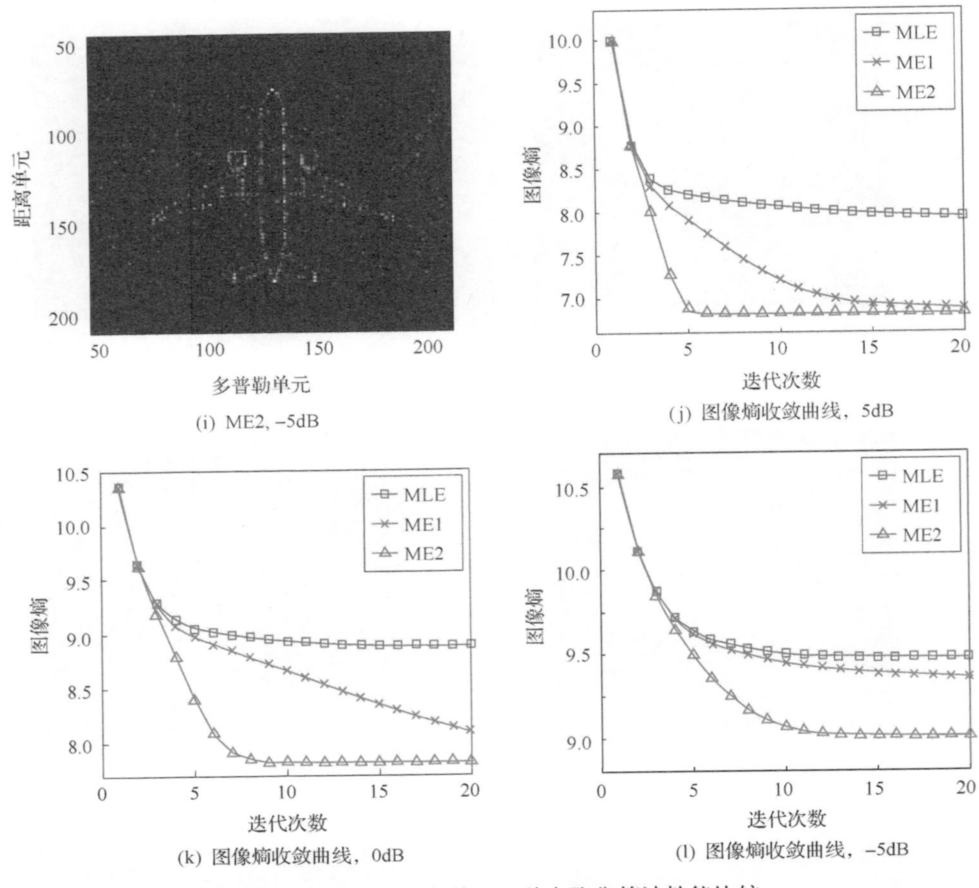

(i) ME2, −5dB

(j) 图像熵收敛曲线，5dB

(k) 图像熵收敛曲线，0dB

(l) 图像熵收敛曲线，−5dB

图 3.9　不同 SNR 条件下三种自聚焦算法性能比较

(5) 为进一步比较不同 SNR 条件下三种算法的迭代速度，图 3.10 给出三种算法在不同 SNR、不同迭代次数下的图像熵结果。由图 3.10(c) 可知，在任何 SNR 条件下，ME2 自聚焦算法均可快速收敛到最低的图像熵水平，并且迭代速度受 SNR 的影响较小。当 SNR 高于 0dB 时，ME1 自聚焦算法同样可以收敛到与 ME2 自聚焦算法相近的图像熵水平，但收敛速度较低。当 SNR 低于 0dB 时，ME1 自聚焦算法无法获得理想的聚焦效果。由于没有进行初相误差初始化，传统 MLE 自聚焦算法基本失效，在任何 SNR 条件下均无法获得与 ME1、ME2 自聚焦算法接近的图像熵水平，从而进一步验证了本章所提自聚焦算法对噪声有较强的鲁棒性。

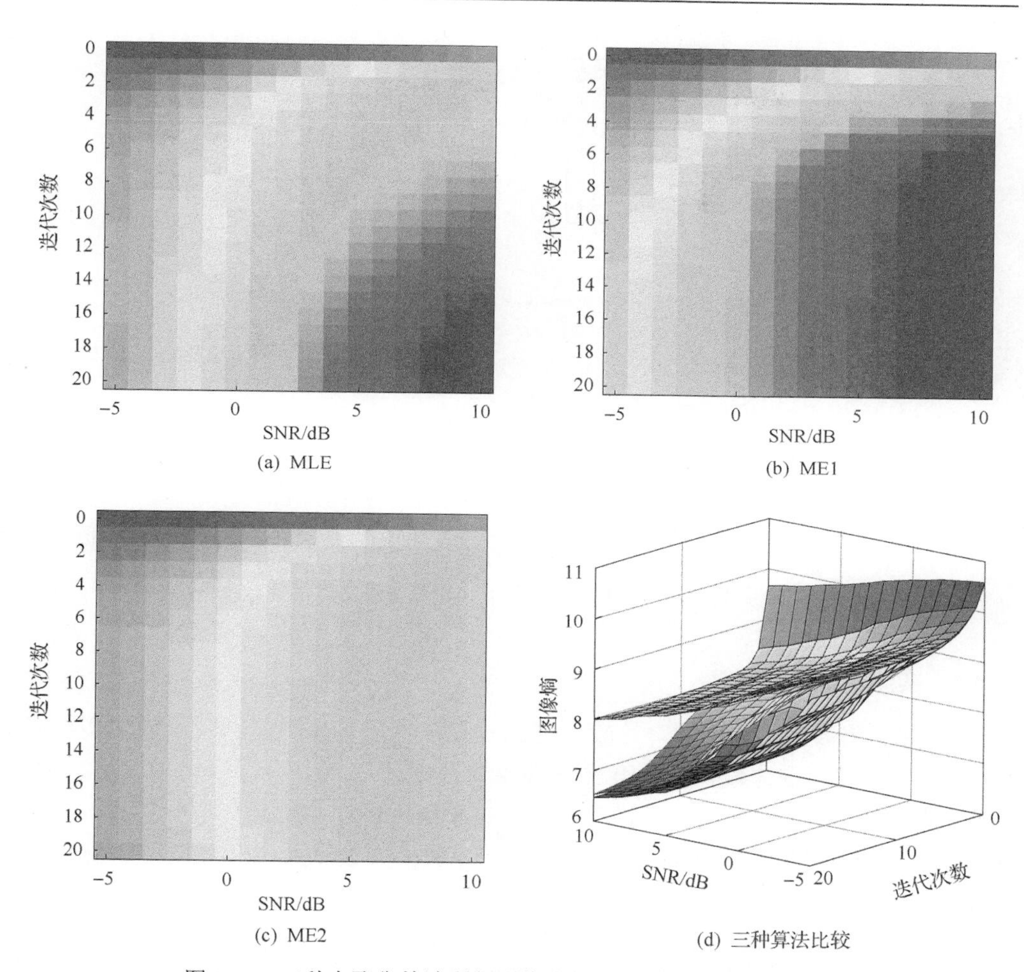

(a) MLE　(b) ME1　(c) ME2　(d) 三种算法比较

图 3.10　三种自聚焦算法所得图像熵与 SNR 及迭代次数的关系

(6)比较三种算法在有无初相误差初始化情况下的自聚集性能，其中，采用基于特征值分解的 MLE 自聚焦算法进行初相误差粗补偿。回波 SNR 设为 10dB，初相误差设为高斯随机误差，其标准差为π。回波脉冲个数为 64，对应孔径稀疏度为 25%。三种算法迭代次数均固定为 50 次，以方便比较。图 3.11 给出三种算法在有无初相误差初始化情况下所得图像熵收敛曲线，其中虚线表示以单位矩阵为初始初相误差的结果，实线表示以特征值分解的 MLE 自聚焦算法进行初相误差粗补偿情况下的结果。比较可知，粗补偿算法大大提升了 ME1 自聚焦算法及 ME2 自聚焦算法的迭代速度，并且使 MLE 自聚焦算法收敛到更低的图像熵水平。可见，传统 MLE 自聚焦算法聚焦效果必须依赖粗补偿步骤，而本章算法不需要进行特定初始化即可获得理想聚焦效果，因此本章算法自适应性更强。

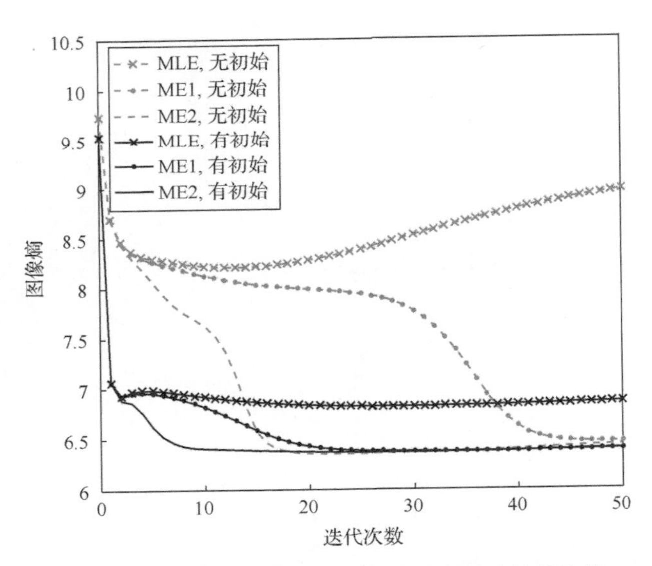

图 3.11　有无粗补偿条件下不同自聚焦算法性能比较

3.4.2　实测数据实验结果

采用实测数据进行实验，比较上述三种算法的自聚焦性能。采用的实测数据包括两组 C 波段雷达数据和一组 X 波段雷达数据。

首先采用 C 波段雷达数据进行实验。该数据由国产 101 雷达采集，其中心频率为 5.52GHz，发射信号带宽为 400MHz，脉冲宽度为 25.6μs，采样频率为 10MHz，PRF 为 100Hz。两组数据目标分别为“安-26”飞机[图 3.12(a)]，及“Citation”小型商业飞机[图 3.12(b)]。全孔径数据包含 256 个回波，分别从中随机抽取 128、64 及 32 个回波，以生成孔径稀疏度分别为 50%、25%及 12.5%的稀疏孔径数据。分别采用基于 MLE、ME1 及 ME2 自聚焦的 LA-VB 算法对三种稀疏孔径数据进行成像，其中三种自聚焦算法的初相误差矩阵均初始化为单位矩阵，且迭代次数均固定为 20。

图 3.13 与图 3.14 分别给出不同稀疏孔径条件下三种算法所得“安-26”飞机与“Citation”飞机 ISAR 成像结果。由图 3.13 和图 3.14 可知，ME2 自聚焦算法在任何稀疏孔径条件下都获得了质量最高的 ISAR 图像，且图像熵收敛速度最快。尤其是在孔径稀疏度仅为 12.5%、仅有 32 个有效脉冲的条件下，ME2 自聚焦算法依然获得了理想的成像结果。传统 MLE 自聚焦算法在所有条件下都未能获得理想的聚焦效果，可见其对初相误差初始化要求较高，自适应性较差。ME1 自聚焦算法的聚焦性能强于 MLE 自聚焦算法，但不如 ME2 自聚焦算法。

(a)“安-26”飞机

(b)“Citation”飞机

图 3.12　实测数据目标

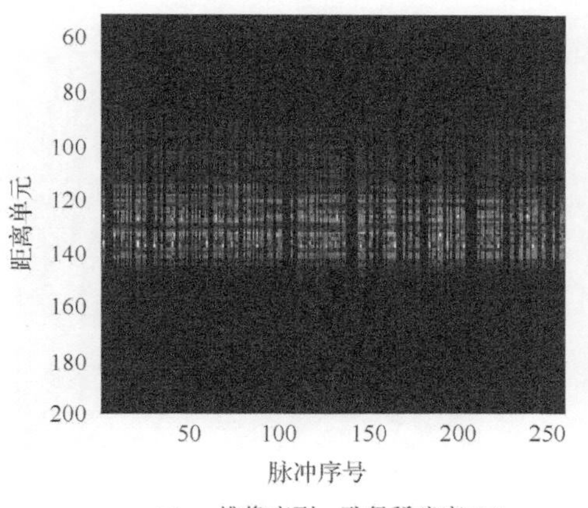

(a) 一维像序列，孔径稀疏度50%

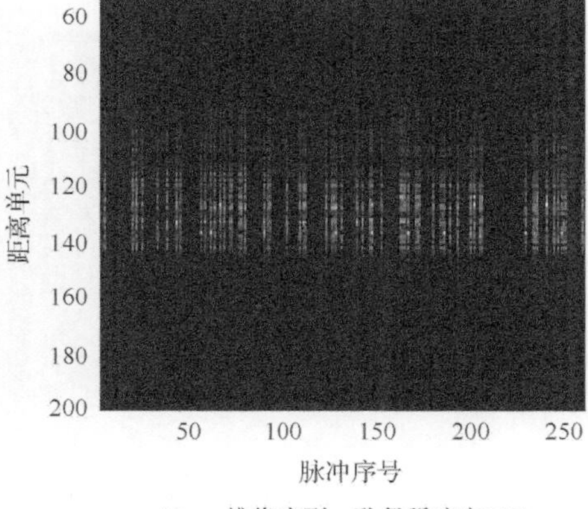

(b) 一维像序列，孔径稀疏度25%

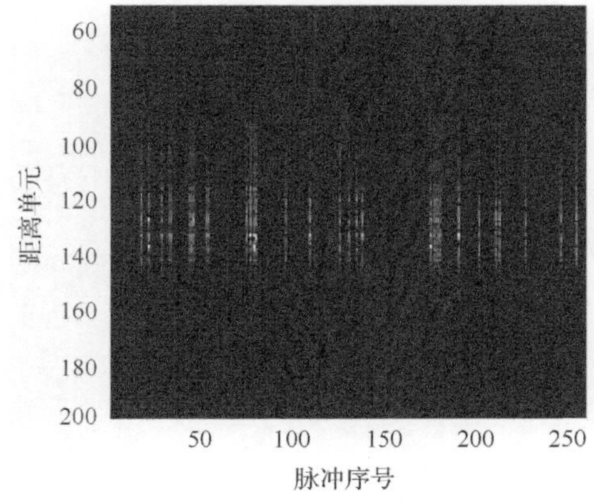

(c) 一维像序列，孔径稀疏度12.5%

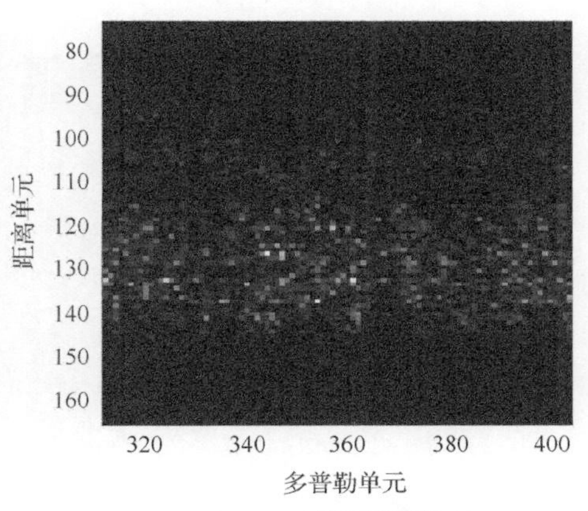

(d) MLE，孔径稀疏度50%

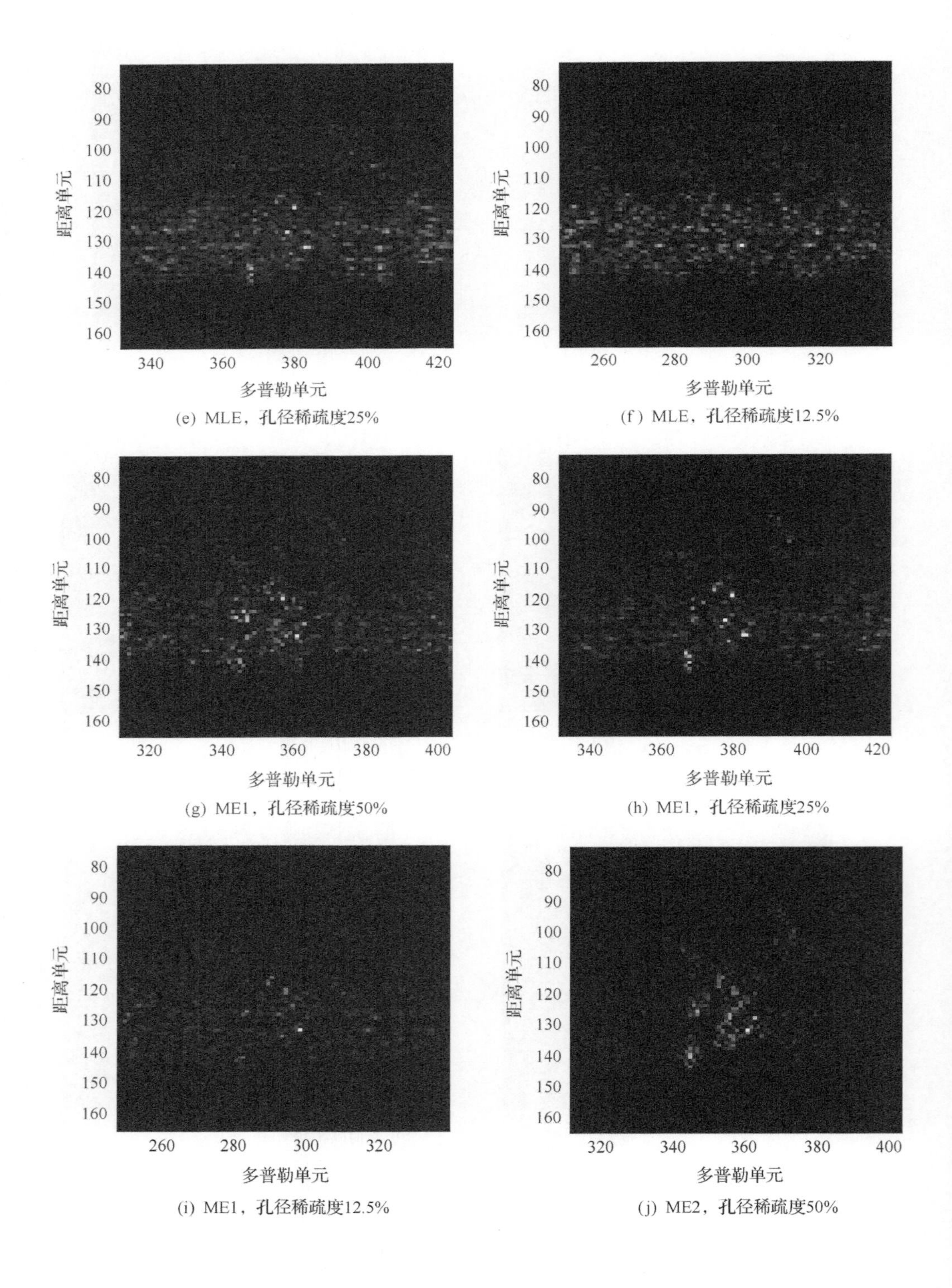

(e) MLE，孔径稀疏度25%

(f) MLE，孔径稀疏度12.5%

(g) ME1，孔径稀疏度50%

(h) ME1，孔径稀疏度25%

(i) ME1，孔径稀疏度12.5%

(j) ME2，孔径稀疏度50%

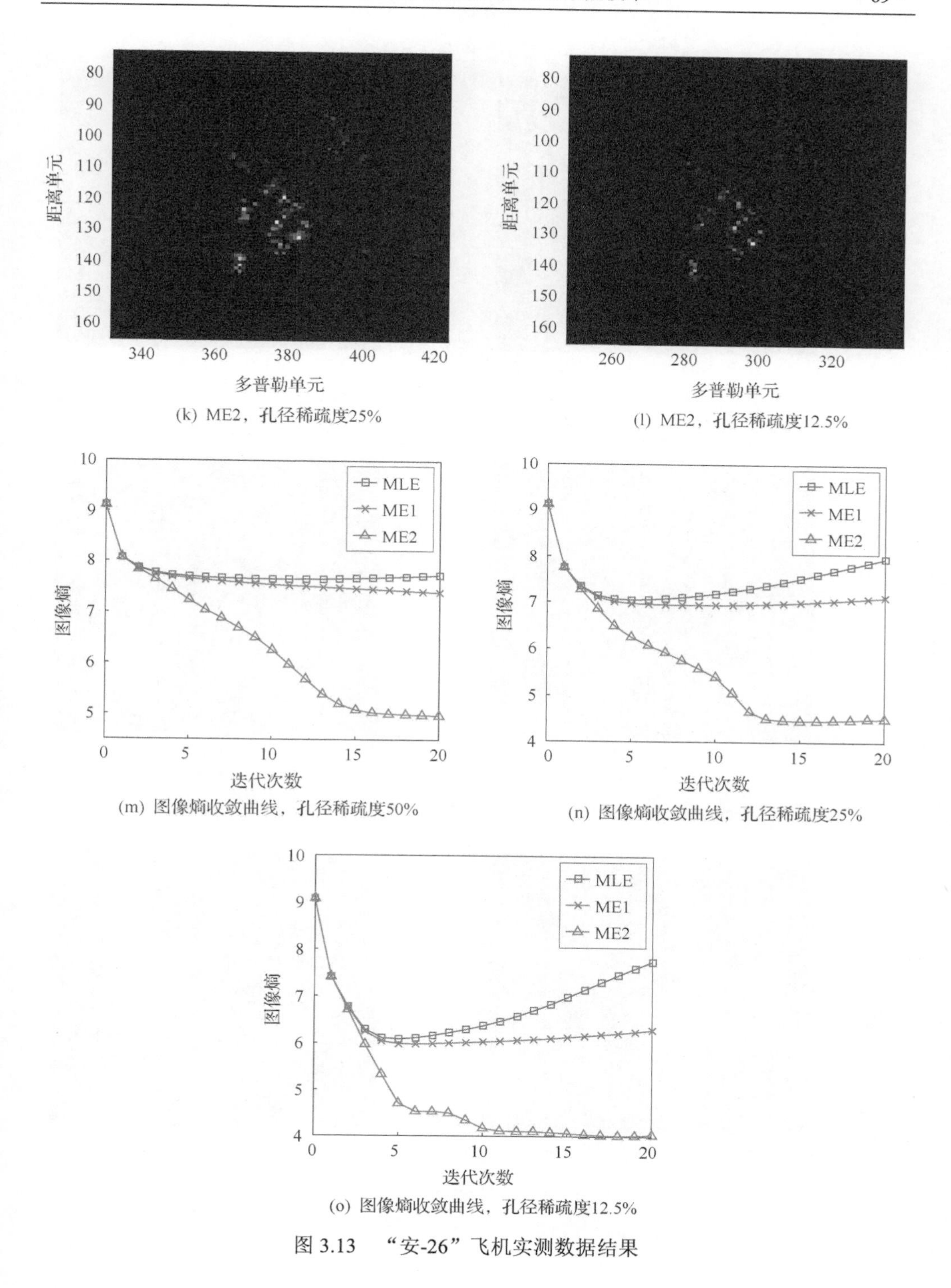

图 3.13　“安-26”飞机实测数据结果

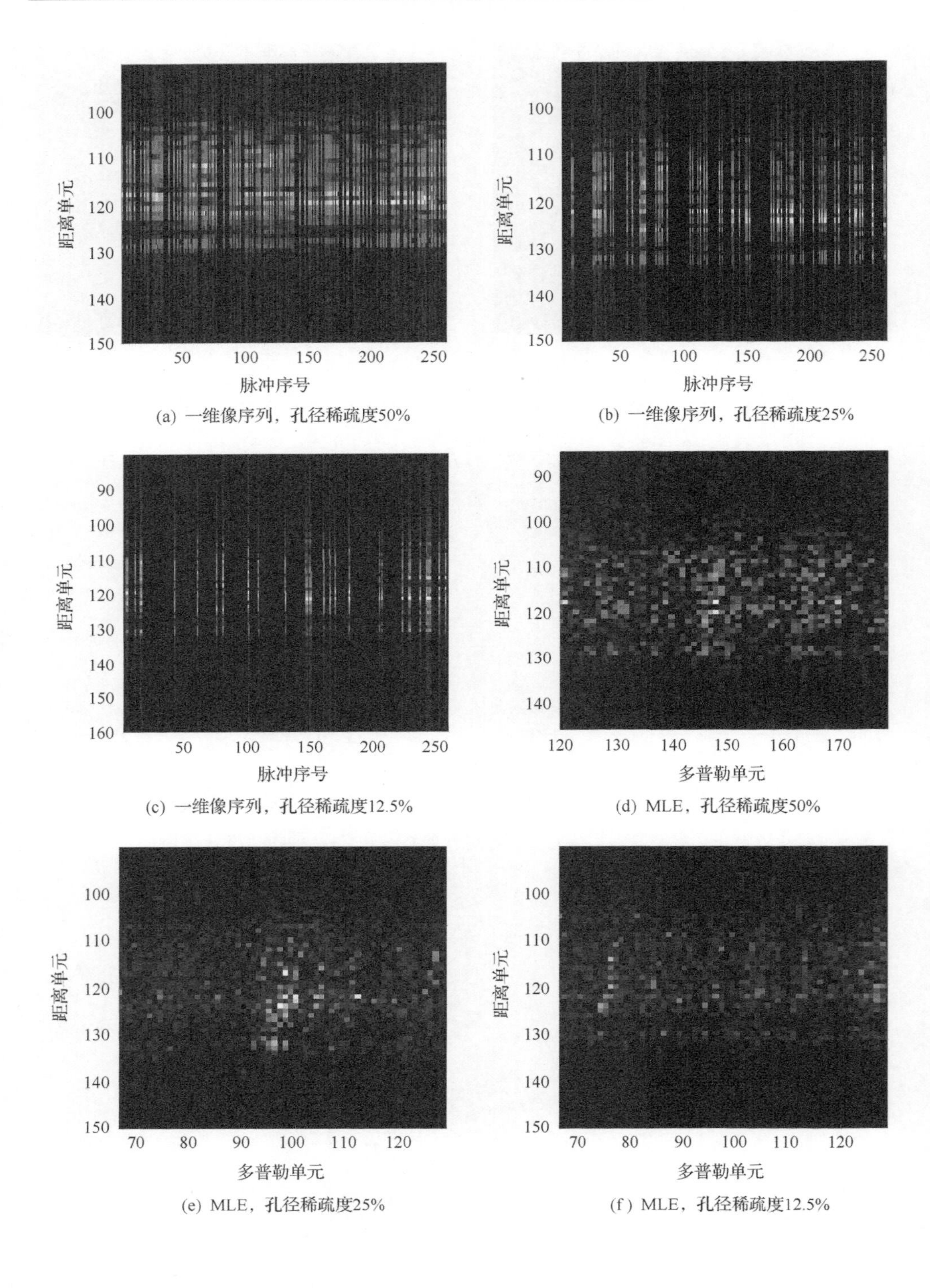

(a) 一维像序列，孔径稀疏度50%

(b) 一维像序列，孔径稀疏度25%

(c) 一维像序列，孔径稀疏度12.5%

(d) MLE，孔径稀疏度50%

(e) MLE，孔径稀疏度25%

(f) MLE，孔径稀疏度12.5%

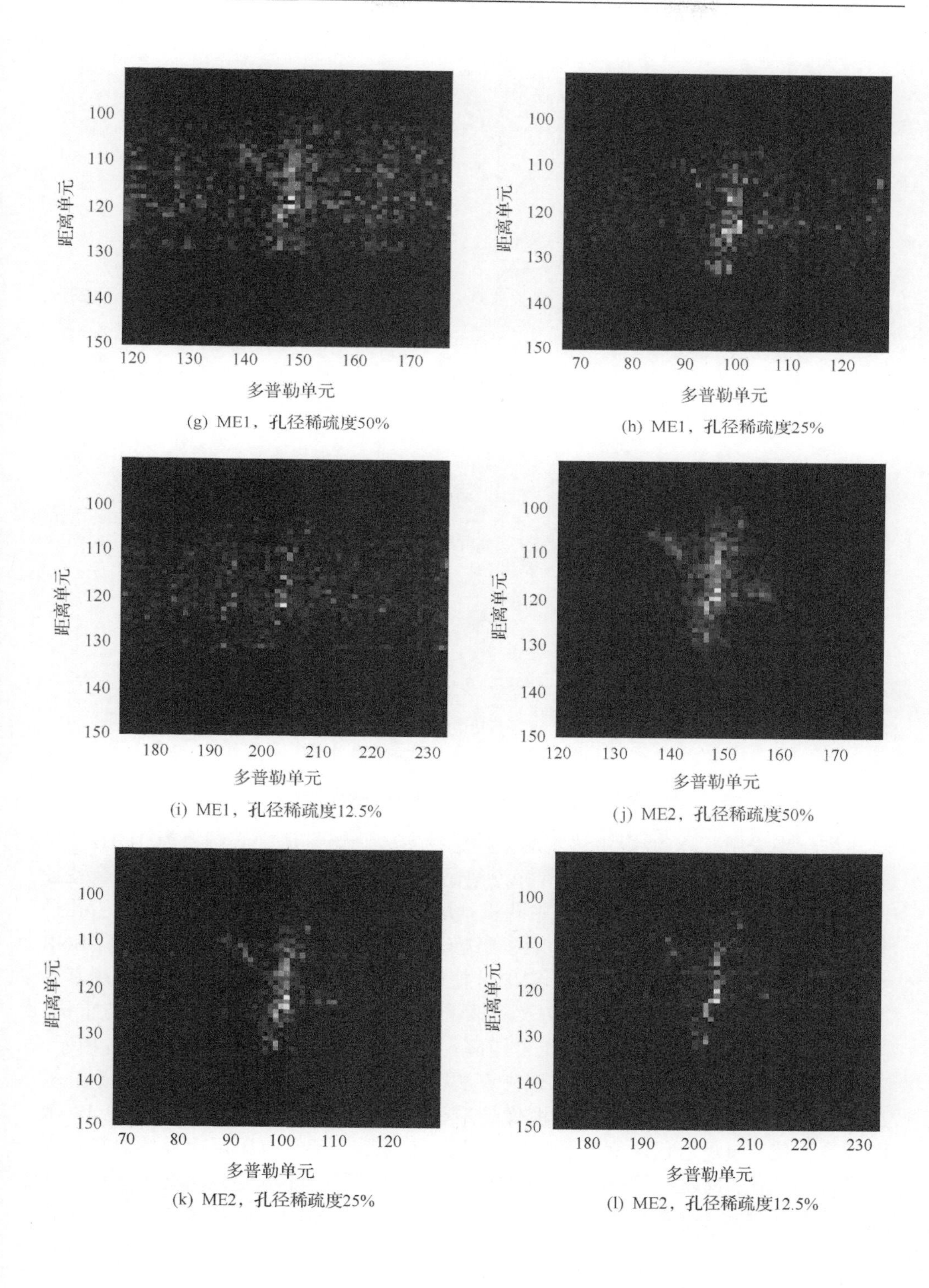

(g) ME1，孔径稀疏度50%

(h) ME1，孔径稀疏度25%

(i) ME1，孔径稀疏度12.5%

(j) ME2，孔径稀疏度50%

(k) ME2，孔径稀疏度25%

(l) ME2，孔径稀疏度12.5%

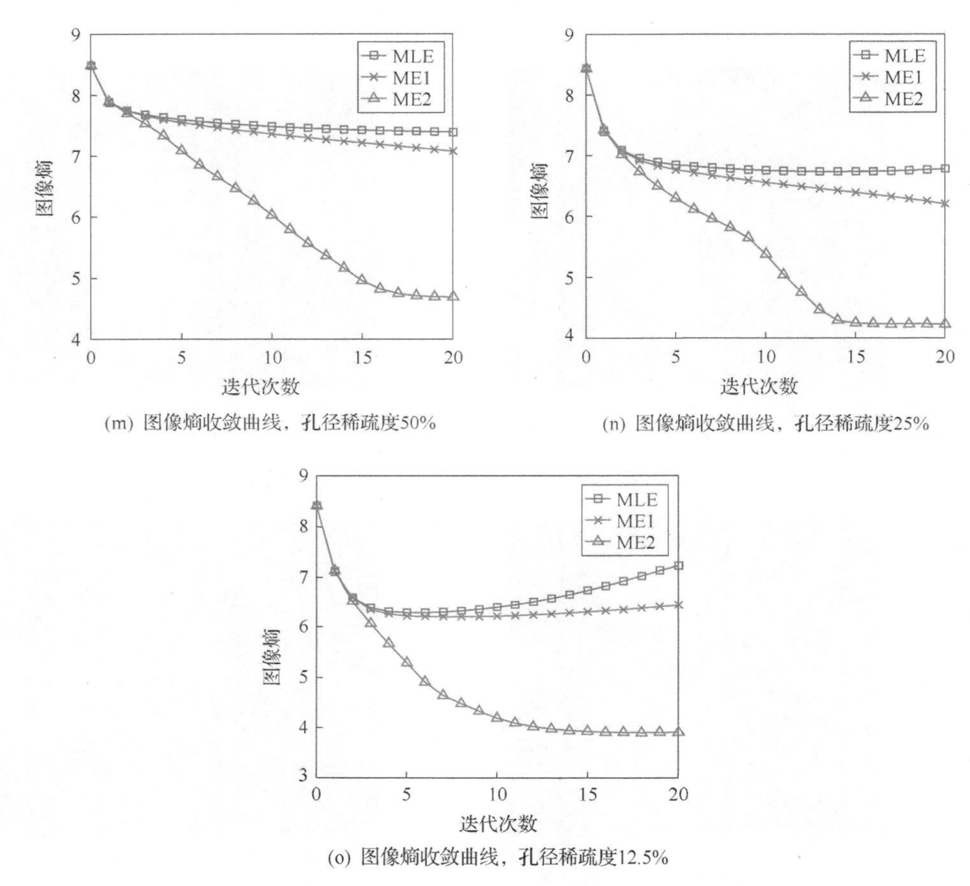

(m) 图像熵收敛曲线，孔径稀疏度50%

(n) 图像熵收敛曲线，孔径稀疏度25%

(o) 图像熵收敛曲线，孔径稀疏度12.5%

图 3.14　“Citation”飞机实测数据结果

进一步采用某 X 波段雷达实测数据进行实验。该雷达中心频率为 1GHz，发射信号带宽为 1GHz。雷达照射目标为某民航飞机，尺寸约为 $30\text{m}\times30\text{m}$。全孔径回波包含 512 个脉冲，现分别从中随机抽取 256、128 及 64 个脉冲，以产生孔径稀疏度分别为 50%、25%及 12.5%的稀疏孔径信号。该回波数据脉冲压缩后 SNR 约为 9.5dB，而脉冲压缩提升了 SNR，使得原始回波 SNR 更低。分别采用基于 MLE、ME1 及 ME2 的自聚焦算法对不同稀疏孔径数据进行 ISAR 图像稀疏重构，其中，初相误差矩阵均初始化为单位矩阵。三种算法所得成像结果如图 3.15 所示。由图 3.15 可知，本章的 ME2 自聚焦算法在任何稀疏孔径条件下均获得了聚焦效果最好的 ISAR 图像，并且所得图像熵最小。ME1 自聚焦算法同样可实现 ISAR 图像自聚焦，但是迭代速度低于 ME2 自聚焦算法。由于没有采用粗补偿对初相误差进行初始化，MLE 自聚焦算法基本失效，即使在孔径稀疏度为 50%的条件下依然无法有效聚焦 ISAR 图像，进一步验证了本章所提 ME1 自聚焦算法与 ME2 自聚焦算法较强的自适应性。

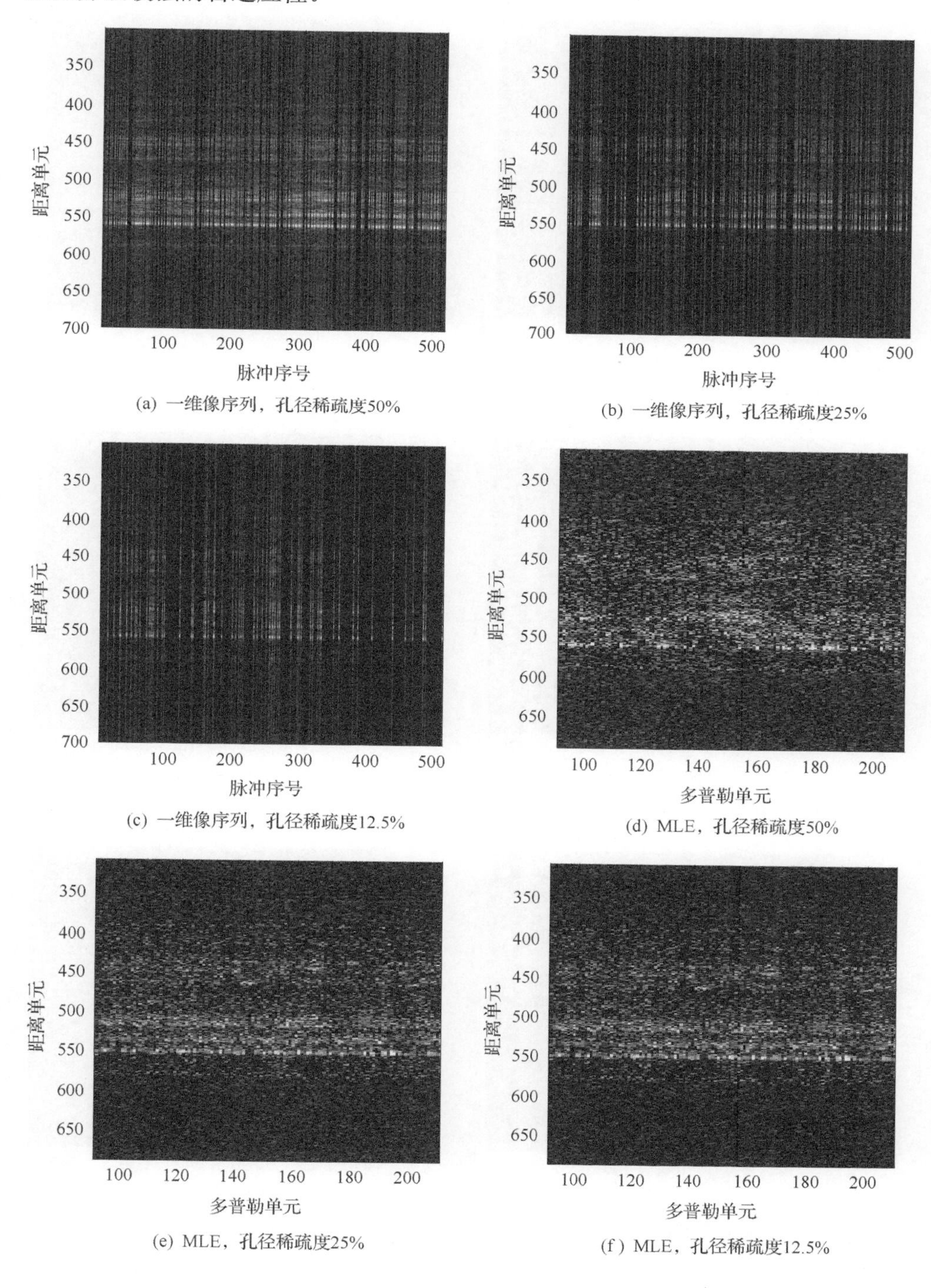

(a) 一维像序列，孔径稀疏度50%

(b) 一维像序列，孔径稀疏度25%

(c) 一维像序列，孔径稀疏度12.5%

(d) MLE，孔径稀疏度50%

(e) MLE，孔径稀疏度25%

(f) MLE，孔径稀疏度12.5%

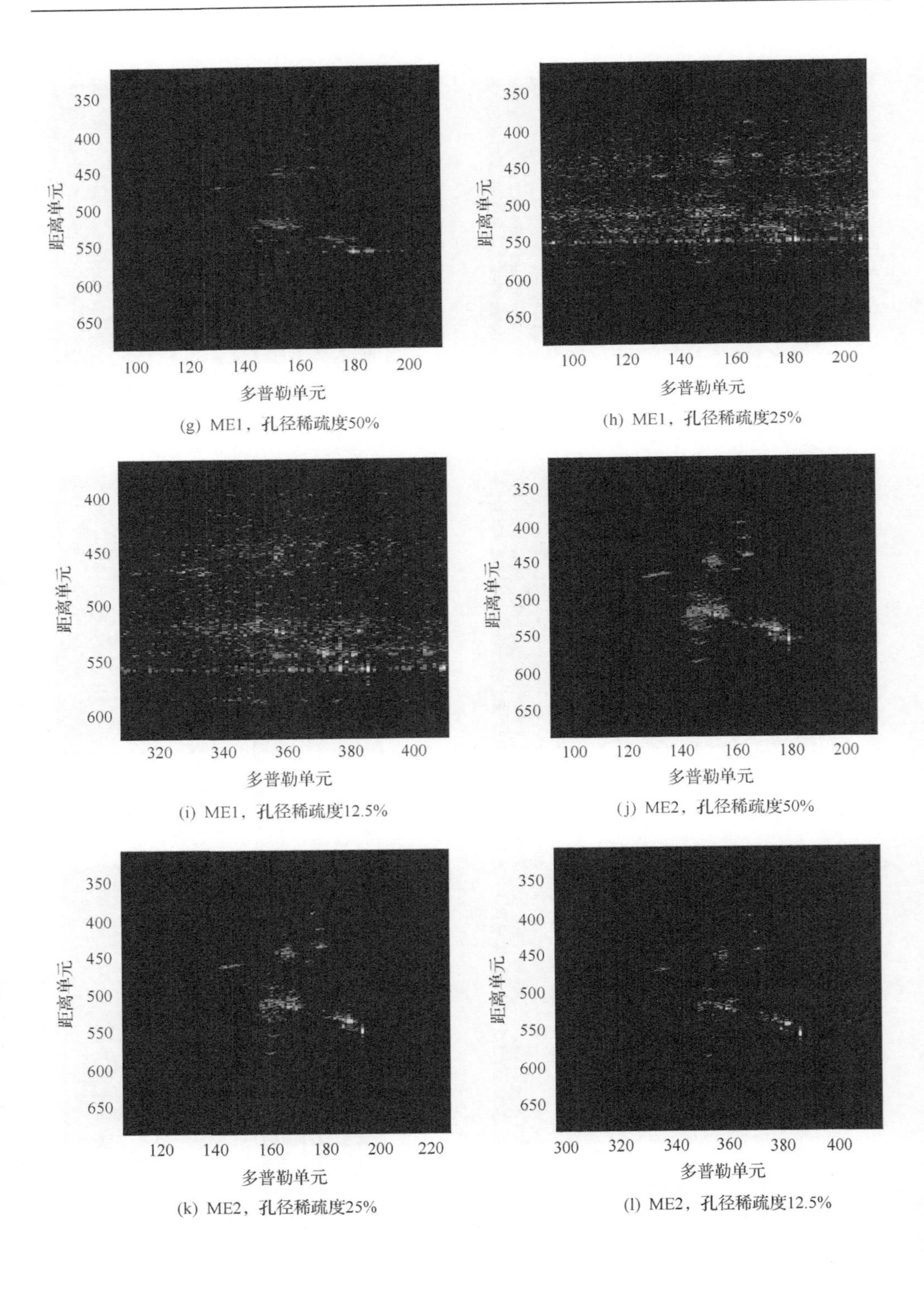

(g) ME1，孔径稀疏度50%

(h) ME1，孔径稀疏度25%

(i) ME1，孔径稀疏度12.5%

(j) ME2，孔径稀疏度50%

(k) ME2，孔径稀疏度25%

(l) ME2，孔径稀疏度12.5%

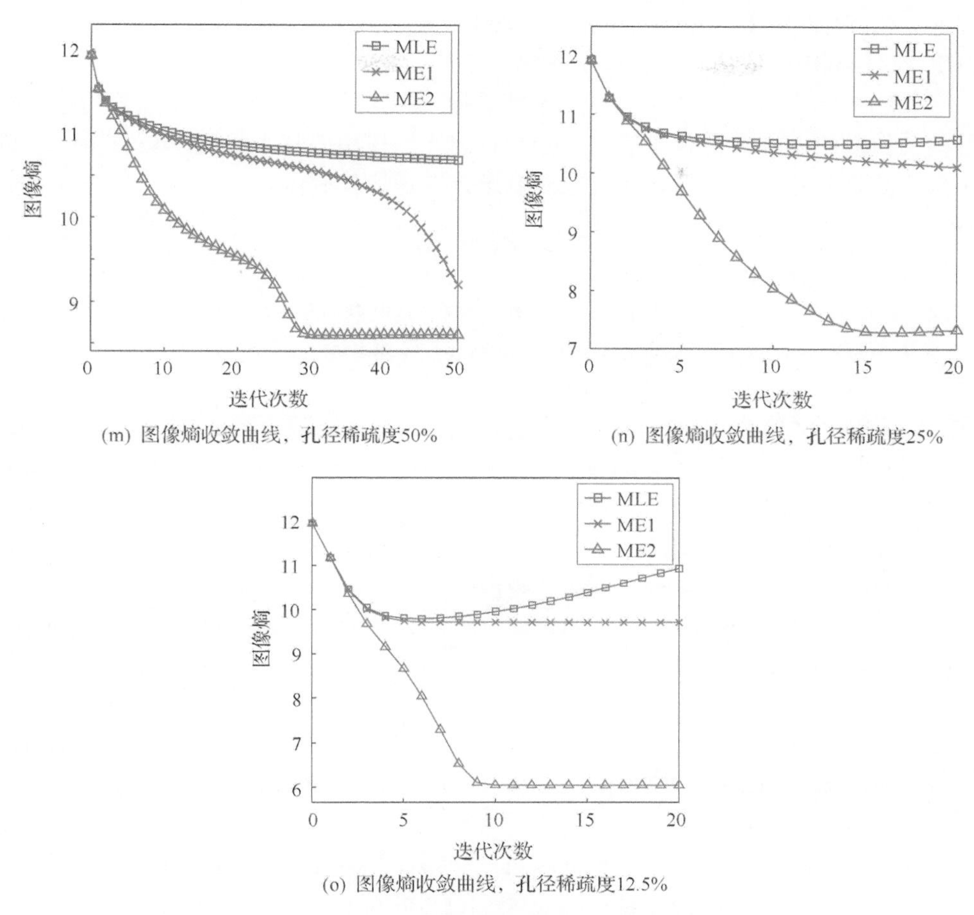

(m) 图像熵收敛曲线，孔径稀疏度50%

(n) 图像熵收敛曲线，孔径稀疏度25%

(o) 图像熵收敛曲线，孔径稀疏度12.5%

图 3.15　X 波段雷达实测数据结果

3.5　本 章 小 结

本章主要提出了两种稀疏孔径条件下 ISAR 自聚焦算法：ME1、ME2。两种自聚焦算法均采用熵与稀疏的联合约束对稀疏孔径回波的初相误差进行估计，其中 ME1 自聚焦算法最小熵的目标图像为 RD 成像结果，而 ME2 自聚焦算法的目标图像为稀疏贝叶斯重构 ISAR 图像。通过基于仿真与实测数据的一系列实验，得出以下结论：

(1) 在稀疏孔径条件下，传统自聚焦算法基本失效，而 ME1、ME2 自聚焦算法对孔径稀疏度低至 12.5%的回波数据依然具有良好的聚焦性能。

(2) 两种本书所提算法中，ME2 自聚焦算法具有更快的迭代速度与更强的鲁棒性。当 SNR 低于 0dB 时，ME1 自聚焦算法基本失效，而 ME2 自聚焦算法在 SNR 低至–5dB 时依然具有良好的聚焦效果。

(3) ME1 与 ME2 自聚焦算法不需要通过粗聚焦获取初相误差矩阵初始值即可使图像熵快速收敛，自适应性较强。目前广泛采用的基于稀疏恢复的 MLE 自聚焦算法则对相位误差初始化有较高要求，自适应性有限。

参 考 文 献

[1] Xu G, Xing M, Xia X, et al. High-resolution inverse synthetic aperture radar imaging and scaling with sparse aperture[J]. IEEE Journal of Selected Topics in Applied Earth Observations and Remote Sensing, 2015, 8(8): 4010-4027.

[2] Xu G, Xing M D, Zhang L, et al. Sparse apertures ISAR imaging and scaling for maneuvering targets[J]. IEEE Journal of Selected Topics in Applied Earth Observations and Remote Sensing, 2014, 7(7): 2942-2956.

[3] Zhang L, Qiao Z J, Xing M D, et al. High-resolution ISAR imaging by exploiting sparse apertures[J]. IEEE Transactions on Antennas and Propagation, 2012, 60(2): 997-1008.

[4] Zhang L, Duan J, Qiao Z J, et al. Phase adjustment and ISAR imaging of maneuvering targets with sparse apertures[J]. IEEE Transactions on Aerospace and Electronic Systems, 2014, 50(3): 1955-1973.

[5] Zhao L, Wang L, Bi G, et al. An autofocus technique for high-resolution inverse synthetic aperture radar imagery[J]. IEEE Transactions on Geoscience and Remote Sensing, 2014, 52(10): 6392-6403.

[6] Zhang S, Liu Y X, Li X, et al. Autofocusing for sparse aperture ISAR imaging based on joint constraint of sparsity and minimum entropy[J]. IEEE Journal of Selected Topics in Applied Earth Observations and Remote Sensing, 2017, 10(3): 998-1011.

[7] Zhang S, Liu Y, Li X. Fast entropy minimization based autofocusing technique for ISAR imaging[J]. IEEE Transactions on Signal Processing, 2015, 63(13): 3425-3434.

第 4 章　稀疏孔径 ISAR 横向定标技术

4.1　概　　述

ISAR 成像通过目标相对雷达的转动产生的多普勒频率实现方位向分辨，因此需要估计目标在成像时间段内的转角，以实现 ISAR 横向定标。另外，目标旋转还将引入与各散射点坐标相关的高阶相位误差，导致图像散焦，在自聚焦以后需要进一步进行高阶相位补偿。一般情况下，ISAR 成像累积时间较短，当目标运动相对平稳时，可假设其相对雷达匀速转动。此时，目标旋转只引入二阶相位误差，而 ISAR 横向定标则转化为目标转速估计。

在稀疏孔径条件下，脉冲间的相干性遭到严重破坏，严重影响 ISAR 横向定标的精度。本章提出一种基于修正牛顿迭代的稀疏孔径 ISAR 横向定标算法[1]，该算法通过最优化 ISAR 图像质量估计目标转速与等效旋转中心，其中，图像质量分别通过熵和对比度进行衡量。同时估计目标转速与等效旋转中心为二维寻优问题，因此直接采用网格法进行寻优计算效率低，且估计精度不高。牛顿迭代算法具有二阶收敛速度，可快速找到局部最优解，然而图像熵或者图像对比度关于目标转速及旋转中心的二阶偏导数非平滑，导致 Hessian 矩阵非正定，这使得每次迭代过程中生成的迭代方向非严格下降，进一步导致算法不收敛。因此，本章首先推导图像熵与图像对比度关于目标转速与旋转中心的 Hessian 矩阵，然后对其进行特征值分解，将所有负的特征值取反，接下来通过调整后的特征值与原有特征向量生成修正后的 Hessian 矩阵。修正后的 Hessian 矩阵所有特征值为正，因此必为正定矩阵，从而确保每次迭代过程中迭代方向的正确性。此外，在迭代过程中进一步采用后向追踪线性搜索算法获得合适的迭代步长。最后，基于仿真和实测数据的实验结果验证所提基于修正牛顿迭代的最小熵与最大对比度 ISAR 横向定标算法对噪声的强鲁棒性、对稀疏孔径数据的强适应性及快速收敛性。

本章主要内容安排如下：4.2 节建立 ISAR 横向定标信号模型；4.3 节提出两种适用于稀疏孔径条件的快速 ISAR 横向定标算法，分别为基于修正牛顿迭代的最小熵与最大对比度算法；4.4 节分别采用仿真和实测数据验证两种算法对噪声与稀疏孔径的强鲁棒性；4.5 节对本章内容进行小结。

4.2 ISAR 横向定标信号模型

ISAR 成像模型如图 4.1 所示。当成像累积时间较短时，一般可假设目标在平动补偿后，以 ω_a 的角速度绕其等效旋转中心 O 匀速旋转。该转动角速度可进一步分解为沿 LOS 的分量 ω' 及垂直于雷达 LOS 的分量 ω。其中，仅垂直分量 ω 产生 ISAR 图像方位向分辨所需的多普勒频率差异，称为有效转动角速度，即 ISAR 横向定标所需估计的参数。坐标系 $O\text{-}XYZ$ 的原点 O 为平动补偿后目标等效旋转中心，Y 轴为雷达 LOS 方向，Z 轴为有效转动角速度 ω 方向，X 轴由右手定则确定。此时，成像平面为 XOY 平面，其中 X、Y 轴分别对应 ISAR 图像方位向(横向)与距离向(纵向或径向)。在对目标进行成像时，其任意散射点 p 将投影到成像平面，投影点为 p'。令散射点 p 坐标为 (x_p, y_p)，则在远场假设条件下，散射点 p 的瞬时雷达距离可近似为

$$R_p(t_m) = R_O(t_m) + x_p \sin(\omega t_m) + y_p \cos(\omega t_m) \tag{4.1}$$

式中，t_m 表示慢时间；$R_O(t_m)$ 表示旋转中心 O 的瞬时雷达距离。假设雷达发射 LFM 信号，则经过解线调频与脉冲压缩后的回波可表示为

$$S(f,t_m) = T\sum_{p=1}^{P}\sigma_p \operatorname{sinc}\left[T\left(f + \frac{2\gamma}{c}R_\Delta\right)\right]\exp\left(-\mathrm{j}\frac{4\pi}{c}f_c R_\Delta\right) \tag{4.2}$$

式中，T、γ、f_c 及 c 分别表示发射信号脉冲宽度、调频率、中心频率及传播速度；f 表示快时间对应频率；P 表示目标散射点个数；σ_p 表示第 p 个散射点反射系数；R_Δ 表示散射点 p 的瞬时相对距离，$R_\Delta = R_p(t_m) - R_{\text{ref}}$，其中 R_{ref} 为参考距离。将式(4.2)代入式(4.1)，并假设经过包络对齐与越距离单元走动补偿，则有

$$S(f,t_m) = T\sum_{p=1}^{P}\sigma_p \operatorname{sinc}\left[T\left(f + \frac{2\gamma}{c}y_p\right)\right]\exp\left[-\mathrm{j}\frac{4\pi}{c}f_c\left(x_p\omega t_m - \frac{1}{2}y_p\omega^2 t_m{}^2\right)\right] \tag{4.3}$$

式中，成像累积时间较短导致目标总转角较小，故可采用如下泰勒展开：$\sin(\omega t_m) \approx \omega t_m$，$\cos(\omega t_m) \approx 1 - 1/2 \cdot \omega^2 t_m{}^2$。式(4.3)中一阶项为多普勒频率项，实现 ISAR 图像方位向分辨，而二阶项则为由目标转动引起的相位误差，将导致多普勒谱展宽，需加以补偿。将 $f = n/T\ (n = -N/2, \cdots, N/2-1)$ 与 $t_m = m/\text{PRF}$ $(m = 0,1,\cdots,M-1)$ 代入式(4.3)可得

$$S(n,m)=T\sum_{p=1}^{P}\sigma_p \operatorname{sinc}\left(n+\frac{2B}{c}y_p\right)\exp\left[-\mathrm{j}\frac{4\pi}{c}f_c\left(\frac{x_p\omega}{\mathrm{PRF}}m-\frac{y_p\omega^2}{2\mathrm{PRF}^2}m^2\right)\right] \tag{4.4}$$

式中，B 表示信号带宽。考虑到位于同一距离单元的所有散射点具有相同的 y 坐标，仅考虑距离像 sinc 函数的主瓣，则式(4.4)变为

$$S_n(m)=T\cdot\exp\left[\mathrm{j}\frac{2\pi f_c}{c\cdot\mathrm{PRF}^2}\left(-\frac{c}{2B}n-y_O\right)\omega^2m^2\right]\cdot\sum_{p=1}^{P_n}\sigma_p\exp\left(-\mathrm{j}\frac{4\pi}{c}f_c\frac{x_p\omega}{\mathrm{PRF}}m\right) \tag{4.5}$$

式中，P_n 表示第 n 个距离单元所包含散射点的个数，$P=\sum_{n=-N/2}^{N/2-1}P_n$；$y_O$ 表示等效旋转中心 O 的坐标。由式(4.5)可知，目标离散一维像序列可表示为

$$S(n,m)=\exp\left[-\mathrm{j}\alpha(\kappa_n+y_O)\omega^2m^2\right]\cdot S_i(n,m) \tag{4.6}$$

式中，$\alpha=\dfrac{2\pi f_c}{c\cdot\mathrm{PRF}^2}$；$\kappa_n=\dfrac{c}{2B}n$；$S_i(n,m)=T\sum_{p=1}^{P_n}\sigma_p\exp\left(-\mathrm{j}\dfrac{4\pi}{c}f_c\dfrac{x_p\omega}{\mathrm{PRF}}m\right)$ 表示理想距离像序列，沿慢时间进行 FFT 即可获得理想 ISAR 图像。为补偿由目标转动引起的二阶相位项，以获得理想的 ISAR 图像，首先需要从原始一维像序列 $S(n,m)$ 中估计 $\{\omega,y_O\}$。在获得估计值 $\{\hat{\omega},\hat{y}_O\}$ 后，二阶相位补偿与横向压缩过程可表示为

$$g(n,k)=\mathcal{F}_{m\to k}\left\{S(n,m)\exp\left[\mathrm{j}\alpha(\kappa_n+\hat{y}_O)\hat{\omega}^2m^2\right]\right\} \tag{4.7}$$

式中，$\mathcal{F}_{m\to k}\{\cdot\}$ 表示从慢时间域到多普勒频率域的 FFT。

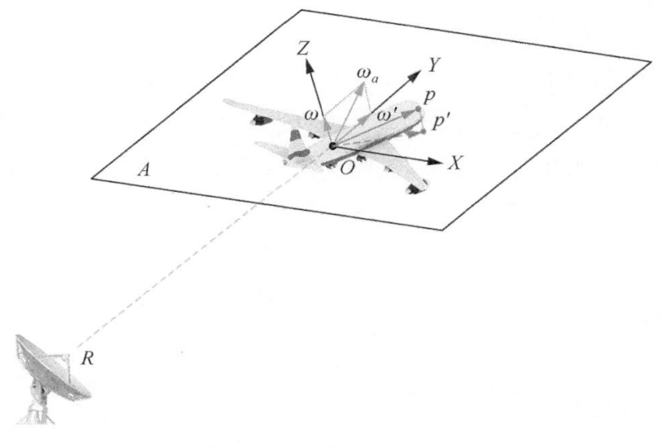

图 4.1　ISAR 成像模型

4.3 基于修正牛顿迭代的 ISAR 成像横向定标

由式(4.7)可知，目标转速与旋转中心的估计精度直接决定 ISAR 图像的质量。因此，可以通过最优化 ISAR 图像质量估计目标旋转参数，从而将 ISAR 图像的横向定标转化为以图像质量为目标函数的二维寻优问题。本节分别采用图像熵与对比度衡量图像质量，提出两种基于修正牛顿迭代的转速估计算法。

4.3.1 基于最小熵的转速估计

令 $\boldsymbol{x}=\left[\Omega, y_O\right]^{\mathrm{T}}$，其中 $\Omega=\omega^2$，则基于最小熵的目标转速估计可表示为

$$\hat{\boldsymbol{x}}=\arg\min_{\boldsymbol{x}}\left\{E_g(\boldsymbol{x})\right\} \tag{4.8}$$

式中，$E_g(\boldsymbol{x})$ 表示 ISAR 图像熵：

$$\begin{aligned} E_g(\boldsymbol{x}) &= -\sum_{n=-N/2}^{N/2-1}\sum_{k=0}^{M-1}\frac{\left|g_{n,k}(\boldsymbol{x})\right|^2}{G}\ln\frac{\left|g_{n,k}(\boldsymbol{x})\right|^2}{G} \\ &= -\frac{1}{G}\sum_{n=-N/2}^{N/2-1}\sum_{k=0}^{M-1}\left|g_{n,k}(\boldsymbol{x})\right|^2\ln\left|g_{n,k}(\boldsymbol{x})\right|^2+\ln G \end{aligned} \tag{4.9}$$

式中，$g_{n,k}(\boldsymbol{x})$ 表示 ISAR 图像，与式(4.7)类似：

$$g_{n,k}(\boldsymbol{x})=\mathcal{F}_{m\to k}\left\{S(n,m)\exp\left[\mathrm{j}\alpha\left(\kappa_n+y_O\right)\Omega m^2\right]\right\} \tag{4.10}$$

另外，式(4.9)中 $G=\sum_{n=-N/2}^{N/2-1}\sum_{k=0}^{M-1}\left|g_{n,k}(\boldsymbol{x})\right|^2$ 表示图像总能量，与 $\boldsymbol{x}$ 无关。

接下来采用牛顿迭代算法对式(4.8)所示二维寻优问题进行求解。传统牛顿法要求 Hessian 矩阵保持正定，以保证每次迭代方向为下降方向，从而确保收敛。当 Hessian 矩阵非正定时，传统牛顿法无法保证收敛。为检验牛顿迭代算法对本问题的收敛性，首先推导图像熵关于 $\boldsymbol{x}$ 的梯度与 Hessian 矩阵。其梯度为

$$\nabla E=\left[\frac{\partial E}{\partial \Omega},\frac{\partial E}{\partial y_O}\right]^{\mathrm{T}} \tag{4.11}$$

为表达简便，将 $E_g(\boldsymbol{x})$ 简写为 E。由式(4.9)可推得一阶偏导数 $\partial E/\left[\partial\Omega\left(y_O\right)\right]$ 如下：

$$\frac{\partial E}{\partial \Omega(y_O)} = -\frac{1}{G}\sum_{n=-N/2}^{N/2-1}\sum_{m=0}^{M-1}\left(1+\ln|g|^2\right)\frac{\partial |g|^2}{\partial \Omega(y_O)} \tag{4.12}$$

式中，$g \overset{\text{def}}{=} g_{n,k}(\boldsymbol{x})$，$\partial |g|^2 / \left[\partial \Omega(y_O)\right]$推导如下：

$$\frac{\partial |g|^2}{\partial \Omega(y_O)} = 2\,\mathrm{Re}\left[g^* \frac{\partial g}{\partial \Omega(y_O)}\right] \tag{4.13}$$

式中，$\partial g / \left[\partial \Omega(y_O)\right]$可由式(4.10)推得

$$\frac{\partial g}{\partial \Omega} = \mathrm{j}\alpha(\kappa_n + y_O)\mathcal{F}_{m\to k}\left\{S(n,m)\exp\left[\mathrm{j}\alpha(\kappa_n + y_O)\Omega m^2\right]m^2\right\} \tag{4.14}$$

$$\frac{\partial g}{\partial y_O} = \mathrm{j}\alpha\Omega\mathcal{F}_{m\to k}\left\{S(n,m)\exp\left[\mathrm{j}\alpha(\kappa_n + y_O)\Omega m^2\right]m^2\right\} \tag{4.15}$$

将式(4.12)～式(4.15)代入式(4.11)可得

$$\nabla E = \begin{bmatrix} -\dfrac{2}{G}\displaystyle\sum_{n=-N/2}^{N/2-1}\sum_{k=0}^{M-1}(1+\ln|g|^2)\mathrm{Re}\left(g^*\mathrm{j}\alpha(\kappa_n + y_O)\mathcal{F}_{m\to k}\left\{S(n,m)\exp\left[\mathrm{j}\alpha(\kappa_n + y_O)\Omega m^2\right]m^2\right\}\right) \\ -\dfrac{2}{G}\displaystyle\sum_{n=-N/2}^{N/2-1}\sum_{k=0}^{M-1}(1+\ln|g|^2)\mathrm{Re}\left(g^*\mathrm{j}\alpha\Omega\mathcal{F}_{m\to k}\left\{S(n,m)\exp\left[\mathrm{j}\alpha(\kappa_n + y_O)\Omega m^2\right]m^2\right\}\right) \end{bmatrix} \tag{4.16}$$

进一步推导 E 关于 $\boldsymbol{x}$ 的 Hessian 矩阵，其定义如下：

$$\boldsymbol{H} = \begin{bmatrix} \dfrac{\partial^2 E}{\partial \Omega^2} & \dfrac{\partial^2 E}{\partial \Omega \partial y_O} \\ \dfrac{\partial^2 E}{\partial y_O \partial \Omega} & \dfrac{\partial^2 E}{\partial {y_O}^2} \end{bmatrix} \tag{4.17}$$

由式(4.12)可得二阶偏导数$\partial^2 E / \left[\partial \Omega(y_O)^2\right]$、$\partial^2 E / (\partial \Omega \partial y_O)$及$\partial^2 E / (\partial y_O \partial \Omega)$如下：

$$\frac{\partial^2 E}{\partial \Omega(y_O)^2} = -\frac{1}{G}\sum_{n=-N/2}^{N/2-1}\sum_{k=0}^{M-1}\left\{\frac{1}{|g|^2}\left[\frac{\partial |g|^2}{\partial \Omega(y_O)}\right]^2 + 2\left(1+\ln|g|^2\right)\left[\left|\frac{\partial g}{\partial \Omega(y_O)}\right|^2 + \mathrm{Re}\left(g^* \frac{\partial^2 g}{\partial \Omega(y_O)^2}\right)\right]\right\} \tag{4.18}$$

$$\frac{\partial^2 E}{\partial \Omega \partial y_O} = -\frac{1}{G} \sum_{n=-N/2}^{N/2-1} \sum_{k=0}^{M-1} \left[\frac{1}{|g|^2} \frac{\partial |g|^2}{\partial \Omega} \frac{\partial |g|^2}{\partial y_O} + 2\left(1 + \ln|g|^2\right) \mathrm{Re}\left(\frac{\partial g}{\partial \Omega} \frac{\partial g^*}{\partial y_O} + g^* \frac{\partial^2 g}{\partial \Omega \partial y_O} \right) \right] \tag{4.19}$$

$$\frac{\partial^2 E}{\partial y_O \partial \Omega} = -\frac{1}{G} \sum_{n=-N/2}^{N/2-1} \sum_{k=0}^{M-1} \left[\frac{1}{|g|^2} \frac{\partial |g|^2}{\partial y_O} \frac{\partial |g|^2}{\partial \Omega} + 2\left(1 + \ln|g|^2\right) \mathrm{Re}\left(\frac{\partial g}{\partial y_O} \frac{\partial g^*}{\partial \Omega} + g^* \frac{\partial^2 g}{\partial y_O \partial \Omega} \right) \right] \tag{4.20}$$

进一步由式(4.14)及式(4.15)推导 g 的二阶偏导数，包括 $\partial^2 g/\partial\Omega^2$ 、$\partial^2 g/\partial {y_O}^2$ 、$\partial^2 g/(\partial\Omega\partial y_O)$ 及 $\partial^2 g/(\partial y_O\partial\Omega)$，对应的表达式如下：

$$\frac{\partial^2 g}{\partial \Omega^2} = -\alpha^2 (\kappa_n + y_O)^2 \mathcal{F}_{m\to k} \left\{ S(n,m) \exp\left[\mathrm{j}\alpha(\kappa_n + y_O)\Omega m^2 \right] m^4 \right\} \tag{4.21}$$

$$\frac{\partial^2 g}{\partial {y_O}^2} = -\alpha^2 \Omega^2 \mathcal{F}_{m\to k} \left\{ S(n,m) \exp\left[\mathrm{j}\alpha(\kappa_n + y_O)\Omega m^2 \right] m^4 \right\} \tag{4.22}$$

$$\begin{aligned} \frac{\partial^2 g}{\partial \Omega \partial y_O} = \frac{\partial^2 g}{\partial y_O \partial \Omega} &= \mathrm{j}\alpha \mathcal{F}_{m\to k} \left\{ S(n,m) \exp\left[\mathrm{j}\alpha(\kappa_n + y_O)\Omega m^2 \right] m^2 \right\} \\ &\quad - \alpha^2 (\kappa_n + y_O)\Omega \mathcal{F}_{m\to k} \left\{ S(n,m) \exp\left[\mathrm{j}\alpha(\kappa_n + y_O)\Omega m^2 \right] m^4 \right\} \end{aligned} \tag{4.23}$$

将式(4.18)～式(4.23)代入式(4.17)即可获得 Hessian 矩阵。由式(4.14)和式(4.15)可知，$\partial g/\partial\Omega \cdot \partial g^*/\partial y_O = \partial g/\partial y_O \cdot \partial g^*/\partial\Omega$，因此 $\partial^2 E/(\partial\Omega\partial y_O) = \partial^2 E/(\partial y_O\partial\Omega)$，从而 Hessian 矩阵为对称矩阵。

得到梯度与 Hessian 矩阵后，传统牛顿法的迭代式可表示为

$$\boldsymbol{x}_{k+1} = \boldsymbol{x}_k - \boldsymbol{H}_k^{-1} \nabla E_k \tag{4.24}$$

式中，$\boldsymbol{x}_k$、$\boldsymbol{H}_k$ 及 $\boldsymbol{p}_k = -\boldsymbol{H}_k^{-1}\nabla E_k$ 分别表示第 k 次迭代所获得的解、Hessian 矩阵及迭代方向，当 Hessian 矩阵 $\boldsymbol{H}_k$ 正定时，有

$$\boldsymbol{p}_k^{\mathrm{T}} \nabla E_k = -\nabla E_k^{\mathrm{T}} \boldsymbol{H}_k^{-1} \nabla E_k < 0 \tag{4.25}$$

此时，$\boldsymbol{p}_k$ 与 ∇E_k 的夹角为钝角。由于梯度 ∇E_k 表示图像熵的最快上升方向，所以 $\boldsymbol{p}_k$ 表示下降方向。故当 Hessian 矩阵正定时，迭代方向必为下降方向。为检验传统牛顿法的有效性，图 4.2 给出图像熵及其梯度、Hessian 矩阵行列式关于目标转速的平方 $\Omega' = (180/\pi)^2\Omega$ 与等效旋转中心 y_O 的关系，其中，y_O 与 Ω' 的真

实值分别设为 $\Omega' = (0.04\times180/\pi)^2(°)^2 = 5.2525(°)^2$。如图 4.2(a)所示，图像熵曲面平滑，且在 (2, 5.2525) 处达到最小值。图 4.2(b)给出图像熵的梯度矢量图，由该图可以更清楚地看出图像熵关于 $\{y_O, \Omega'\}$ 的变化关系。当 Hessian 矩阵正定时，其各阶顺序主子式均为正，行列式也必为正，故进一步通过 Hessian 矩阵行列式的符号检验 Hessian 矩阵的正定性。图像熵 Hessian 矩阵的行列式关于 $\{y_O, \Omega'\}$ 的曲面如图 4.2(c)所示，图中标明零平面。由图 4.2(c)可知，Hessian 矩阵行列式多处在零平面以下，无法保证迭代方向 $\boldsymbol{p}_k$ 为下降方向，因而对于式(4.8)所示二维寻优问题，传统牛顿法无法确保收敛。进一步观察式(4.25)可知，Hessian 矩阵的正定性仅为保证迭代方向 $\boldsymbol{p}_k$ 下降的充分条件而非必要条件，当 Hessian 矩阵非正定时，式(4.25)仍然可能成立。为进一步确定迭代方向是否保持下降，图 4.3(a)给出迭代指示因子 $\theta = \boldsymbol{p}^{\mathrm{T}}\nabla E$ 关于 $\{y_O, \Omega'\}$ 的曲面，当该指示因子为负时，迭代方向为下降方向。由图 4.2(a)可知，多处指示因子位于零平面以上，此时对应的迭代方向为上升方向，牛顿迭代算法发散。

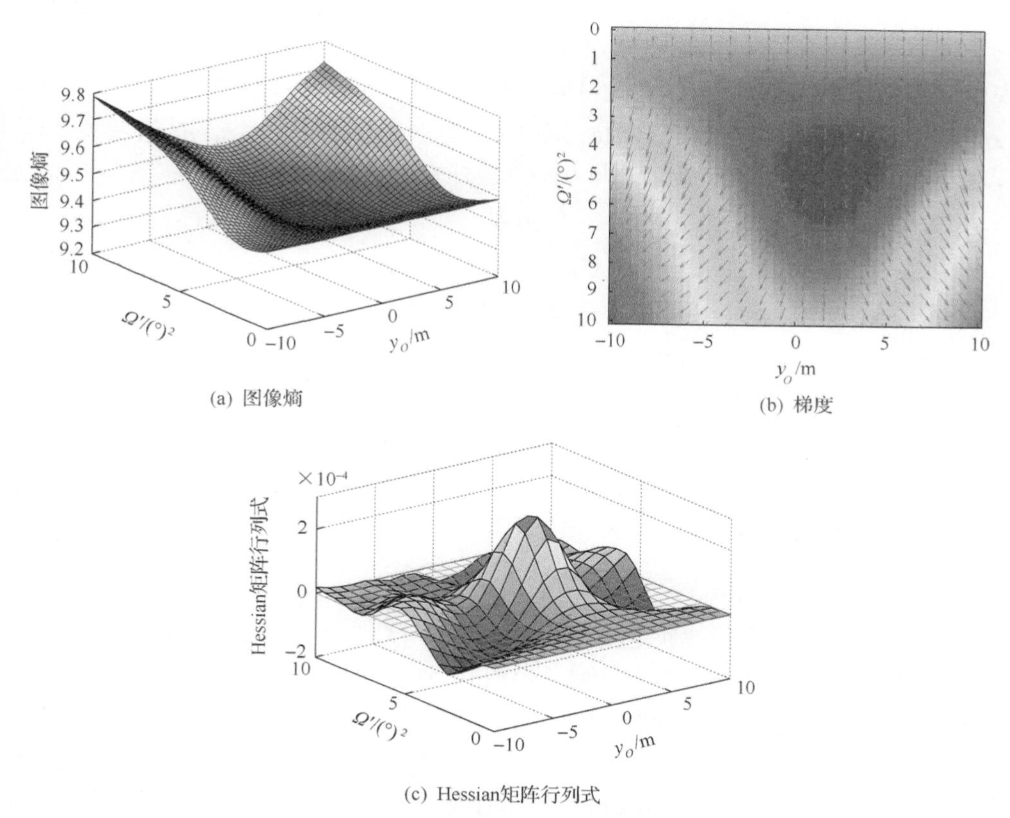

(a) 图像熵　(b) 梯度

(c) Hessian矩阵行列式

图 4.2　图像熵及其梯度、Hessian 矩阵行列式

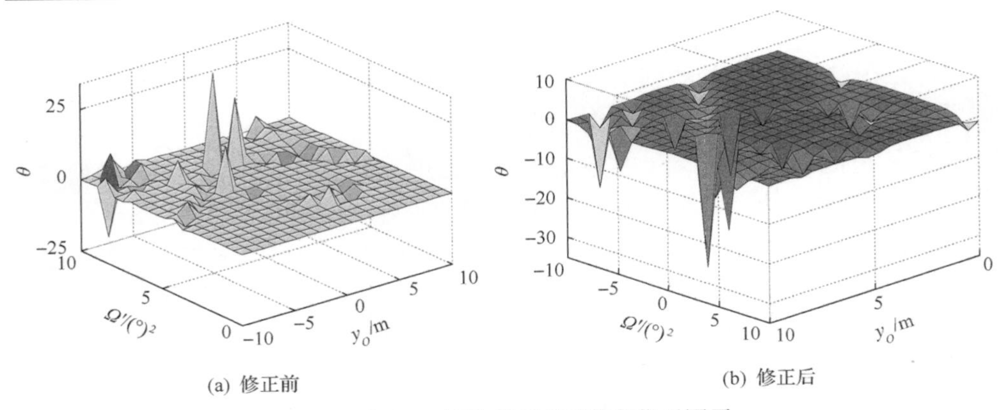

图 4.3　Hessian 矩阵修正前后迭代指示因子

为保证迭代方向始终下降，对每次迭代过程中所得 Hessian 矩阵进行调整，使其保证正定。由于 Hessian 矩阵对称，因此可进行如下特征值分解：

$$\boldsymbol{H}_k = \boldsymbol{Q}_k \boldsymbol{\varLambda}_k \boldsymbol{Q}_k^{\mathrm{T}} \tag{4.26}$$

式中，$\boldsymbol{\varLambda}_k = \mathrm{diag}\left(\lambda_1^{(k)}, \lambda_2^{(k)}\right)$，$\boldsymbol{Q}_k = \left[\boldsymbol{q}_1^{(k)}, \boldsymbol{q}_2^{(k)}\right]$，$\lambda_i^{(k)}$ 与 $\boldsymbol{q}_i^{(k)}$ 分别表示 Hessian 矩阵 $\boldsymbol{H}_k$ 的特征值与特征向量。为将 Hessian 矩阵调整为正定矩阵，将其所有负特征值取反，并通过调整后的特征值与特征向量生成新的 Hessian 矩阵，得

$$\boldsymbol{H}_k' = \boldsymbol{Q}_k \begin{bmatrix} \left|\lambda_1^{(k)}\right| & \\ & \left|\lambda_2^{(k)}\right| \end{bmatrix} \boldsymbol{Q}_k^{\mathrm{T}} \tag{4.27}$$

调整后的 Hessian 矩阵 $\boldsymbol{H}_k'$ 的所有特征值为正，因而必定正定，进而式(4.25)所示迭代指示因子必然为负，从而保证每次迭代过程中的迭代方向下降。为验证该结论，图 4.3(b)给出了修正后的迭代指示因子。由图 4.3(b)可知，调整 Hessian 矩阵后，迭代指示因子保持在零平面以下，因此迭代方向必然为下降方向。

对 Hessian 矩阵进行修正后，修正牛顿迭代的更新式变为

$$\boldsymbol{x}_{k+1} = \boldsymbol{x}_k - \beta_k \boldsymbol{H}_k'^{-1} \nabla E_k \tag{4.28}$$

式中，β_k 表示迭代步长，决定在每次迭代过程中沿迭代方向 $\boldsymbol{p}_k = -\boldsymbol{H}_k'^{-1} \nabla E_k$ 所调整的距离。该迭代步长由后向追踪算法决定，搜索过程如算法 4.1 所示。算法初始化迭代步长为 1，并不断缩小步长，直至图像熵的减少程度满足要求，并且算法假设迭代步长不小于10^{-3}，以防止陷入无限循环。对于传统牛顿法，迭代步长固定为 1，在大多数情况下，式(4.28)所示修正牛顿迭代算法的迭代步长同样为 1。因此，算法 4.1 一般不需要进行多次迭代，运算效率较高。

算法 4.1　基于后向追踪算法的迭代步长选取

1　令 $\beta=1$；

2　迭代；

3　$\beta=0.5\beta$；

4　终止迭代[$E_g(\boldsymbol{x}_k+\beta\boldsymbol{p}_k)\leqslant E_g(\boldsymbol{x}_k)+10^{-3}\beta\boldsymbol{p}_k{}^{\mathrm{T}}\nabla E_k$ 或 $\beta_k\leqslant 10^{-3}$]；

5　$\beta_k=\beta$。

基于修正牛顿迭代的最小熵 ISAR 横向定标算法如算法 4.2 所示。该算法对目标转速与旋转中心的初始化无特殊要求，可直接将其初始化为零。或者为提高收敛速度，两者也可分别初始化为 $\Omega_0=\left(\mathrm{PRF}\cdot f_c B/M\right)^2$ 及 $y_{O0}=\arg\min\limits_{y_O}\left\{E_g\left(\left[\Omega_0, y_O\right]^{\mathrm{T}}\right)\right\}$。其中，前者通过使方位向分辨率等于距离向分辨率得到；后者则可通过固定转速后的一维寻优获得。

算法 4.2　基于修正牛顿迭代的最小熵 ISAR 横向定标算法

1　令 $\boldsymbol{x}_0=\boldsymbol{0}$， $\varepsilon=10^{-6}$ 及 $k=0$；

2　迭代；

3　$k=k+1$；

4　通过式(4.16)计算梯度 ∇E_k；

5　通过式(4.17)计算 Hessian 矩阵 $\boldsymbol{H}_k$；

6　对 $\boldsymbol{H}_k$ 进行特征值分解；

7　通过式(4.27)计算修正 Hessian 矩阵 $\boldsymbol{H}'_k$；

8　计算迭代方向： $\boldsymbol{p}_k=-\boldsymbol{H}'^{-1}_k\nabla E_k$；

9　通过算法 4.1 计算迭代步长 β_k；

10　通过式(4.28)计算 $\boldsymbol{x}_{k+1}$；

11　终止迭代($\|\boldsymbol{x}_{k+1}-\boldsymbol{x}_k\|_2/\|\boldsymbol{x}_k\|_2<\varepsilon$)；

12　估计目标转速与等效旋转中心： $\hat{\boldsymbol{\omega}}=\sqrt{\boldsymbol{x}_{k+1}(1)}$， $\hat{y}_O=\boldsymbol{x}_{k+1}(2)$；

13　通过式(4.7)补偿二阶项系数，获得横向定标后 ISAR 图像。

4.3.2　基于最大对比度的转速估计

与图像熵类似，图像对比度同样广泛应用于雷达成像领域，一般用于衡量雷达图像聚焦程度。其定义如下：

$$C_g(\boldsymbol{x}) = \frac{\sqrt{\frac{1}{MN}\sum_{n=-N/2}^{N/2-1}\sum_{k=0}^{M-1}\left[\left|g_{n,k}(\boldsymbol{x})\right|^2 - \frac{1}{MN}\sum_{n'=-N/2}^{N/2-1}\sum_{k'=0}^{M-1}\left|g_{n',k'}(\boldsymbol{x})\right|^2\right]^2}}{\frac{1}{MN}\sum_{n=-N/2}^{N/2-1}\sum_{k=0}^{M-1}\left|g_{n,k}(\boldsymbol{x})\right|^2} \tag{4.29}$$

可进一步化为

$$C_g(\boldsymbol{x}) = \sqrt{\frac{MN}{G^2}\sum_{n=-N/2}^{N/2-1}\sum_{k=0}^{M-1}\left|g_{n,k}(\boldsymbol{x})\right|^4 - 1} \tag{4.30}$$

式中，G 表示图像总能量，如式(4.9)所示。ISAR 图像聚焦程度越高，其对比度越大。因此，可以通过最大化 ISAR 图像的对比度估计目标转速与等效旋转中心，得

$$\hat{\boldsymbol{x}} = \arg\max_{\boldsymbol{x}}\left\{C_g(\boldsymbol{x})\right\} = \arg\max_{\boldsymbol{x}}\left\{C'_g(\boldsymbol{x})\right\} \tag{4.31}$$

式中，$C'_g(\boldsymbol{x}) = \sum_{n=-N/2}^{N/2-1}\sum_{k=0}^{M-1}\left|g_{n,k}(\boldsymbol{x})\right|^4$。式(4.31)等价于寻找 $L = -C'_g(\boldsymbol{x})$ 的最小值。同样采用 4.3.1 节所提修正牛顿迭代算法进行寻优，首先推导目标函数 L 关于 $\boldsymbol{x}$ 的梯度，得

$$\nabla L = \begin{bmatrix} -4\sum_{n=-N/2}^{N/2-1}\sum_{k=0}^{M-1}|g|^2\operatorname{Re}\left(g^*\mathrm{j}\alpha(\kappa_n + y_O)\mathcal{F}_{m\to k}\left\{S(n,m)\exp\left[\mathrm{j}\alpha(\kappa_n + y_O)\Omega m^2\right]m^2\right\}\right) \\ -4\sum_{n=-N/2}^{N/2-1}\sum_{k=0}^{M-1}|g|^2\operatorname{Re}\left(g^*\mathrm{j}\alpha\Omega\mathcal{F}_{m\to k}\left\{S(n,m)\exp\left[\mathrm{j}\alpha(\kappa_n + y_O)\Omega m^2\right]m^2\right\}\right) \end{bmatrix} \tag{4.32}$$

其 Hessian 矩阵为

$$\boldsymbol{H}_L = \begin{bmatrix} \dfrac{\partial^2 L}{\partial \Omega^2} & \dfrac{\partial^2 L}{\partial \Omega \partial y_O} \\ \dfrac{\partial^2 L}{\partial y_O \partial \Omega} & \dfrac{\partial^2 L}{\partial {y_O}^2} \end{bmatrix} \tag{4.33}$$

式中，二阶偏导数 $\partial^2 L/\partial \Omega^2$、$\partial^2 L/(\partial \Omega \partial y_O)$、$\partial^2 L/(\partial y_O \partial \Omega)$ 与 $\partial^2 L/\partial {y_O}^2$ 推导如下：

$$\frac{\partial^2 L}{\partial \Omega(y_O)^2} = -2\sum_{n=-N/2}^{N/2-1}\sum_{k=0}^{M-1}\left\{\left[\frac{\partial |g|^2}{\partial \Omega(y_O)}\right]^2 + 2|g|^2\left[\left|\frac{\partial g}{\partial \Omega(y_O)}\right|^2 + \operatorname{Re}\left(g^*\frac{\partial^2 g}{\partial \Omega(y_O)^2}\right)\right]\right\} \tag{4.34}$$

$$\frac{\partial^2 L}{\partial y_O \partial \Omega} = \frac{\partial^2 L}{\partial \Omega \partial y_O} = -2\sum_{n=-N/2}^{N/2-1}\sum_{k=0}^{M-1}\left[\frac{\partial|g|^2}{\partial \Omega}\frac{\partial|g|^2}{\partial y_O} + 2|g|^2 \operatorname{Re}\left(\frac{\partial g}{\partial \Omega}\frac{\partial g^*}{\partial y_O} + g^*\frac{\partial^2 g}{\partial \Omega \partial y_O}\right)\right] \tag{4.35}$$

式中，$\partial|g|^2/\partial\Omega(y_O)$、$\partial g/\partial\Omega$ 及 $\partial g/\partial y_O$ 如式(4.13)～式(4.15)所示。同样，为验证传统牛顿法的可用性，图 4.4 分别给出图像对比度的目标函数 L 及其梯度、Hessian 矩阵行列式。由图 4.4(a)可知，L 的形状与图 4.2(a)所示图像熵类似，同样在目标转速与等效旋转中心的真值处达到最小。并且其 Hessian 矩阵的行列式同样存在小于零的情况，因而无法确保正确的迭代方向，对于此问题，传统牛顿法无法保证收敛。为此，同样采用 4.3.1 节策略对 Hessian 矩阵进行修正，以保证其正定性。修正前后的迭代指示因子分别如图 4.5(a)与图 4.5(b)所示，对比可知，修正后迭代指示因子全部小于零，从而保证了持续下降的迭代方向。

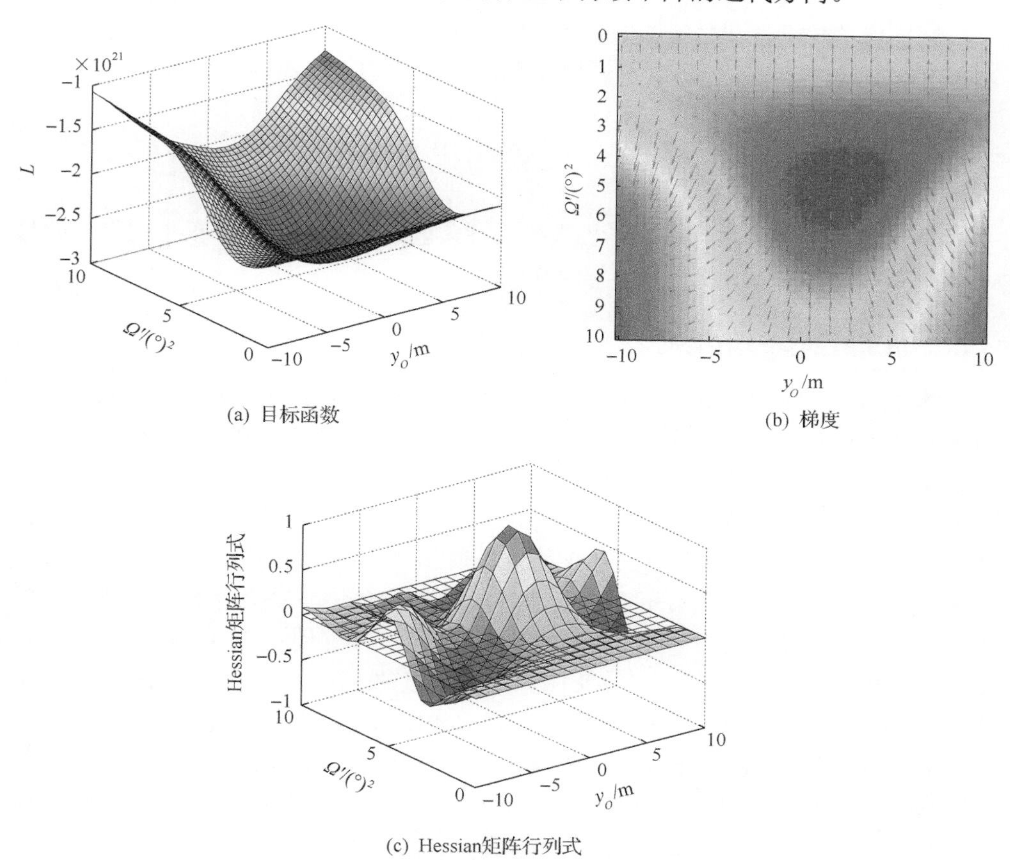

(a) 目标函数　(b) 梯度

(c) Hessian矩阵行列式

图 4.4　图像对比度的目标函数及其梯度、Hessian 矩阵行列式

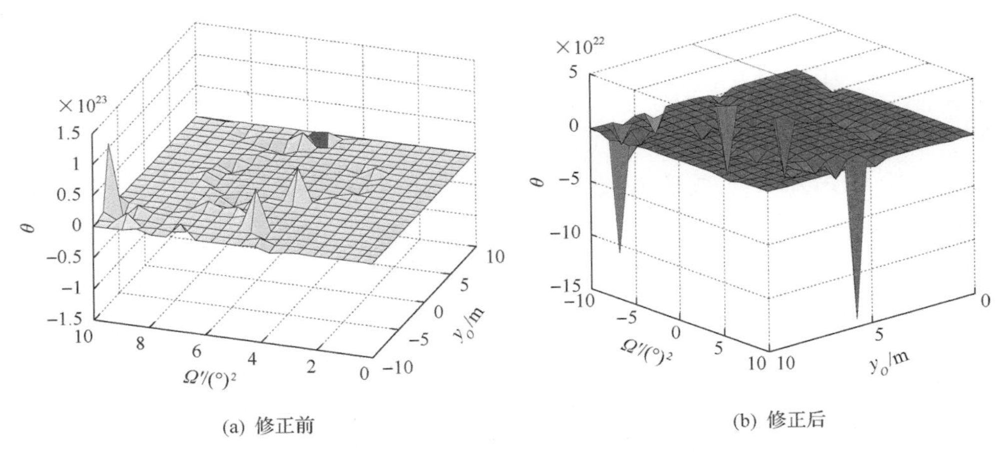

(a) 修正前　　(b) 修正后

图 4.5　Hessian 矩阵修正前后迭代指示因子

基于修正牛顿迭代的最大对比度 ISAR 横向聚焦过程与算法 4.2 类似，将其中梯度 ∇E 与 Hessian 矩阵 $\boldsymbol{H}$ 分别替换为 ∇L 与 $\boldsymbol{H}_L$ 即可。

4.4　实验结果分析

本节分别采用仿真与实测飞机数据进行实验，以验证基于修正牛顿迭代的最小熵与最大对比度 ISAR 横向定标算法的有效性。

4.4.1　仿真数据实验结果

本小节采用仿真飞机数据进行实验。设目标转速为 0.06rad/s，等效旋转中心纵坐标为 5m。雷达发射信号的中心频率、带宽、脉宽及 PRF 分别为 9GHz、0.8GHz、100μs 及 100Hz。计算平台为 Intel Xeon E3-1226 @3.3GHz。

选取基于局部多项式傅里叶变换(local polynomial Fourier transform，LPFT)的 ISAR 横向聚焦算法[2]，以及基于相位对消(phase cancellation，PC)[3]的横向聚焦算法与本章所提两种算法进行性能比较。首先比较不同 SNR 条件下四种算法的性能，其中 LPFT 算法要求预设图像能量阈值，以较好地从 ISAR 图像中选出特显点，本次实验设定该阈值为 ISAR 图像平均能量的 5 倍。回波 SNR 分别设为 10dB 与−10dB，不同 SNR 条件下基于 LPFT 算法、PC 算法及本章所提基于修正牛顿迭代的最小熵(minimum entropy based on modified Newton，ME-MN)算法与基于修正牛顿迭代的最大对比度(maximum contrast based on modified Newton，MC-MN)算法的定标后 ISAR 图像如图 4.6 所示。表 4.1 给出相应的数值结果，包括图像熵、图像对比度，以及估计转速、估计长度与估计翼展，对应真实值分别为 0.06rad/s、31.85m 及 32.4m。如图 4.6(a)与图 4.6(b)ISAR 图像所示，目标转速所引起的二项相位误差导致横向定标前的 ISAR 图像出现严重散焦。当 SNR 为 10dB 时，四种算法均获得了理想的 ISAR 图像，估计的目标转速及尺寸与真实值较接近，其中本章所提 ME-MN 算法与 MC-MN 算法所得估计精度高于 LPFT 算法与 PC 算法。当 SNR 降至–10dB 时，ISAR 成像受到严重噪声干扰。在此条件下，LPFT 算法已基本失效，无法补偿二阶相位误差，所得图像散焦严重，对目标转速与尺寸的估计误差较大。PC 算法所得 ISAR 图像聚焦效果虽然好于 LPFT 算法，但其所估计目标转速与尺寸仍然具有较大偏差。本章的 ME-MN 算法及 MC-MN 算法则对图像散焦有明显改善，说明其精确估计了目标转速，并补偿了二阶相位误差。如表 4.1 所示，本章所提 ME-MN 算法和 MC-MN 算法与 LPFT 算法和 PC 算法相比，获得了较小的图像熵与较大的图像对比度，并且所估计目标参数最接近真实值。

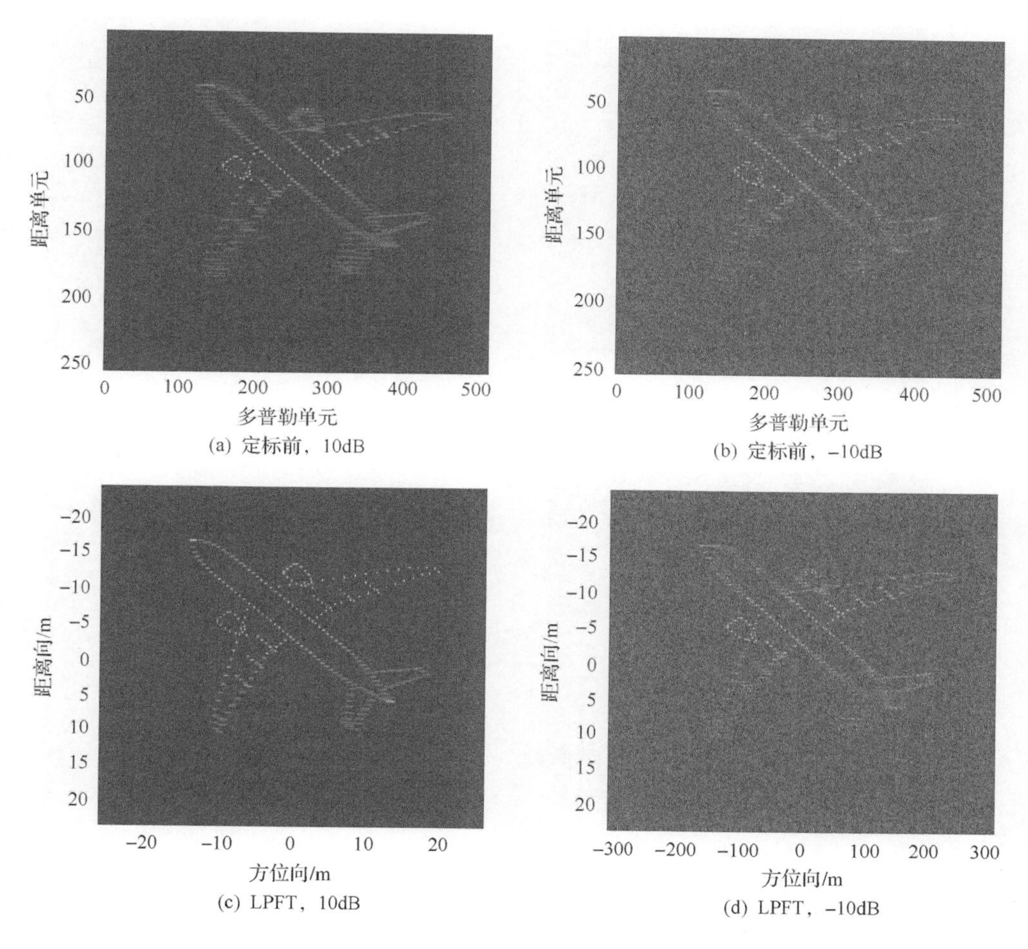

(a) 定标前，10dB　(b) 定标前，–10dB

(c) LPFT，10dB　(d) LPFT，–10dB

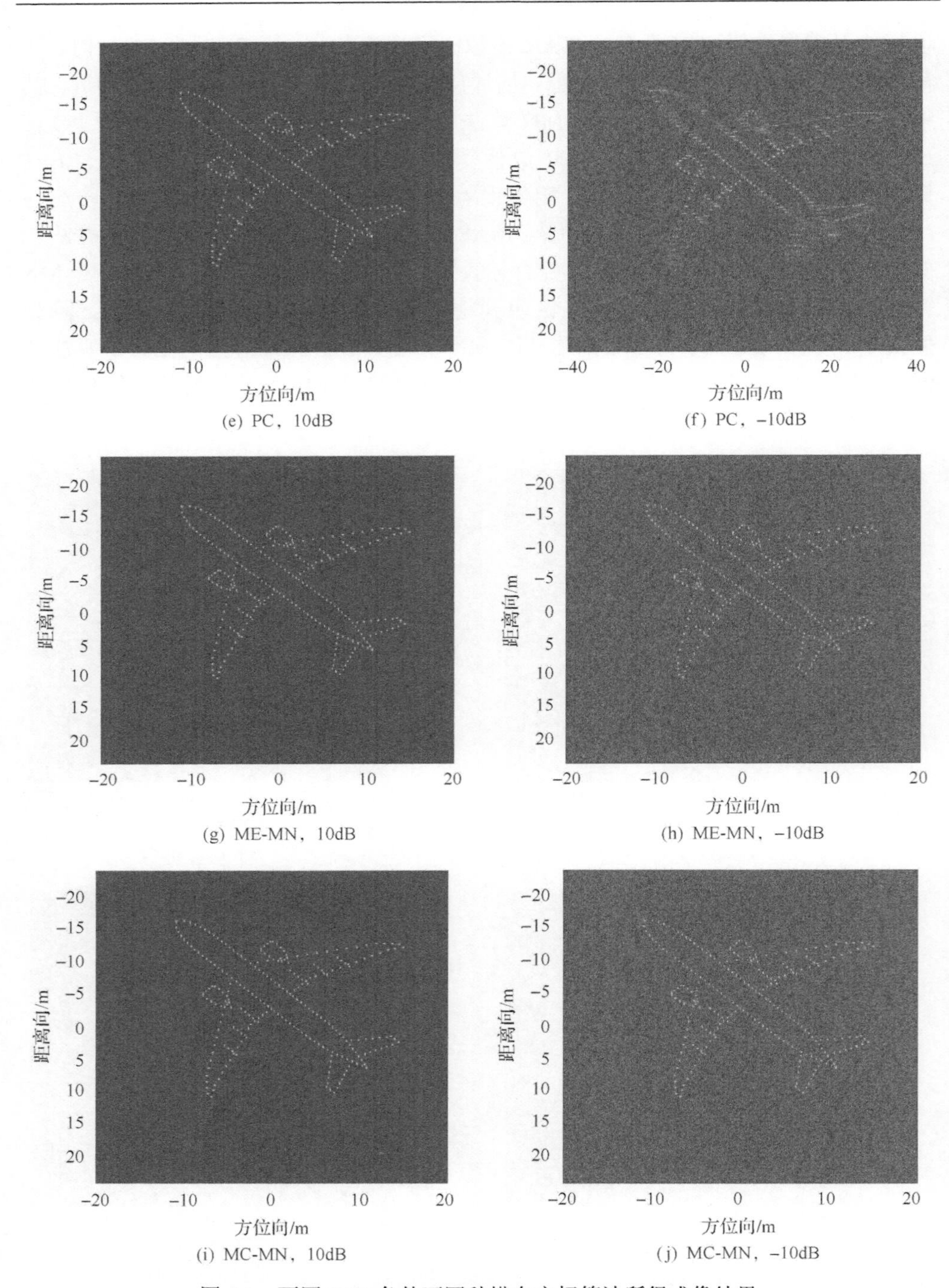

(e) PC，10dB　(f) PC，−10dB
(g) ME-MN，10dB　(h) ME-MN，−10dB
(i) MC-MN，10dB　(j) MC-MN，−10dB

图 4.6　不同 SNR 条件下四种横向定标算法所得成像结果

表 4.1　不同 SNR 条件下四种横向定标算法数值比较

算法	SNR/dB	图像熵	图像对比度	估计转速/(rad/s)	估计长度/m	估计翼展/m
LPFT	10	8.3527	9.7630	0.0484	35.7242	37.4486
	–10	11.3042	1.1907	0.0040	312.1529	400.3315
PC	10	7.7168	13.3012	0.0579	31.3691	31.6476
	–10	11.2929	1.2337	0.0300	48.8656	55.2755
ME-MN	10	7.7174	13.2310	0.0612	31.4948	31.9895
	–10	11.2221	1.6483	0.0613	31.6565	32.1694
MC-MN	10	7.7197	13.3043	0.0614	31.4948	31.9288
	–10	11.2235	1.6595	0.0615	31.4249	31.8633

注：定标前，SNR 为 10dB 和–10dB 时，对应的图像熵分别为 9.0278 和 11.3043。

为进一步比较不同 SNR 条件下的算法性能，分别在不同噪声水平下采用每种横向定标算法进行 100 次蒙特卡罗实验，并计算平均目标转速估计相对误差，结果如图 4.7 所示。由图 4.7 可知，本章所提两种算法所得相对误差明显低于 LPFT 算法及 PC 算法，其中，当 SNR 小于–5dB 时，MC-MN 算法性能略优于 ME-MN 算法。LPFT 算法属于图像驱动横向定标，其性能受图像质量影响较大，当 SNR 降低时，图像质量下降，LPFT 算法性能随之下降。数据驱动的 PC 算法性能强于 LPFT 算法，但明显低于本章两种算法，进一步验证了本章 ME-MN 及 MC-MN 横向定标算法对噪声的强鲁棒性。

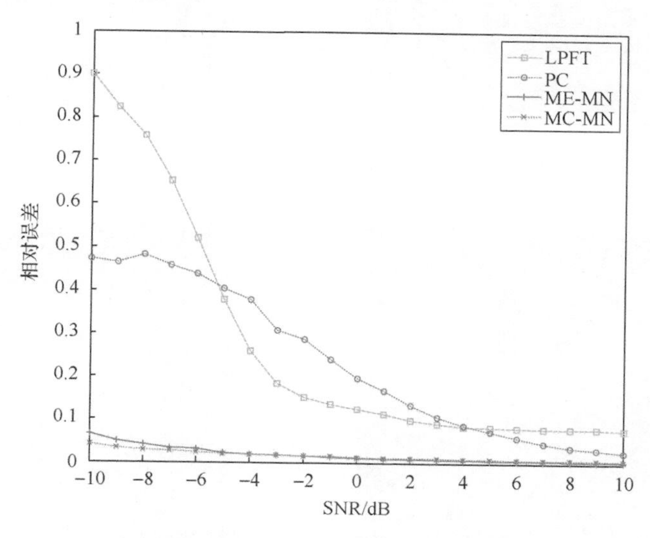

图 4.7　不同 SNR 下算法估计精度比较

进一步比较不同稀疏孔径条件下四种 ISAR 横向定标算法的性能。实验参数设置如下：回波 SNR 为 10dB，全孔径数据包含 512 个回波，分别从其中随机抽取 256 及 64 个回波，组成孔径稀疏度分别为 50%和 12.5%的稀疏孔径数据，并对缺失的回波进行补零处理。分别采用 LPFT、PC 及本章所提 ME-MN 与 MC-MN 算法对上述两种稀疏孔径数据进行横向定标，定标后 ISAR 图像如图 4.8 所示，相应的数据结果如表 4.2 所示，包括图像熵、图像对比度，以及估计转速、估计长度与估计翼展。由图 4.8 可知，稀疏孔径数据使 ISAR 图像受到严重的旁瓣干扰，导致基于图像特显点的 LPFT 算法无法有效补偿二阶相位误差，所得 ISAR 图像散焦严重。相比之下，基于回波数据的 PC 算法性能优于 LPFT 算法。当回波孔径稀疏度为 50%时，PC 算法获得了聚焦效果较好的 ISAR 图像，对应的图像熵低于 LPFT 算法，图像对比度较高，并且对目标转动与尺寸参数估计精度较高。然而当孔径稀疏度降至 12.5%时，PC 算法性能同样下降明显。相比之下，本章所提两种算法在两种孔径程度下均获得了理想的图像聚焦效果，且对目标转动与尺寸参数估计精度较高，从而验证了其在稀疏孔径条件下的强鲁棒性。

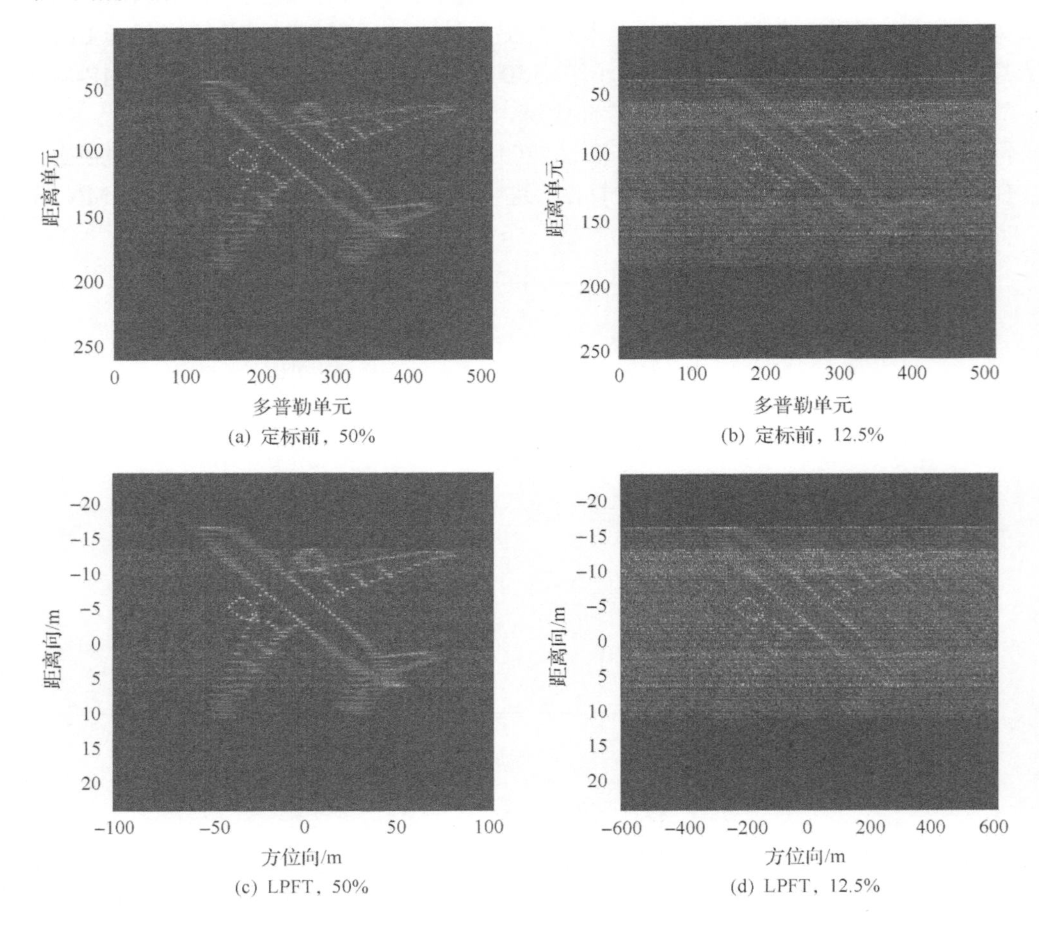

(a) 定标前，50%　　(b) 定标前，12.5%

(c) LPFT，50%　　(d) LPFT，12.5%

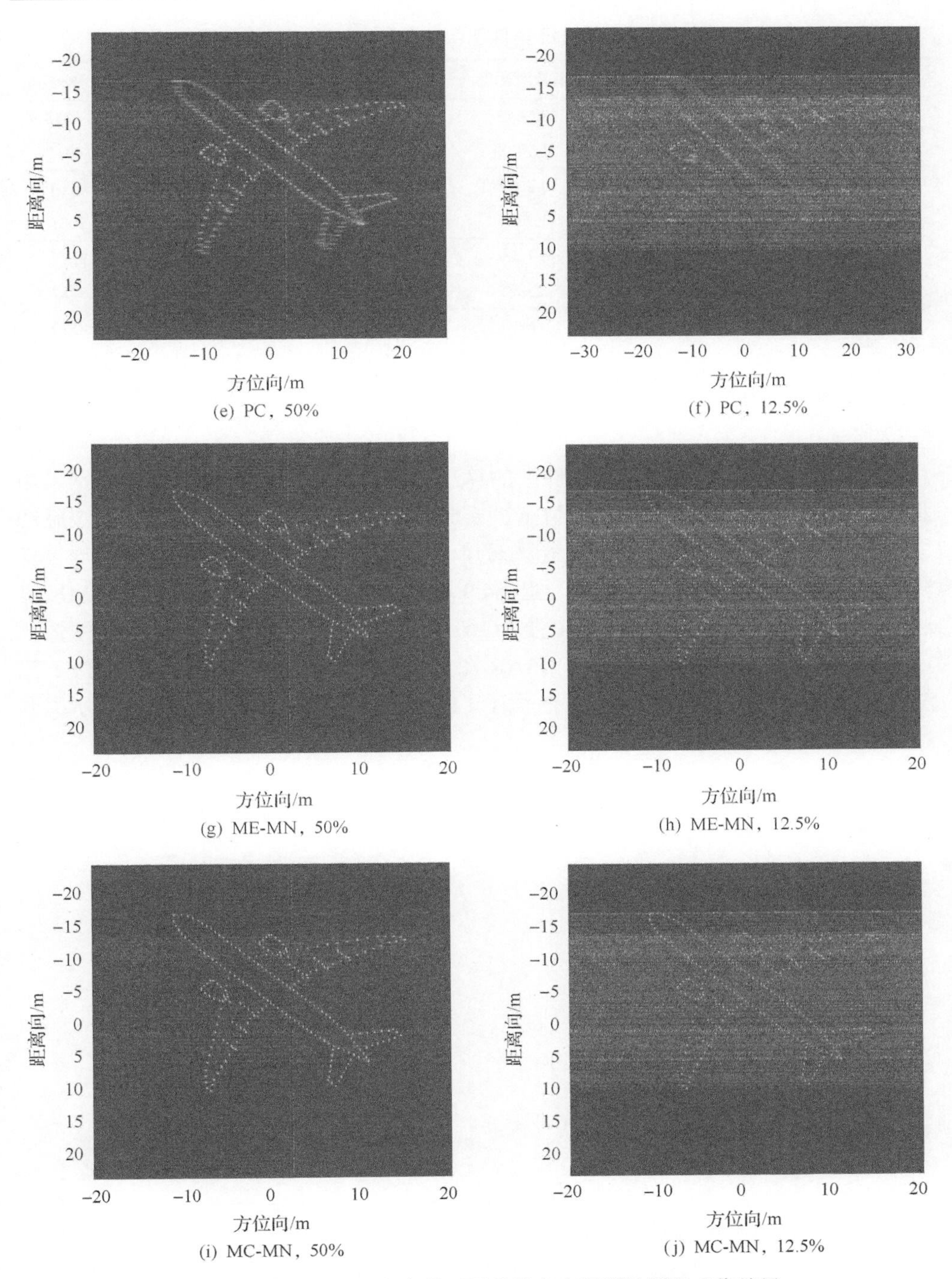

图 4.8　不同稀疏孔径条件下四种横向定标算法所得成像结果

表 4.2 不同稀疏孔径条件下四种横向定标算法数值结果

算法	孔径稀疏度/%	图像熵	图像对比度	估计转速/(rad/s)	估计长度/m	估计翼展/m
LPFT	50	10.3085	3.5645	0.0122	110.5720	133.8334
	12.5	10.7391	1.9728	0.0020	556.8095	790.6367
PC	50	10.1100	4.3627	0.0474	35.5536	38.0114
	12.5	10.7466	1.9665	0.0380	34.7946	46.2081
ME-MN	50	9.7355	6.7289	0.0612	31.8068	31.8577
	12.5	10.6584	2.3869	0.0614	31.8193	31.8482
MC-MN	50	9.7383	6.6821	0.0615	31.6565	31.8522
	12.5	10.6567	2.3933	0.0610	31.5228	31.8306

注：定标前，孔径稀疏度为 50%和 12.5%时，对应的图像熵为 10.2795 和 10.7356，对应的图像对比度为 3.6162 和 1.9806。

进一步比较不同稀疏孔径条件下的算法性能。在不同孔径稀疏度下分别采用四种横向定标算法进行 100 次蒙特卡罗实验，其中回波 SNR 为 10dB，回波脉冲个数变化范围为[40,256]，对应孔径稀疏度为[12.5%，50%]。各算法所得平均目标转速估计相对误差如图 4.9 所示。由图 4.9 可知，本章所提 ME-MN 及 MC-MN 算法的估计相对误差明显低于 LPFT 及 PC 算法。由于 LPFT 算法估计精度受图像质量影响较大，在孔径稀疏条件下，ISAR 图像受到严重的旁瓣干扰，使得 LPFT 算法性能明显低于其他算法。PC 算法优于 LPFT 算法，但同样明显差于本章所提两种算法。

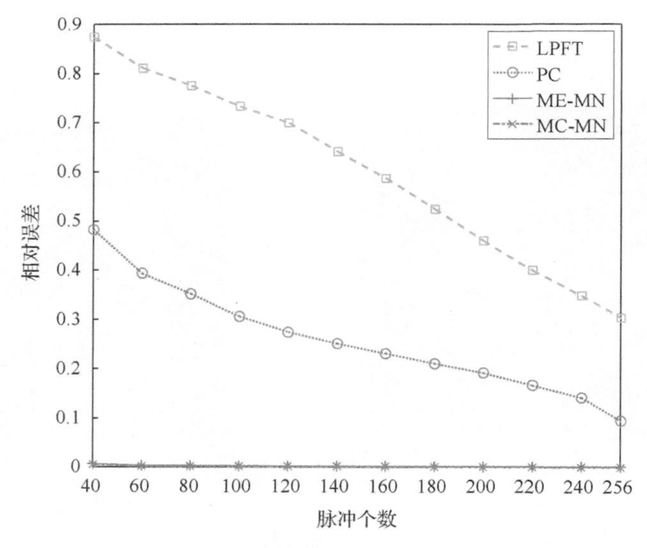

图 4.9 不同孔径稀疏条件下算法估计相对误差

另外，本章算法仅能实现横向定标，并补偿二阶相位误差引起的 ISAR 图像散焦，而无法改善由稀疏孔径引起的旁瓣干扰，因而图 4.8 所示定标后结果依然受到严重的旁瓣影响。为此，进一步采用第 2 章所提基于 LSM 先验的稀疏贝叶斯重构算法对孔径稀疏度为 12.5%的定标后一维像序列进行 ISAR 图像稀疏恢复，四种横向定标算法对应稀疏恢复结果如图 4.10 所示。对比图 4.8 所示成像结果可知，稀疏恢复图像旁瓣抑制效果明显，其中，基于本章两种横向定标算法的稀疏恢复图像聚焦效果明显强于其他两种算法，说明本章算法对目标转速的估计精度较高，对二阶相位误差的补偿效果较好。

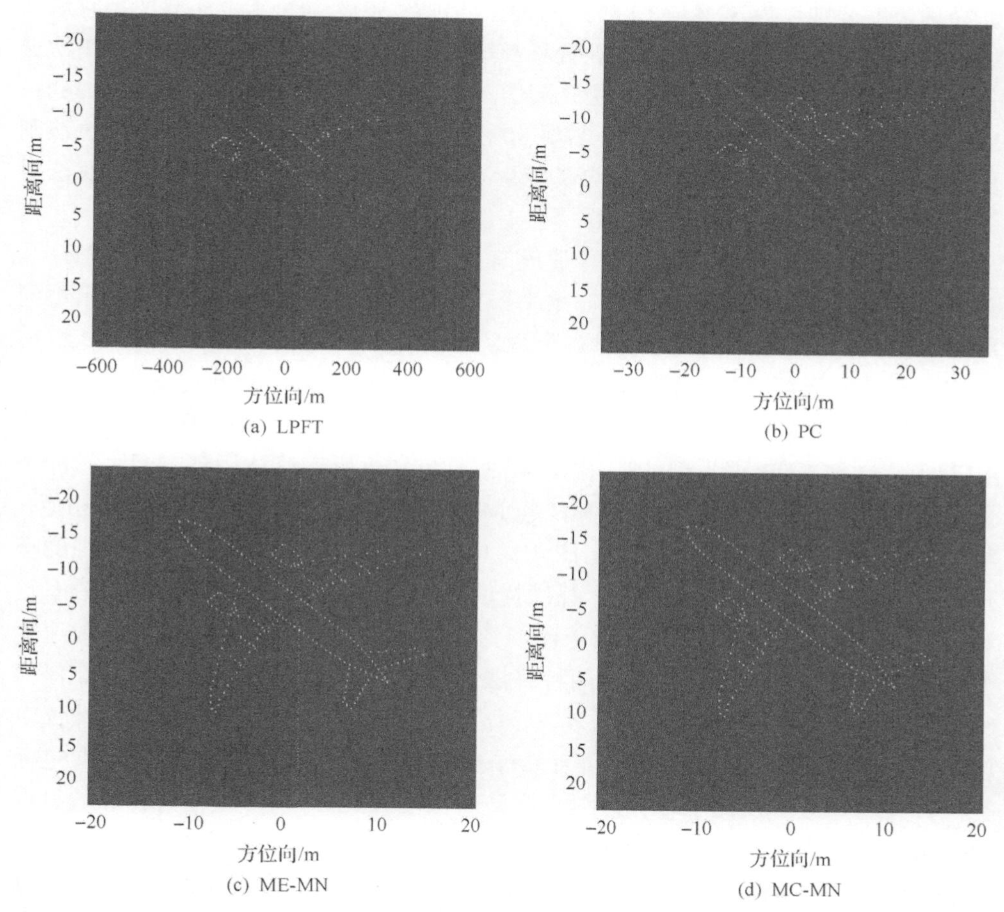

图 4.10　孔径稀疏度为 12.5%的条件下四种横向定标算法对应稀疏恢复结果

接下来比较不同算法的迭代速度，主要将本章 MC-MN 算法与文献[4]中基于高斯-牛顿迭代的最大对比度(maximum contrast based on Gaussian-Newton，MC-GN)

算法进行比较。首先比较回波 SNR 分别为 5dB 与–10dB 条件下两种算法的迭代速度，分别进行 50 次蒙特卡罗实验。两种算法所得收敛曲线如图 4.11 所示，当相对误差低于10^{-6}时认为算法收敛。由图 4.11 可知，当回波 SNR 为 5dB 时，MC-GN 算法需要 20 次迭代达到收敛，而本章 MC-MN 算法只需 6 次迭代。当 SNR 降至–10dB 时，MC-MN 算法仍然只需 6 次迭代即可收敛，而 MC-GN 算法则需要 60 次迭代。另外，MC-MN 算法所得迭代曲线比 MC-GN 算法更加光滑，说明 MC-MN 算法具有更快的收敛速度，且鲁棒性较强。

进一步比较不同稀疏孔径条件下两种算法的迭代速度。回波 SNR 设为 10dB，孔径稀疏度分别设为 50%与 12.5%。两种算法进行 50 次蒙特卡罗实验所得收敛曲线如图 4.12 所示。比较可知，当孔径稀疏度为 50%时，MC-GN 算法需要 21 次迭代达到收敛，而本章 MC-MN 算法只需 7 次。尤其是当孔径稀疏度降为 12.5%时，MC-GN 算法收敛速度明显下降，需要 90 次迭代才达到收敛，而 MC-MN 算法则仍然保持了较快的收敛速度，平均仅需 9 次迭代即可收敛，这证明了本章算法对不同稀疏孔径数据的快速收敛性。

然而算法运算效率不仅与迭代速度有关，还与单次迭代的计算复杂度有关。为进一步验证本章两种算法的计算效率，图 4.13(a)～图 4.13(d)分别给出不同脉冲个数、不同 SNR、不同散射点个数及不同孔径稀疏度条件下几种 ISAR 横向定标算法的运算时间比较。其中，所有实验中单脉冲采样点数均设为 256；对于图 4.13(b)～图 4.13(d)，脉冲个数设为 256；对于图 4.13(a)、图 4.13(c)与图 4.13(d)，回波 SNR 设为 10dB。由图 4.13(a)可知，所有算法运算时间随脉冲个数的增多单调递增，本章的 MC-MN 与 ME-MN 算法运算时间与 PC 算法相似，均短于 MC-GN 及 LPFT 算法。由图 4.13(b)可知，在低 SNR 条件下，较强的噪声使得图像能量阈值较高，LPFT 算法提取的散射点个数较少，因此运算效率较高。MC-GN 算法效率与 SNR 成正比，当 SNR 较低时，MC-GN 算法收敛速度变慢，因而运算时间更长，本章两种算法运算效率基本不受 SNR 影响，在任何 SNR 条件下均保持了较高的运算效率。如图 4.13(c)所示，目标散射点个数仅对 LPFT 算法运算效率影响较大，因为只有 LPFT 算法是基于图像驱动的横向定标算法，其运算效率反比于目标散射点个数。由图 4.13 可知，在任何目标散射点个数条件下，本章两种算法均获得了最高的运算效率。如图 4.13(d)所示，回波孔径稀疏度仅对 MC-GN 算法效率影响较大，当孔径稀疏度较高时，MC-GN 算法迭代速度变慢，因而总运算时间变长。相比之下，本章两种算法始终保持了较高的运算效率。

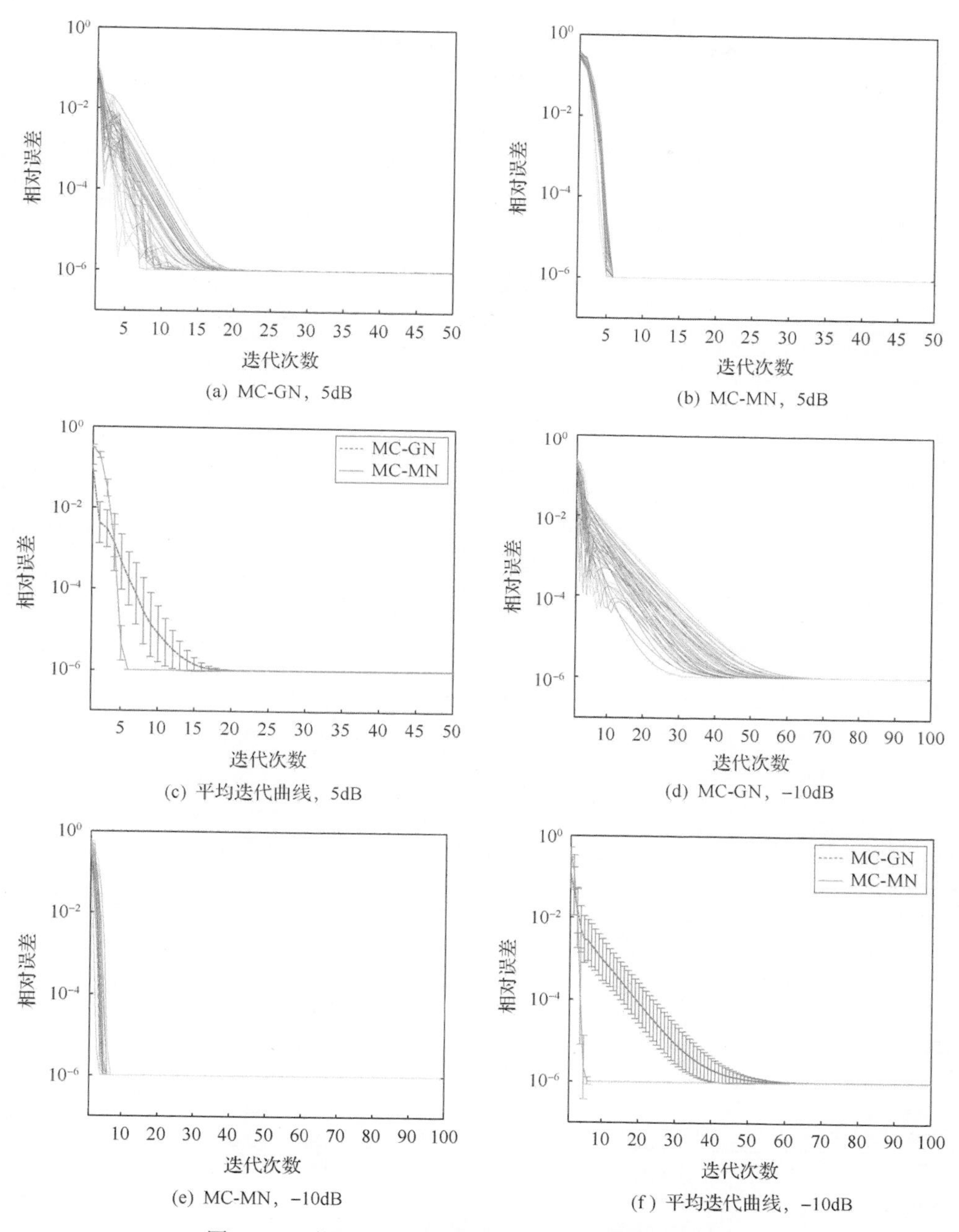

(a) MC-GN，5dB　(b) MC-MN，5dB　(c) 平均迭代曲线，5dB　(d) MC-GN，−10dB　(e) MC-MN，−10dB　(f) 平均迭代曲线，−10dB

图 4.11　不同 SNR 下两种横向定标算法迭代速度比较

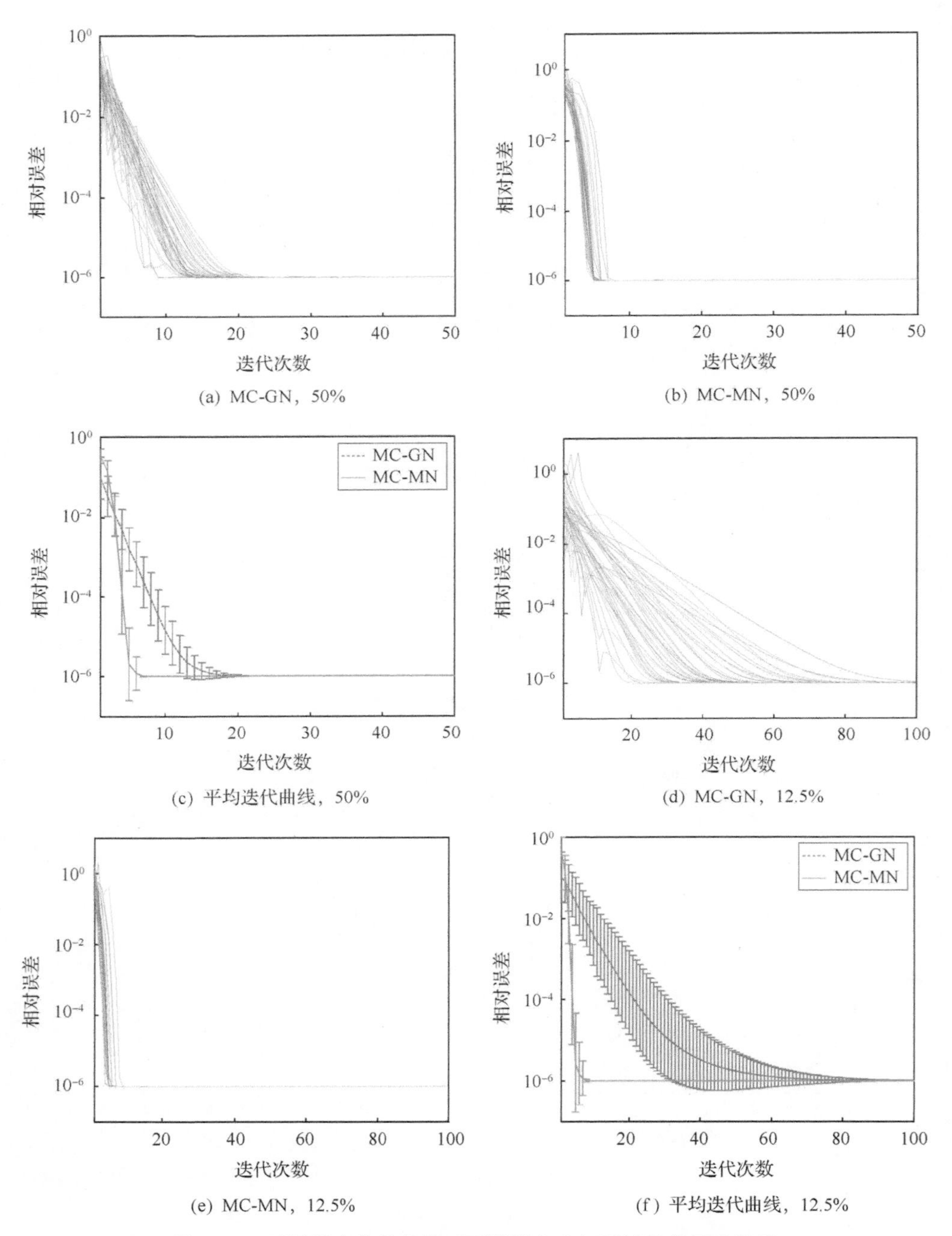

(a) MC-GN，50%　(b) MC-MN，50%

(c) 平均迭代曲线，50%　(d) MC-GN，12.5%

(e) MC-MN，12.5%　(f) 平均迭代曲线，12.5%

图 4.12　不同稀疏孔径条件下两种横向定标算法迭代速度比较

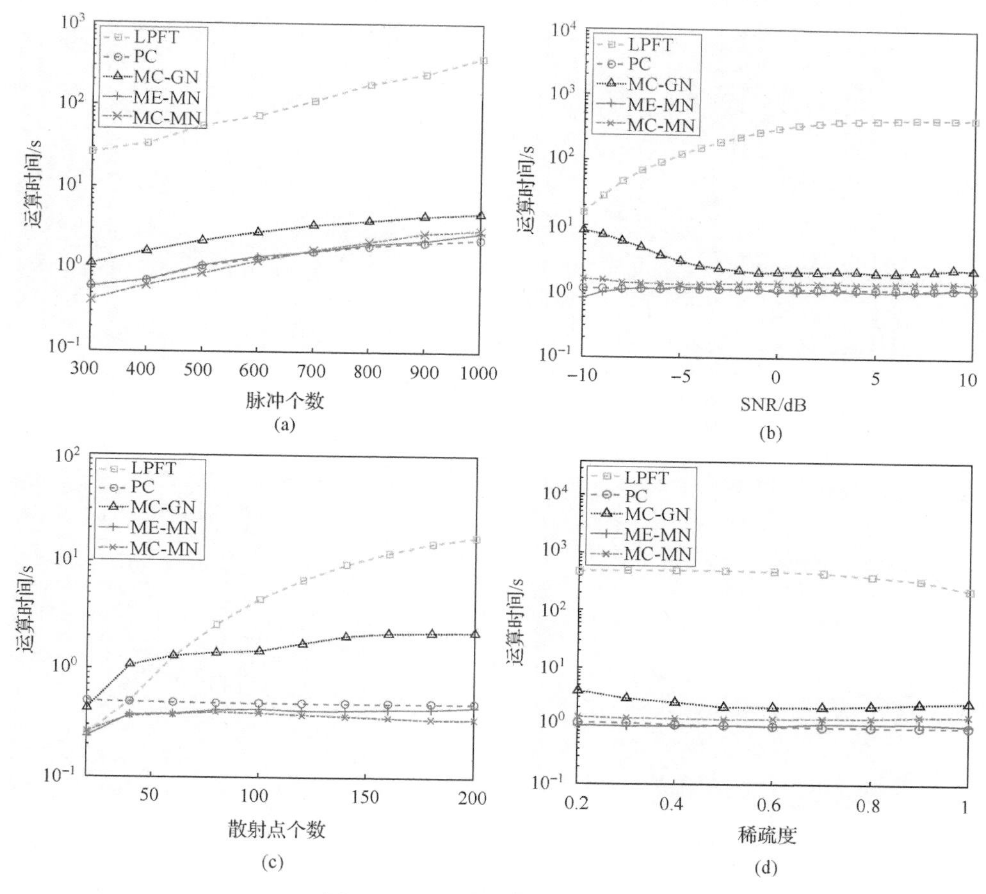

图 4.13　不同算法运算时间比较

4.4.2　实测数据实验结果

进一步采用 X 波段雷达实测数据验证本章所提两种横向定标算法的性能。雷达发射信号中心频率为 9GHz，带宽为 1GHz，脉冲重复频率为 62.5Hz。照射目标为某中型民航飞机，其尺寸、转速与旋转中心均未知。成像区间包含 512 个回波，对应成像累积时间为 8.192s。

分别采用 LPFT、PC、MC-GN 算法及本章所提 ME-MN 和 MC-MN 算法对该段数据进行横向定标，所得定标后 ISAR 图像如图 4.14 所示，对应数值比较结果如表 4.3 所示，主要包括图像熵、图像对比度、计算时间、估计转速、估计长度及估计翼展。为提高显示效果，各图像动态范围已做适当调整。由图 4.14 可知，本章两种算法及 MC-GN 算法所得图像聚焦效果明显优于 LPFT 及 PC 算法，尤其是机翼部分散射点聚焦效果有明显改善，说明本章算法与 MC-GN 算法均能有效

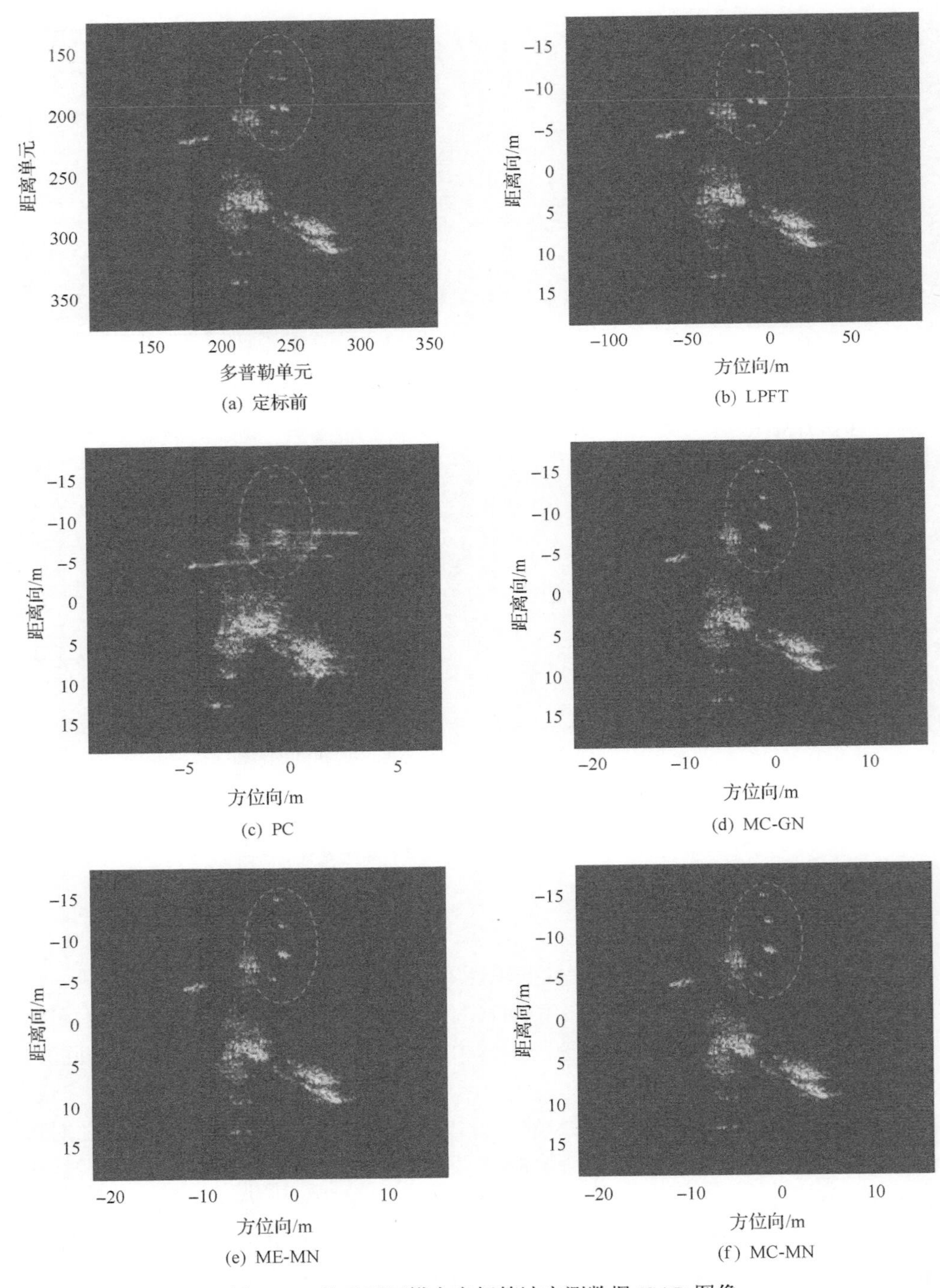

图 4.14　基于不同横向定标算法实测数据 ISAR 图像

补偿目标转动引起的二阶相位误差。另外，尽管 MC-GN 算法所得图像聚焦效果与本章算法一致，但是该算法运算效率较低，需要 37 次迭代才能收敛，计算时间为 4.0642s；而本章两种算法只需 7 次迭代即可收敛，计算时间仅为 1.4614s。由于目标真实转速与尺寸未知，因此无法比较算法的估计精度。观察表 4.3 可知，本章两种算法所估计的机身长度与翼展接近，更符合实际情况，因而可以认为本章两种算法对目标尺寸的估计精度更高。

表 4.3　基于飞机实测数据的不同横向定标算法数值结果比较

算法	图像熵	图像对比度	计算时间/s	估计转速/(rad/s)	估计长度/m	估计翼展/m
LPFT	10.4426	15.7344	337.8554	0.0024	114.6553	39.9531
PC	10.5598	11.7883	2.4767	0.0316	17.0665	32.6215
MC-GN	10.4223	15.8208	4.0642	0.0136	25.3782	29.0660
ME-MN	10.4214	15.7892	1.1583	0.0139	25.1442	28.9258
MC-MN	10.4223	15.8208	1.4614	0.0136	25.3782	29.0660

注：定标前，图像熵为 10.4424，图像对比度为 15.6810。

4.5　本 章 小 结

针对稀疏孔径条件下传统 ISAR 横向定标算法性能下降的难题，本章提出了两种基于修正牛顿迭代的 ISAR 横向定标算法，分别为最小熵法和最大对比度法。传统牛顿法要求 Hessian 矩阵正定，以保证正确的收敛方向，而图像熵与对比度关于目标转速与旋转中心的 Hessian 矩阵不满足该条件。因此，对 Hessian 矩阵进行调整，先将其所有负的特征值取反，再用新的特征值生成调整后的 Hessian 矩阵，并结合后向追踪算法确定迭代步长，以实现对目标转速与旋转中心的快速估计。最后，通过分析仿真与实测数据实验结果验证所提算法的有效性，得出如下结论：

(1) 本章所提基于修正牛顿迭代的 ME-MN 与 MC-MN 横向定标算法对噪声鲁棒性较强。当回波 SNR 低至–10dB 时，两种算法所得估计相对误差依然小于 0.1。其中，在 SNR 小于–5dB 的条件下，MC-MN 算法性能稍优于 ME-MN 算法。

(2) ME-MN 与 MC-MN 算法对稀疏孔径数据适应性较强。对于孔径稀疏度低至 12.5%的稀疏孔径回波，两种算法依然可以准确估计目标转速，并有效消除由目标转动所引起的 ISAR 图像散焦。

(3) 基于修正牛顿迭代算法求解的 ME-MN 与 MC-MN 算法收敛速度快，运算效率高。在低 SNR 与强孔径稀疏条件下，两种算法收敛所需迭代次数远低于已有的 MC-GN ISAR 横向定标算法，适用于实时 ISAR 图像横向定标。

参 考 文 献

[1] Zhang S H, Liu Y X, Li X, et al. Fast ISAR cross-range scaling using modified Newton method[J]. IEEE Transactions on Aerospace and Electronic Systems, 2018, 54(3): 1355-1367.

[2] Martorella M. Novel approach for ISAR image cross-range scaling[J]. IEEE Transactions on Aerospace and Electronic Systems, 2008, 44(1):281-294.

[3] Hu J, Zhou W, Fu Y, et al. Uniform rotational motion compensation for ISAR based on phase cancellation[J]. IEEE Geoscience and Remote Sensing Letters, 2011, 8(4):636-640.

[4] Sheng J, Xing M, Zhang L, et al. ISAR cross-range scaling by using sharpness maximization[J]. IEEE Geoscience and Remote Sensing Letters, 2015, 12(1):165-169.

第 5 章　稀疏孔径 ISAR 联合自聚焦与横向定标技术

5.1　概　　述

第 3 章和第 4 章在研究稀疏孔径 ISAR 自聚焦与横向定标技术的过程中，假设两者相互独立、互不干扰，即在进行稀疏孔径 ISAR 自聚焦时不考虑目标转动引起的二阶相位误差，而在稀疏孔径 ISAR 横向定标过程中假设初相误差已完全补偿。然而，在实际 ISAR 成像过程中，自聚焦与横向定标过程相互耦合，自聚焦中的初相误差精度与横向定标中的二阶相位误差补偿精度相互影响，分开进行将影响相位误差的补偿精度，降低 ISAR 图像质量。当联合实现自聚焦于横向定标时，将面临高维参数寻优问题，存在迭代不收敛或收敛速率低等问题。尤其是在稀疏孔径条件下，雷达回波间相干性降低，导致 FFT 失效，传统 RD 成像受到较强旁瓣、栅瓣干扰，进一步增加了 ISAR 自聚焦与横向定标联合实现的难度。

针对稀疏孔径条件下 ISAR 联合自聚焦与横向定标的难题，本章提出一种基于变分贝叶斯估计与最小熵的稀疏孔径 ISAR 联合自聚焦与横向定标算法[1]。首先建立稀疏孔径条件下一般化 ISAR 成像信号模型，模型中同时包含初相误差与目标旋转引入的二阶相位误差；其次对该信号模型进行统计建模，采用第 2 章所提 LSM 先验对 ISAR 图像的稀疏先验进行建模；再次采用 LA-VB 算法获取 ISAR 图像的后验概率密度，并通过 MMSE 算法重构 ISAR 图像，在重构过程中，通过基于修正牛顿迭代的最小熵法联合估计雷达回波各脉冲初相误差与二阶相位误差，从而联合实现稀疏孔径条件下的 ISAR 自聚焦与横向定标，消除两者耦合引起的估计误差，在参数估计过程中，详细阐述传统牛顿法在本问题中失效的原因，以及修正牛顿迭代算法的基本原理与实现过程；最后展示仿真与实测数据实验结果，分析算法性能并给出相应结论。

5.2　信 号 模 型

ISAR 成像模型如图 5.1 所示，其中以目标重心 O 为原点建立直角坐标系，以雷达 LOS 方向为 Y 轴，以 $\boldsymbol{i}_{\mathrm{LOS}} \times \boldsymbol{\omega}_a$ 方向为 X 轴，$\boldsymbol{i}_{\mathrm{LOS}}$ 与 $\boldsymbol{\omega}_a$ 分别表示雷达 LOS 方向单位矢量与目标转动角速度，Z 轴由右手定则确定。$\boldsymbol{\omega}_a$ 可分为 Z 轴方向分量 $\boldsymbol{\omega}$

与 Y 轴方向分量 $\boldsymbol{\omega}'$，其中 $\boldsymbol{\omega}$ 产生目标各散射点多普勒频率差异，从而实现 ISAR 方位向分辨，因此称 $\boldsymbol{\omega}$ 为有效角速度，而 $\boldsymbol{\omega}'$ 对成像没有贡献，称为无效角速度。ISAR 成像平面 Ω 即平面 XOY，在成像过程中，目标上任意散射点 p 将投影至成像平面的点 p'。假设目标在成像累积时间内不存在越距离单元走动，则其经过包络对齐的一维像序列可表示为

$$\boldsymbol{Y}(n,m)=T\sum_{p=1}^{P_n}\sigma_p\exp(\mathrm{j}\varphi_m)\exp\left\{-\mathrm{j}\frac{4\pi f_c}{c}\left[x_p\boldsymbol{\omega}\frac{m}{P_r}+\frac{1}{2}(k_n+l)\Omega\frac{m^2}{P_r^2}\right]\right\} \tag{5.1}$$

式中，$\boldsymbol{Y}(n,m)$ 表示一维像序列，n、m 分别表示距离单元与脉冲序号（$n=1,2,\cdots,N$；$m=1,2,\cdots,M$），N、M 分别表示距离单元与脉冲总个数；T、f_c、P_r、c 分别表示发射信号脉宽、中心频率、脉冲重复频率与传播速度；P_n 表示目标位于第 n 个距离单元的散射点个数，则目标散射点总个数为 $P=\sum_{n=1}^{N}P_n$；σ_p、x_p、y_p $(y_p=k_n+l)$ 分别表示第 p 个散射点的后向散射系数、横坐标、纵坐标，其中 $k_n=cn/(2B)$，B 为发射信号带宽，l 为目标旋转中心纵坐标；φ_m 表示第 m 个脉冲的相位误差；$\boldsymbol{\omega}$ 表示目标旋转速度；Ω 表示目标旋转速度的平方，即 $\Omega=|\boldsymbol{\omega}|^2$；j 表示虚数单位。

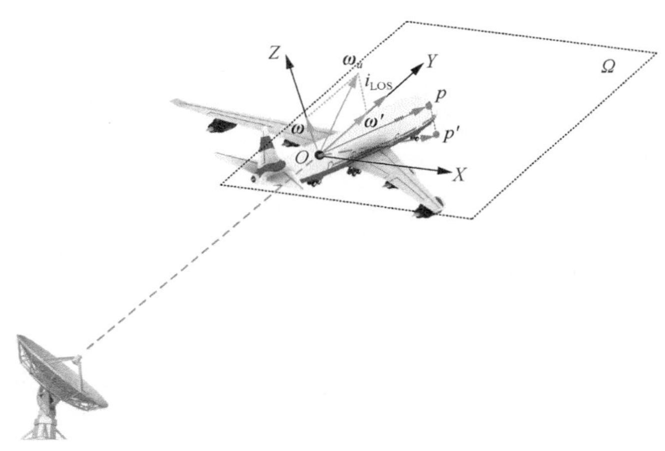

图 5.1　ISAR 成像模型

在稀疏孔径条件下，雷达回波脉冲采样非均匀。当稀疏孔径数据包含 Q 个脉冲时，全孔径数据包含 M 个脉冲，则 $Q<M$。稀疏孔径数据第 q 个脉冲在全孔径数据中的序号为 I_q，则稀疏孔径数据序号向量可表示为 $\boldsymbol{I}=[I_1,I_2,\cdots,I_q]^{\mathrm{T}}$ $(q=1,2,\cdots,Q)$。此时，式(5.1)所示一维像序列可进一步表示为如下矩阵形式：

$$\boldsymbol{Y}_{\cdot n}=\boldsymbol{E}\boldsymbol{R}_n\boldsymbol{F}\boldsymbol{X}_{\cdot n}+\boldsymbol{\varepsilon}_n \tag{5.2}$$

式中，$\boldsymbol{Y}_{\cdot n} \in \mathbf{C}^{Q\times 1}$、$\boldsymbol{X}_{\cdot n} \in \mathbf{C}^{K\times 1}$、$\boldsymbol{\varepsilon}_n \in \mathbf{C}^{Q\times 1}$ 分别表示稀疏孔径条件下第 n 个距离单元的一维距离像、ISAR 图像及噪声，K 表示 ISAR 图像多普勒单元总数；$\boldsymbol{E} \in \mathbf{C}^{Q\times Q}$ 表示相位误差矩阵，该矩阵为对角矩阵，其第 q 个对角线元素为第 q 个脉冲相位误差，$\boldsymbol{E}_{q,q} = \exp\left(\mathrm{j}\varphi_{I_q}\right)$，$\varphi_{I_q}$ 表示稀疏孔径数据中第 q 个脉冲的相位误差；$\boldsymbol{R}_n \in \mathbf{C}^{Q\times Q}$ 表示目标旋转引起的二阶相位误差矩阵，对应式(5.1)中的二阶相位项，该矩阵同样为对角矩阵，其第 q 个对角线元素为第 q 个脉冲中的二阶相位误差，$\boldsymbol{R}_{q,q} = \exp\left[-\mathrm{j}\alpha\left(k_n + l\right)\Omega I_q^2\right]$，其中 $\alpha = \dfrac{2\pi f_c}{cP_r^2}$；$\boldsymbol{F} \in \mathbf{C}^{Q\times K}$ 为部分傅里叶矩阵，$\boldsymbol{F} = \left[\boldsymbol{f}_{-K/2},\cdots,\boldsymbol{f}_{K/2-1}\right]$，其中 $\boldsymbol{f}_k$ 为第 k 个傅里叶基，$\boldsymbol{f}_k = \left[\exp\left(-\mathrm{j}2\pi k I_1 / M\right),\cdots,\exp\left(-\mathrm{j}2\pi k I_Q / M\right)\right]^{\mathrm{T}}$，$k = -K/2, -K/2+1,\cdots,K/2-1$。

进一步对式(5.2)所示模型进行统计建模，以实现基于贝叶斯框架的 ISAR 图像重构。假设噪声 $\boldsymbol{\varepsilon}_n$ 为复高斯白噪声，则一维像序列 $\boldsymbol{Y}_{\cdot n}$ 的似然函数服从复高斯分布：

$$p\left(\boldsymbol{Y}_{\cdot n} \mid \boldsymbol{X}_{\cdot n}, \beta; \boldsymbol{\varphi}, \Omega, l\right) = \mathcal{CN}\left(\boldsymbol{Y}_{\cdot n} \mid \boldsymbol{E}\boldsymbol{R}_n\boldsymbol{F}\boldsymbol{X}_{\cdot n}, \beta^{-1}\boldsymbol{D}_Q\right) \tag{5.3}$$

式中，$\boldsymbol{\varphi}$ 表示稀疏孔径相位误差向量，$\boldsymbol{\varphi} = [\varphi_{I_1}, \varphi_{I_2},\cdots,\varphi_{I_Q}]^{\mathrm{T}}$；$\boldsymbol{D}_Q$ 表示尺寸为 $Q\times Q$ 的单位矩阵；β 为方差倒数，令其服从伽马分布 $p(\beta) = \mathcal{G}(\beta; a, b)$，且参数设为 $a=b=10^{-4}$，以保证 β 的无信息性。

进一步采用 LSM 先验对 ISAR 图像 $\boldsymbol{X}_{\cdot n}$ 的稀疏先验进行建模，首先假设 ISAR 图像上各像素值分别服从拉普拉斯分布：

$$p\left(\boldsymbol{X}_{\cdot n} \mid \boldsymbol{\lambda}_{\cdot n}\right) = \prod_k \mathcal{L}\left(\boldsymbol{X}_{k,n} \mid \boldsymbol{\lambda}_{k,n}\right) \tag{5.4}$$

式中，$\boldsymbol{\lambda}_{k,n}$ 表示 $\boldsymbol{X}_{\cdot n}$ 中第 k 个元素服从拉普拉斯分布的尺度因子；$\boldsymbol{\lambda}_{\cdot n}$ 表示尺度因子向量。在拉普拉斯分层模型中，令尺度因子向量 $\boldsymbol{\lambda}_{\cdot n}$ 服从逆伽马分布，$p\left(\boldsymbol{\lambda}_{\cdot n}; c, d\right) = \prod_k \mathcal{IG}\left(\boldsymbol{\lambda}_{k,n}; c, d\right)$，参数 $c=d=10^{-4}$。

5.3 基于变分贝叶斯算法的 ISAR 图像重构

通过贝叶斯算法对 ISAR 图像 $\boldsymbol{X}_{\cdot n}$ 进行稀疏重构，需要推导 $\boldsymbol{X}_{\cdot n}$、$\boldsymbol{\lambda}_{\cdot n}$ 与 β 的后验概率密度，再对后验概率密度的期望进行循环迭代，直至收敛，最终所得 $\boldsymbol{X}_{\cdot n}$ 后验概率密度的期望为所重构 ISAR 图像 $\boldsymbol{X}_{\cdot n}$。由于涉及多重积分，直接通过贝叶斯公式无法计算后验概率密度。变分贝叶斯算法是一种近似的贝叶斯推导算法，该

算法假设后验概率密度可因式分解为

$$p\left(\boldsymbol{X}_{\cdot n},\boldsymbol{\lambda}_{\cdot n},\beta\middle|\boldsymbol{Y}_{\cdot n};\boldsymbol{\varphi},\Omega,l\right)\approx q\left(\boldsymbol{X}_{\cdot n}\right)q\left(\boldsymbol{\lambda}_{\cdot n}\right)q\left(\beta\right) \tag{5.5}$$

式中，$q\left(\boldsymbol{X}_{\cdot n}\right)$、$q\left(\boldsymbol{\lambda}_{\cdot n}\right)$、$q\left(\beta\right)$ 分别表示 $\boldsymbol{X}_{\cdot n}$、$\boldsymbol{\lambda}_{\cdot n}$ 与 β 的近似后验概率密度。$q\left(\boldsymbol{\lambda}_{\cdot n}\right)$、$q\left(\beta\right)$ 可直接通过先验概率密度与似然函数的共轭性质获得

$$q\left(\boldsymbol{\lambda}_{\cdot n}\right)=\prod_{k}\mathcal{IG}\left(\boldsymbol{\lambda}_{k,n}\middle|c+1,d+\left\langle\left|\boldsymbol{X}_{k,n}\right|\right\rangle\right) \tag{5.6}$$

$$q\left(\beta\right)=\mathcal{G}\left(\beta\middle|a+QN,b+\sum_{n}\left\langle\left\|\boldsymbol{Y}_{\cdot n}-\boldsymbol{E}\boldsymbol{R}_{n}\boldsymbol{F}\boldsymbol{X}_{\cdot n}\right\|_{\mathrm{F}}^{2}\right\rangle\right) \tag{5.7}$$

式中，$\left\langle\left\|\boldsymbol{Y}_{\cdot n}-\boldsymbol{E}\boldsymbol{R}_{n}\boldsymbol{F}\boldsymbol{X}_{\cdot n}\right\|_{\mathrm{F}}^{2}\right\rangle$、$\left\langle\left|\boldsymbol{X}_{k,n}\right|\right\rangle$ 分别表示 $\left\|\boldsymbol{Y}_{\cdot n}-\boldsymbol{E}\boldsymbol{R}_{n}\boldsymbol{F}\boldsymbol{X}_{\cdot n}\right\|_{\mathrm{F}}^{2}$、$\left|\boldsymbol{X}_{k,n}\right|$ 关于近似后验概率密度 $q\left(\boldsymbol{X}_{\cdot n}\right)$ 的期望；$\|\cdot\|_{\mathrm{F}}$ 表示 F 范数。

进一步通过拉普拉斯估计算法求解 $q\left(\boldsymbol{X}_{\cdot n}\right)$，可得

$$q\left(\boldsymbol{X}_{\cdot n}\right)\approx\mathcal{CN}\left(\boldsymbol{X}_{\cdot n}\middle|\boldsymbol{\mu}_{\cdot n},\boldsymbol{\Sigma}_{n}\right) \tag{5.8}$$

式中，期望 $\boldsymbol{\mu}_{\cdot n}$ 与协方差矩阵 $\boldsymbol{\Sigma}_{n}$ 分别为

$$\boldsymbol{\mu}_{\cdot n}=\left\langle\beta\right\rangle\boldsymbol{\Sigma}_{n}\boldsymbol{F}^{\mathrm{H}}\boldsymbol{R}_{n}^{\ \mathrm{H}}\boldsymbol{E}^{\mathrm{H}}\boldsymbol{Y}_{\cdot n} \tag{5.9}$$

$$\boldsymbol{\Sigma}_{n}=\left[\left\langle\beta\right\rangle\boldsymbol{F}^{\mathrm{H}}\boldsymbol{F}+\frac{1}{2}\mathrm{diag}\left(\left\langle\frac{1}{\boldsymbol{\lambda}_{\cdot n}}\right\rangle\odot\frac{1}{\left\langle\left|\boldsymbol{X}_{\cdot n}\right|\right\rangle}\right)\right]^{-1} \tag{5.10}$$

式中，$\left\langle\beta\right\rangle$ 为 β 关于 $q\left(\beta\right)$ 的期望；$\left\langle 1/\boldsymbol{\lambda}_{\cdot n}\right\rangle$ 为 $1/\boldsymbol{\lambda}_{\cdot n}$ 关于 $q\left(\boldsymbol{\lambda}_{\cdot n}\right)$ 的期望；$(\cdot)^{\mathrm{H}}$ 表示矩阵的共轭转置；$\mathrm{diag}(\cdot)$ 表示对角矩阵，其对角线元素由括号中向量元素构成；“$\odot$”表示两向量各元素分别相乘。

通过式(5.6)～式(5.8)获得后验概率密度后，可进一步得到期望 $\left\langle\boldsymbol{X}_{\cdot n}\right\rangle$、$\left\langle 1/\boldsymbol{\lambda}_{k,n}\right\rangle$ 与 $\left\langle\beta\right\rangle$ 分别为

$$\left\langle\boldsymbol{X}_{\cdot n}\right\rangle=\boldsymbol{\mu}_{\cdot n} \tag{5.11}$$

$$\left\langle\frac{1}{\boldsymbol{\lambda}_{k,n}}\right\rangle=\frac{c+1}{d+\left\langle\left|\boldsymbol{X}_{k,n}\right|\right\rangle} \tag{5.12}$$

$$\left\langle\beta\right\rangle=\frac{a+NQ}{b+\sum_{n}\left\langle\left\|\boldsymbol{Y}_{\cdot n}-\boldsymbol{E}\boldsymbol{R}_{n}\boldsymbol{F}\boldsymbol{X}_{\cdot n}\right\|_{\mathrm{F}}^{2}\right\rangle} \tag{5.13}$$

式中

$$\left\langle\left|\boldsymbol{X}_{k,n}\right|\right\rangle=\sqrt{\frac{2}{\pi}\boldsymbol{\Sigma}_{n}^{k,k}}\,{}_{1}F_{1}\left(-\frac{1}{2},\frac{1}{2},-\frac{1}{2}\frac{\boldsymbol{\mu}_{k,n}}{\boldsymbol{\Sigma}_{n}^{k,k}}\right) \tag{5.14}$$

$$\left\langle\left\|\boldsymbol{Y}_{\cdot n}-\boldsymbol{E}\boldsymbol{R}_{n}\boldsymbol{F}\boldsymbol{X}_{\cdot n}\right\|_{\mathrm{F}}^{2}\right\rangle=\left\|\boldsymbol{Y}_{\cdot n}-\boldsymbol{E}\boldsymbol{R}_{n}\boldsymbol{F}\boldsymbol{X}_{\cdot n}\right\|_{\mathrm{F}}^{2}+\operatorname{trace}\left(\boldsymbol{F}^{\mathrm{H}}\boldsymbol{R}_{n}^{\mathrm{H}}\boldsymbol{E}^{\mathrm{H}}\boldsymbol{E}\boldsymbol{R}_{n}\boldsymbol{F}\boldsymbol{\Sigma}_{n}\right) \tag{5.15}$$

式中，$\boldsymbol{\mu}_{k,n}$ 表示 $\boldsymbol{\mu}_{\cdot n}$ 的第 k 个元素；$\boldsymbol{\Sigma}_{n}^{k,k}$ 表示 $\boldsymbol{\Sigma}_{n}$ 的第 k 个对角线元素；${}_{1}F_{1}(\cdot)$ 表示合流超几何函数，${}_{1}F_{1}(a,b,z)=\sum_{i=0}^{+\infty}\frac{a^{(i)}}{b^{(i)}}\frac{z^{i}}{i!}$，其中 $a^{(i)}$ 为上升因子，$a^{(i)}=a(a+1)(a+2)\cdots(a+i-1)$；$\operatorname{trace}(\cdot)$ 表示矩阵的秩。

ISAR 图像重构的过程可描述为：循环迭代式(5.11)～式(5.13)直至收敛，最终所得期望 $\boldsymbol{\mu}_{\cdot n}$ 为重构的 ISAR 图像 $\boldsymbol{X}_{\cdot n}$。然而，式(5.13)中 $\boldsymbol{E}$、$\boldsymbol{R}_{n}$ 还存在未知参数 φ_{I_q}、$\varOmega$、l，需进一步对其进行估计，才可通过迭代重构 ISAR 图像。5.4 节将在 ISAR 图像重构过程中联合估计 φ_{I_q}、$\varOmega$、l，以实现稀疏孔径条件下的 ISAR 联合自聚焦与横向定标。

5.4　基于修正牛顿迭代的最小熵 ISAR 联合自聚焦与横向定标

香农熵是信息论领域衡量信息量的重要概念，已被广泛引入图像处理领域，用以衡量图像的聚焦程度。在 ISAR 成像过程中，可通过最小化 ISAR 图像熵估计相位误差与目标转速，以获取聚焦效果最佳的 ISAR 图像。ISAR 图像的图像熵 E_{μ} 定义为

$$E_{\mu}=-\sum_{k}\sum_{n}\frac{\left|\boldsymbol{\mu}_{k,n}\right|^{2}}{G}\ln\frac{\left|\boldsymbol{\mu}_{k,n}\right|^{2}}{G}=-\sum_{k}\sum_{n}\left|\boldsymbol{\mu}_{k,n}\right|^{2}\ln\left|\boldsymbol{\mu}_{k,n}\right|^{2}+\text{const} \tag{5.16}$$

式中，G 表示图像总能量，$G=\sum_{k}\sum_{n}\left|\boldsymbol{\mu}_{k,n}\right|^{2}$；const 表示常量。基于最小熵的相位误差与目标转速估计过程可表示为

$$\left\{\hat{\varphi}_{I_q},\hat{\varOmega},\hat{l}\right\}=\underset{\varphi_{I_q},\varOmega,l}{\arg\min}\left(E_{\mu}\right) \tag{5.17}$$

式中，$\hat{\varphi}_{I_q}$、$\hat{\varOmega}$、$\hat{l}$ 分别表示稀疏孔径第 q 个脉冲相位误差、目标转速的平方、旋转中心纵坐标的估计值。

式(5.17)为多维寻优问题，直接用网格法求解运算效率低。为提升参数估计运算效率，本节采用牛顿迭代算法求解式(5.17)所示寻优问题。在牛顿迭代过程

中，首先需要求解图像熵 E_μ 关于 φ_{I_q}、Ω、l 的梯度：

$$\nabla E_\mu = \left[\frac{\partial E_\mu}{\partial \varphi_{I_1}}, \frac{\partial E_\mu}{\partial \varphi_{I_2}}, \cdots, \frac{\partial E_\mu}{\partial \varphi_{I_Q}}, \frac{\partial E_\mu}{\partial \Omega}, \frac{\partial E_\mu}{\partial l}\right] \tag{5.18}$$

式中，图像熵 E_μ 关于 φ_{I_q}、Ω、l 的一阶偏导数 $\frac{\partial E_\mu}{\partial x}\left(x = \varphi_{I_1}, \varphi_{I_2}, \cdots, \varphi_{I_Q}, \Omega, l\right)$ 可由式(5.16)计算得到：

$$\frac{\partial E_\mu}{\partial x} = -2\sum_k \sum_n \left(1 + \ln\left|\boldsymbol{\mu}_{k,n}\right|^2\right) \mathrm{Re}\left(\boldsymbol{\mu}_{k,n}^* \frac{\partial \boldsymbol{\mu}_{k,n}}{\partial x}\right) \tag{5.19}$$

将式(5.9)中 $\boldsymbol{E}$、$\boldsymbol{R}_n$ 展开，可得

$$\begin{aligned} \boldsymbol{\mu}_{k,n} &= \langle \beta \rangle \sum_q \left(\boldsymbol{\Sigma}_n \boldsymbol{F}^{\mathrm{H}}\right)_{k,q} \boldsymbol{Y}_{q,n} \exp\left(-\mathrm{j}\varphi_q\right) \exp\left[\mathrm{j}\alpha\left(k_n + l\right)\Omega I_q^{\ 2}\right] \\ &\stackrel{\mathrm{def}}{=\!=} \sum_q \varpi_q \end{aligned} \tag{5.20}$$

式中，令 $\varpi_q = \langle \beta \rangle \left(\boldsymbol{\Sigma}_n \boldsymbol{F}^{\mathrm{H}}\right)_{k,q} \boldsymbol{Y}_{q,n} \exp\left(-\mathrm{j}\varphi_{I_q}\right) \exp\left[\mathrm{j}\alpha\left(k_n + l\right)\Omega I_q^{\ 2}\right]$，以简化后续表达式。进一步计算 $\boldsymbol{\mu}_{k,n}$ 关于 φ_{I_q}、Ω、l 的一阶偏导数，可得

$$\begin{aligned} \frac{\partial \boldsymbol{\mu}_{k,n}}{\partial \varphi_{I_q}} &= -\mathrm{j}\varpi_q, \quad q = 1, 2, \cdots, Q \\ \frac{\partial \boldsymbol{\mu}_{k,n}}{\partial \Omega} &= \mathrm{j}\alpha\left(k_n + l\right) \sum_q \varpi_q I_q^{\ 2} \\ \frac{\partial \boldsymbol{\mu}_{k,n}}{\partial l} &= \mathrm{j}\alpha\Omega \sum_q \varpi_q I_q^{\ 2} \end{aligned} \tag{5.21}$$

将式(5.20)、式(5.19)代入式(5.18)可得梯度 ∇E_μ。进一步计算图像熵 E_μ 关于 φ_{I_q}、Ω、l 的 Hessian 矩阵：

$$\boldsymbol{H} = \begin{bmatrix} \dfrac{\partial^2 E_\mu}{\partial \boldsymbol{\varphi}^2} & \dfrac{\partial^2 E_\mu}{\partial \boldsymbol{\varphi} \partial \Omega} & \dfrac{\partial^2 E_\mu}{\partial \boldsymbol{\varphi} \partial l} \\ \dfrac{\partial^2 E_\mu}{\partial \Omega \partial \boldsymbol{\varphi}} & \dfrac{\partial^2 E_\mu}{\partial \Omega^2} & \dfrac{\partial^2 E_\mu}{\partial \Omega \partial l} \\ \dfrac{\partial^2 E_\mu}{\partial l \partial \boldsymbol{\varphi}} & \dfrac{\partial^2 E_\mu}{\partial l \partial \Omega} & \dfrac{\partial^2 E_\mu}{\partial l^2} \end{bmatrix} \tag{5.22}$$

式中，图像熵 E_μ 关于 φ_{I_q} 、 Ω 、 l 的二阶偏导数 $\dfrac{\partial^2 E_\mu}{\partial x^2}\left(x=\varphi_{I_1},\varphi_{I_2},\cdots,\varphi_{I_Q},\Omega,l\right)$ 、 $\dfrac{\partial^2 E_\mu}{\partial x \partial y}\left(x=\varphi_{I_1},\varphi_{I_2},\cdots,\varphi_{I_Q},\Omega,l; y=\varphi_{I_1},\varphi_{I_2},\cdots,\varphi_{I_Q},\Omega,l; x\neq y\right)$ 可由式(5.19)计算得到：

$$
\begin{aligned}
\frac{\partial^2 E_\mu}{\partial x^2} &= -\sum_k\sum_n\left\{\frac{4}{\left|\boldsymbol{\mu}_{k,n}\right|^2}\mathrm{Re}\left(\boldsymbol{\mu}_{k,n}^*\frac{\partial \boldsymbol{\mu}_{k,n}}{\partial x}\right)^2\right.\\
&\quad\left.+2\left(1+\ln\left|\boldsymbol{\mu}_{k,n}\right|^2\right)\left[\left|\frac{\partial \boldsymbol{\mu}_{k,n}}{\partial x}\right|^2+\mathrm{Re}\left(\boldsymbol{\mu}_{k,n}^*\frac{\partial^2 \boldsymbol{\mu}_{k,n}}{\partial x^2}\right)\right]\right\}\\
\frac{\partial^2 E_\mu}{\partial x \partial y} &= -\sum_k\sum_n\left[\frac{4}{\left|\boldsymbol{\mu}_{k,n}\right|^2}\mathrm{Re}\left(\boldsymbol{\mu}_{k,n}^*\frac{\partial \boldsymbol{\mu}_{k,n}}{\partial x}\right)\mathrm{Re}\left(\boldsymbol{\mu}_{k,n}^*\frac{\partial \boldsymbol{\mu}_{k,n}}{\partial y}\right)\right.\\
&\quad\left.+2\left(1+\ln\left|\boldsymbol{\mu}_{k,n}\right|^2\right)\mathrm{Re}\left(\frac{\partial \boldsymbol{\mu}_{k,n}}{\partial x}\frac{\partial \boldsymbol{\mu}_{k,n}^*}{\partial y}+\boldsymbol{\mu}_{k,n}^*\frac{\partial^2 \boldsymbol{\mu}_{k,n}}{\partial x \partial y}\right)\right]
\end{aligned} \tag{5.23}
$$

式中， $\boldsymbol{\mu}_{k,n}$ 关于 φ_{I_q} 、 Ω 、 l 的二阶偏导数可由式(5.21)计算得到：

$$
\begin{aligned}
&\frac{\partial^2 \boldsymbol{\mu}_{k,n}}{\partial {\varphi_{I_q}}^2} = -\varpi_q, \quad q=1,2,\cdots,Q\\
&\frac{\partial^2 \boldsymbol{\mu}_{k,n}}{\partial \Omega^2} = -\alpha^2\left(k_n+l\right)^2\sum_q \varpi_q {I_q}^4\\
&\frac{\partial^2 \boldsymbol{\mu}_{k,n}}{\partial l^2} = -\alpha^2\Omega^2\sum_q \varpi_q {I_q}^4\\
&\frac{\partial^2 \boldsymbol{\mu}_{k,n}}{\partial \varphi_{I_q}\partial \Omega} = \alpha\left(k_n+l\right)I_q^2\varpi_q, \quad q=1,2,\cdots,Q\\
&\frac{\partial^2 \boldsymbol{\mu}_{k,n}}{\partial \varphi_{I_q}\partial l} = \alpha\Omega\varpi_q I_q^2, \quad q=1,2,\cdots,Q\\
&\frac{\partial^2 \boldsymbol{\mu}_{k,n}}{\partial \Omega\, \partial l} = \mathrm{j}\alpha\sum_q \varpi_q I_q^2-\alpha^2\Omega\left(k_n+l\right)\sum_q \varpi_q I_q^4
\end{aligned} \tag{5.24}
$$

将式(5.24)、式(5.23)代入式(5.22)可得图像熵 E_μ 关于 φ_{I_q} 、 Ω 、 l 的 Hessian 矩阵。在稀疏孔径条件下，图像熵关于未知参数的曲面非平滑，导致传统牛顿法无法收敛。如第 4 章所述，牛顿迭代算法不收敛的根本原因是 Hessian 矩阵非正定，导致在迭代过程中每次更新方向为非下降方向。因此，在通过式(5.24)获取 Hessian 矩阵后，进一步采用第 4 章所述算法对其进行修正，以保持其正定性，从而保证迭代方向的正确性。具体而言，修正 Hessian 矩阵通过翻转原 Hessian 矩阵的负特征值获得，即

$$\boldsymbol{H}_m = \left[\boldsymbol{q}_1, \boldsymbol{q}_2, \cdots, \boldsymbol{q}_{Q+2}\right] \begin{bmatrix} |\lambda_1| & & \\ & \ddots & \\ & & |\lambda_{Q+2}| \end{bmatrix} \begin{bmatrix} \boldsymbol{q}_1{}^{\mathrm{T}} \\ \boldsymbol{q}_2{}^{\mathrm{T}} \\ \vdots \\ \boldsymbol{q}_{Q+2}{}^{\mathrm{T}} \end{bmatrix} \tag{5.25}$$

式中，λ_a、$\boldsymbol{q}_a$（$a = 1,2,\cdots,Q+2$）分别表示 Hessian 矩阵的第 a 个特征值与特征向量。

获得修正 Hessian 矩阵后，可通过式(5.26)迭代估计 φ_{I_q}、Ω、l：

$$\begin{bmatrix} \boldsymbol{\varphi}^{(ii+1)} \\ \Omega^{(ii+1)} \\ l^{(ii+1)} \end{bmatrix} = \begin{bmatrix} \boldsymbol{\varphi}^{(ii)} \\ \Omega^{(ii)} \\ l^{(ii)} \end{bmatrix} - \eta^{(ii)} \boldsymbol{H}_m{}^{(ii)} \nabla E_\mu{}^{(ii)} \tag{5.26}$$

式中，$(\cdot)^{(ii)}$ 表示第 ii 次迭代所得变量；η 表示迭代步长，决定每次迭代沿迭代方向所调整的距离。该步长由第 4 章所述后向追踪算法决定，其搜索过程为：算法初始化迭代步长为1，并不断缩小步长，直至图像熵降低的幅度满足要求。算法假设迭代步长不小于 10^{-3}，以防止陷入无限循环。

基于变分贝叶斯算法与最小熵的稀疏孔径 ISAR 联合自聚焦与横向定标(Bayesian ISAR imaging and scaling, BIS)算法流程如图 5.2 所示，在迭代求解之前，可通过门限法确定目标所在距离单元区域，再在确定的距离单元区域内进行 ISAR 图像重构与联合参数估计，以提升算法运算效率。

5.5 实验结果分析

本节通过仿真与实测数据实验，对所提 BIS 算法性能进行分析，并将所提算法与基于传统横向定标的稀疏贝叶斯 ISAR 成像(traditional scaling method-based Bayesian ISAR imaging，TS-BI)算法[1]及基于修正离散线性调频傅里叶变换(modified discrete chirp Fourier transform，MDCFT)的稀疏孔径 ISAR 成像算法[2]进行性能比较。

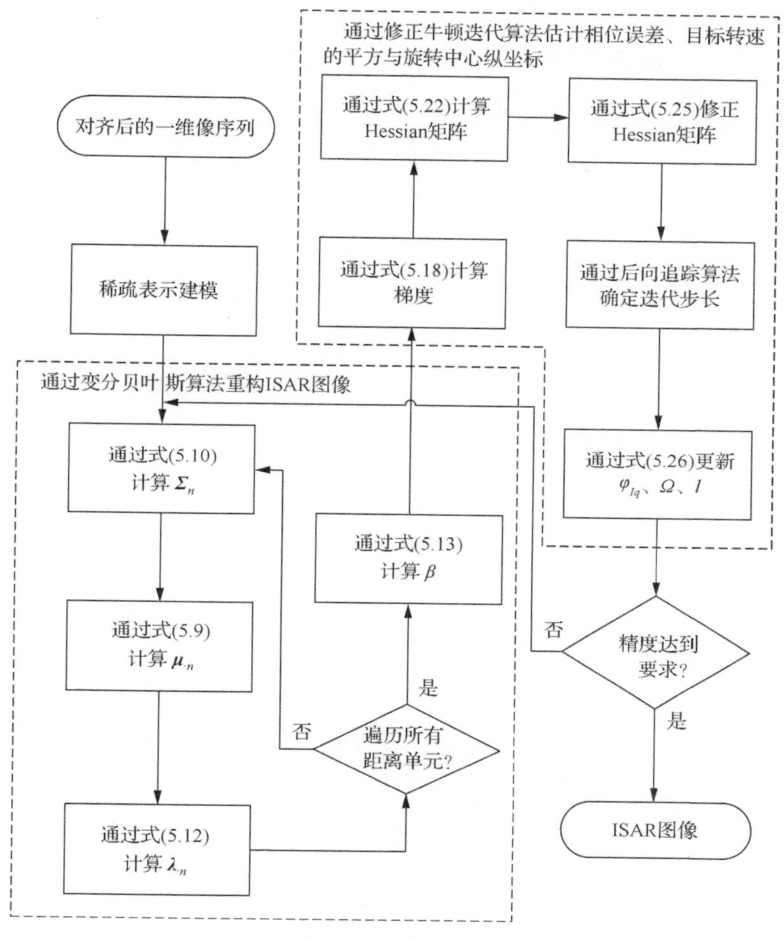

图 5.2　BIS 算法流程

5.5.1　仿真数据实验结果

首先采用仿真数据进行实验，仿真雷达目标由 113 个散射点构成，如图 5.3 所示。在仿真过程中，假设目标平动已被完全补偿，仅存在绕质心的旋转运动，转速为 0.036rad/s，雷达发射信号载频为 9GHz，带宽为 1GHz，脉宽为 100μs，PRF 为 100Hz。成像累积区间时长为 2.56s，包含 256 个回波脉冲，其中每个回波脉冲的采样点数设为 256，因此，ISAR 图像尺寸为 256×256。最后，各脉冲分别加入均值为 0、方差为 π/2 的高斯噪声(图 5.4)，以模拟随机初相误差。

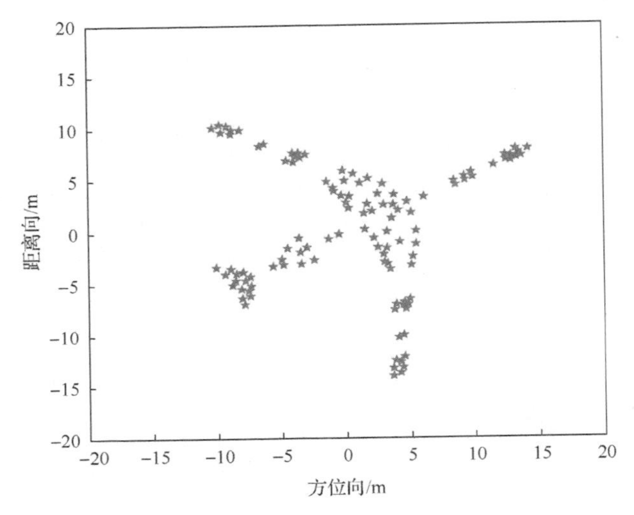

图 5.3　飞机点散射模型

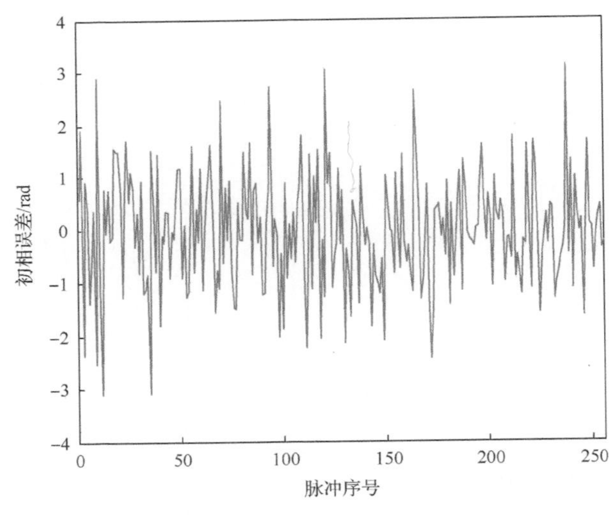

图 5.4　随机初相误差

首先比较 TS-BI 与所提 BIS 算法在不同孔径稀疏度下的性能，雷达回波 SNR 设为10dB，在此条件下，当雷达回波脉冲不存在丢失(全孔径数据)时，目标一维像序列与 RD 成像算法所得 ISAR 图像分别如图 5.5(a)、图 5.5(b)所示。由于数据完整，ISAR 图像聚焦效果良好，因此将其作为后续稀疏孔径 ISAR 成像结果的参考。

进一步采用随机丢失采样(random missing sampling，RMS)与分块丢失采样(gap missing sampling，GMS)的方式，从图 5.5(a)所示全孔径一维像序列中抽取部分脉冲生成稀疏孔径一维像序列，如图 5.6 所示。其中，抽取脉冲个数分别为

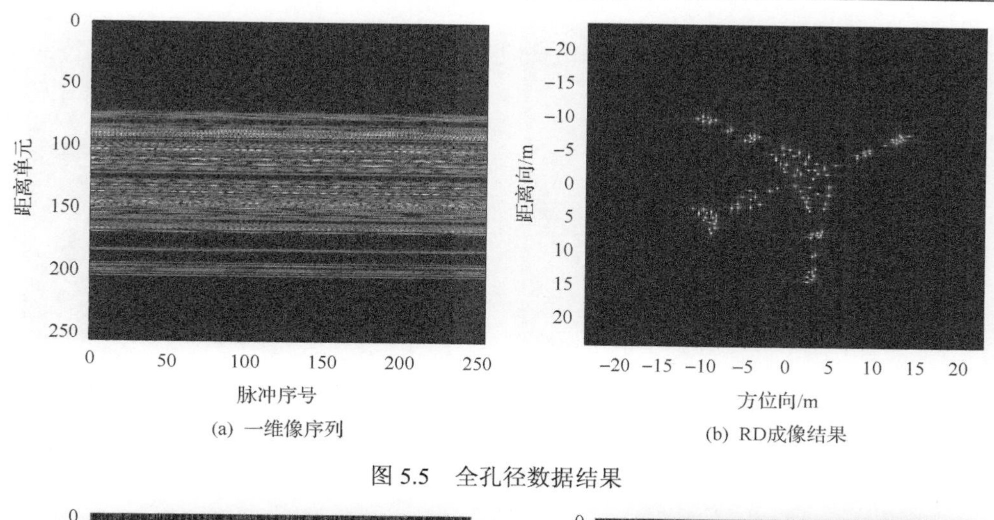

(a) 一维像序列　(b) RD成像结果

图 5.5　全孔径数据结果

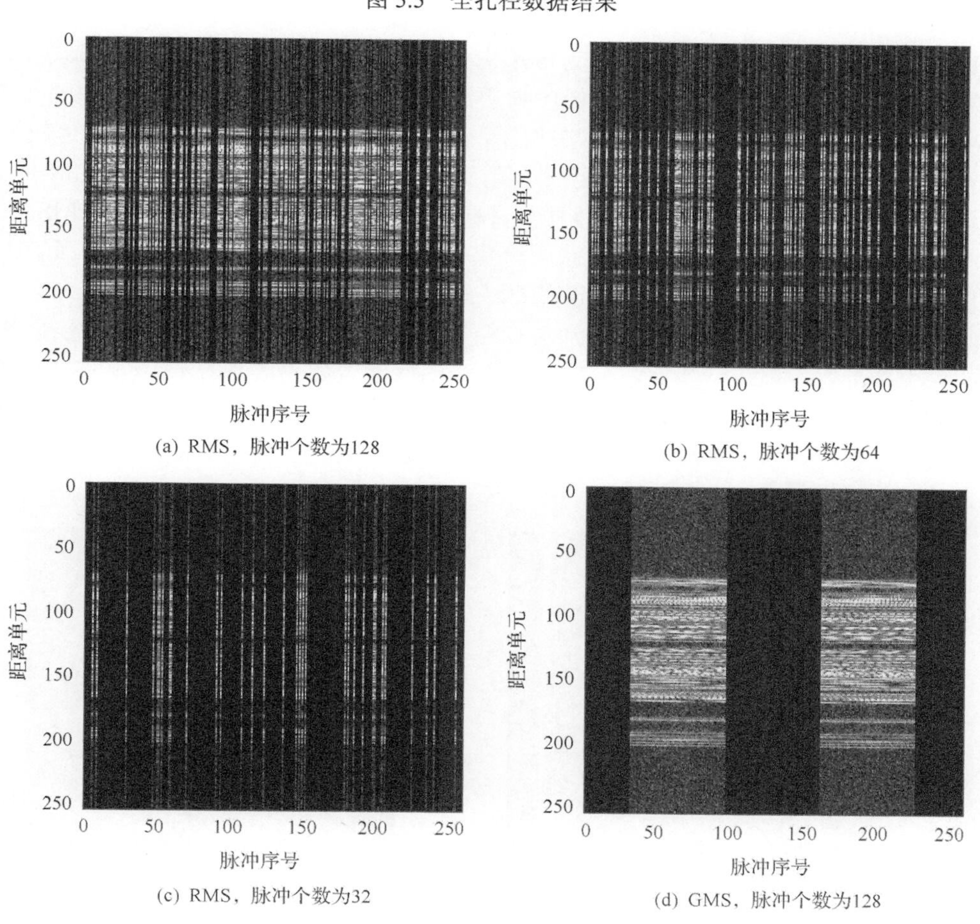

(a) RMS，脉冲个数为128　(b) RMS，脉冲个数为64

(c) RMS，脉冲个数为32　(d) GMS，脉冲个数为128

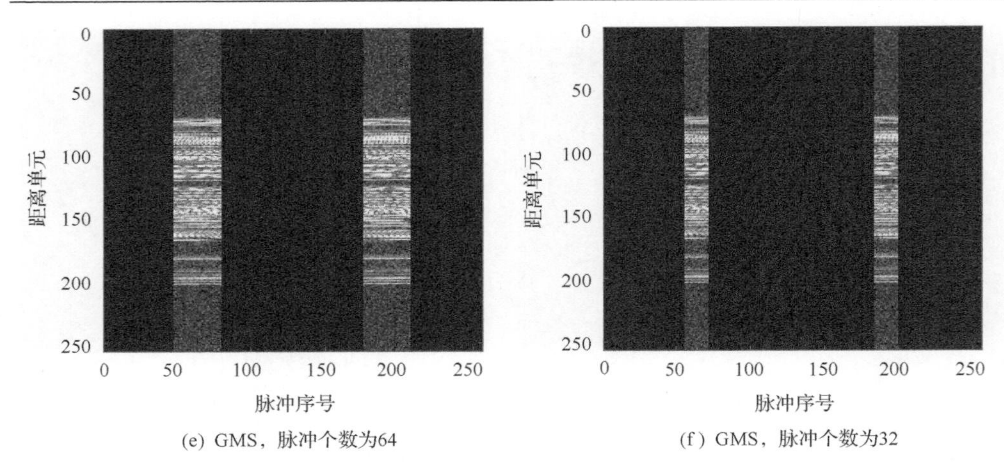

(e) GMS，脉冲个数为64　(f) GMS，脉冲个数为32

图 5.6　稀疏孔径一维像序列

128、64 及 32，对应孔径稀疏度为 50%、25%及 12.5%。分别采用 TS-BI 与 BIS 算法对不同孔径稀疏度下的一维像序列进行 ISAR 图像重构，所得结果如图 5.7 所示。由图 5.7 可知，与 TS-BI 算法相比，所提 BIS 算法所得 ISAR 图像聚焦效果较好，图像背景噪声较低，更接近于全孔径 ISAR 成像结果，尤其是对于 GMS 稀疏孔径信号，TS-BI 算法未能有效补偿目标旋转引起的二阶相位误差，导致 ISAR 图像散焦，而所提 BIS 算法仍能获得聚焦效果良好的 ISAR 图像，从而验证了所提联合估计初相误差与二阶相位误差算法的有效性。

表 5.1 给出两种算法在不同稀疏孔径条件下所得图像熵、估计转速与残余初相误差标准差，以进一步定量分析两种算法的性能。如表 5.1 所示，与 TS-BI 算法相比，所提 BIS 算法在所有稀疏孔径条件下均获得了较低的图像熵、较准的估计转速及较小的残余初相误差标准差，从而证明了其较优的 ISAR 图像聚焦与联合参数估计性能。

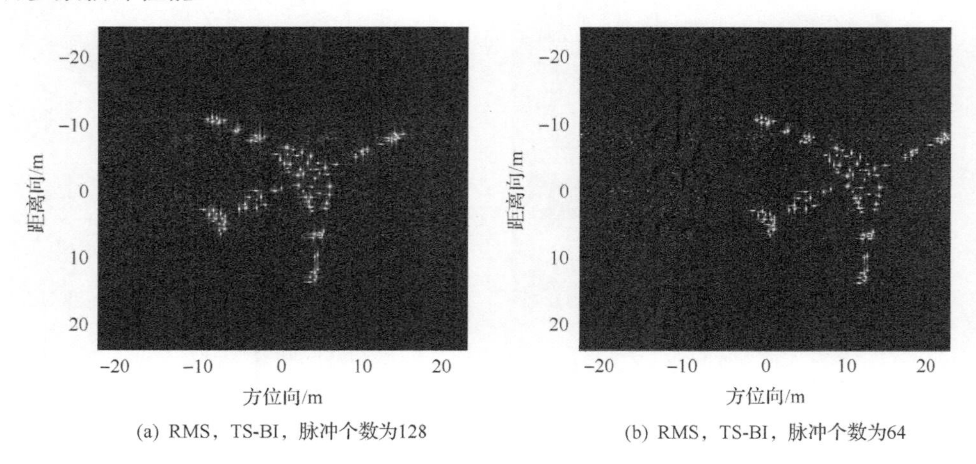

(a) RMS，TS-BI，脉冲个数为128　(b) RMS，TS-BI，脉冲个数为64

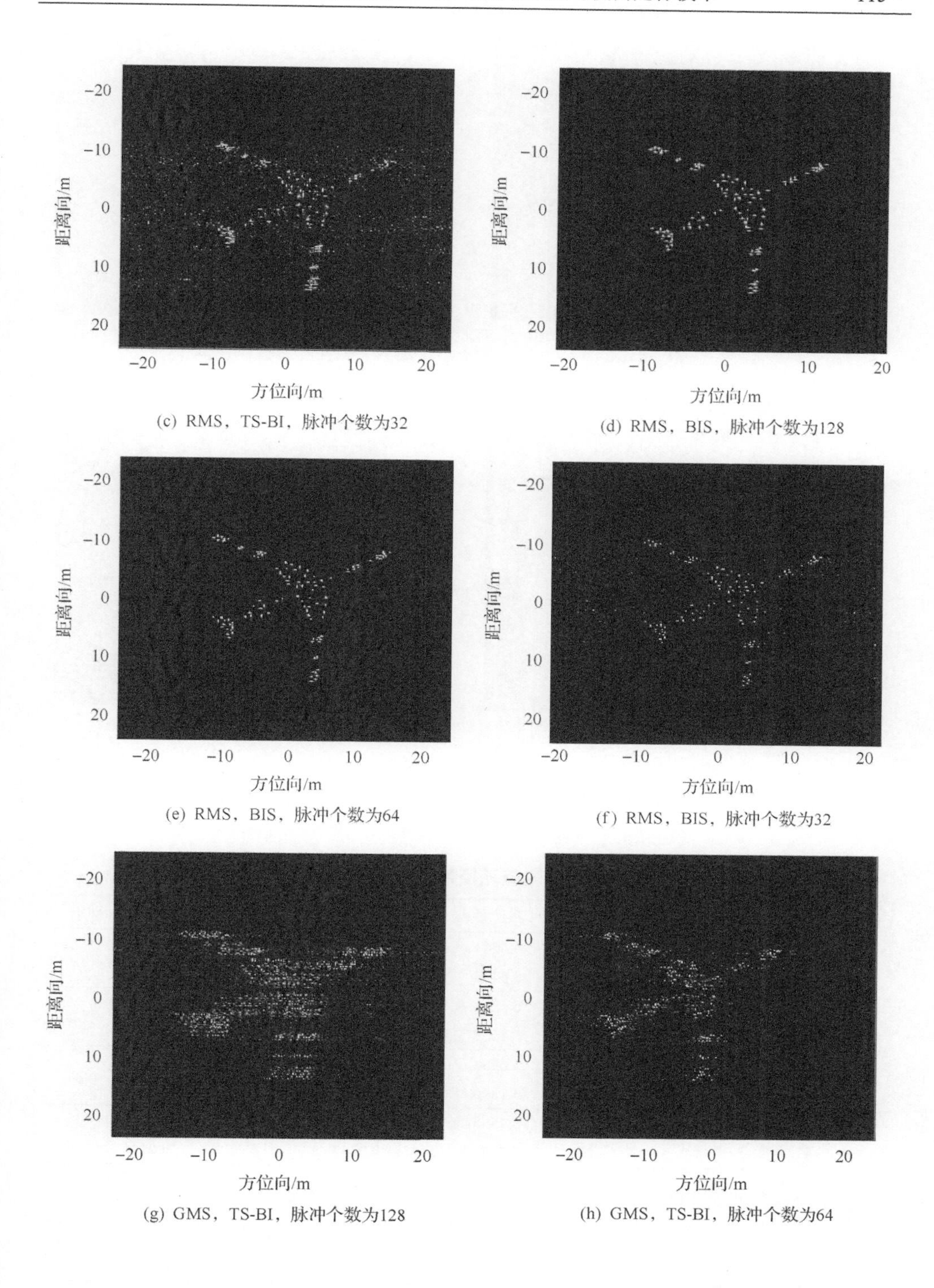

(c) RMS，TS-BI，脉冲个数为32

(d) RMS，BIS，脉冲个数为128

(e) RMS，BIS，脉冲个数为64

(f) RMS，BIS，脉冲个数为32

(g) GMS，TS-BI，脉冲个数为128

(h) GMS，TS-BI，脉冲个数为64

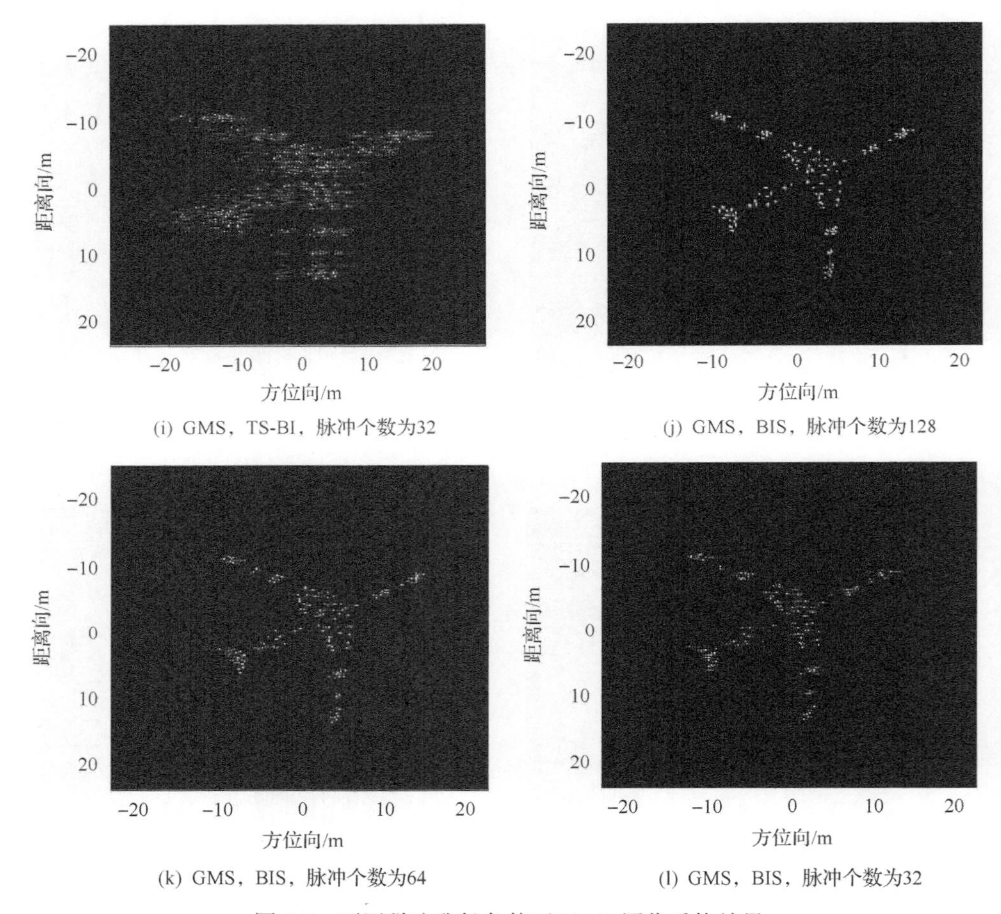

(i) GMS，TS-BI，脉冲个数为32

(j) GMS，BIS，脉冲个数为128

(k) GMS，BIS，脉冲个数为64

(l) GMS，BIS，脉冲个数为32

图 5.7　不同稀疏孔径条件下 ISAR 图像重构结果

表 5.1　不同稀疏孔径条件下算法性能比较

稀疏孔径类型	脉冲个数	算法	图像熵	估计转速/(rad/s)	残余初相误差标准差
RMS	128	TS-BI	6.6643	0.0341	0.1063
		BIS	5.6423	0.0372	0.0066
	64	TS-BI	6.1201	0.0410	0.1376
		BIS	5.4139	0.0365	0.0351
	32	TS-BI	5.6258	0.0104	0.2586
		BIS	5.1890	0.0383	0.0251
GMS	128	TS-BI	6.4538	0.0365	0.2475
		BIS	5.5732	0.0362	0.0145
	64	TS-BI	6.0621	0.0385	0.3512
		BIS	5.4139	0.0374	0.0385
	32	TS-BI	5.6342	0.0206	1.5321
		BIS	5.3846	0.0380	0.0671

进一步通过蒙特卡罗实验量化比较不同稀疏孔径条件下两种算法的性能，实验过程中，雷达回波 SNR 固定为 10dB，采样脉冲个数变化范围为[40, 200]，步长为 10，分别在不同脉冲个数条件下采用两种算法进行 100 次蒙特卡罗实验，并记录两种算法所得平均图像熵，如图 5.8 所示。由图 5.8 可知，在任何稀疏孔径条件下，所提 BIS 算法均能获得较低的图像熵，因而具有较优的图像聚焦性能。

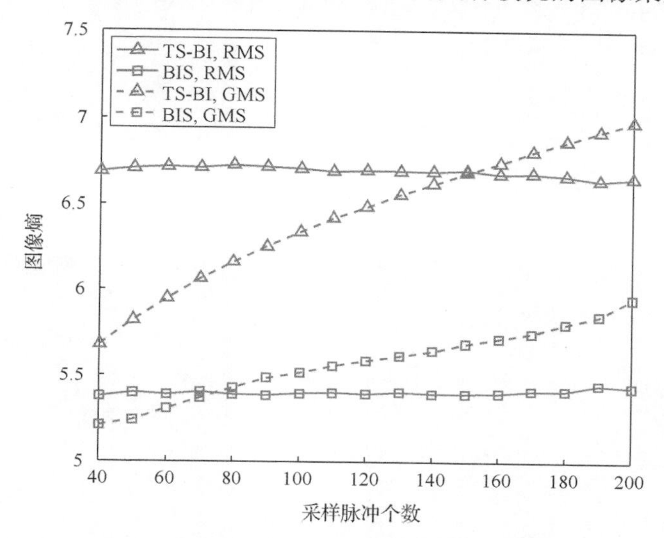

图 5.8　不同稀疏孔径条件下两种算法所得图像熵曲线

下面比较两种算法在不同 SNR 条件下的性能，两种稀疏孔径数据的抽取脉冲个数固定为 64，雷达回波 SNR 分别设定为–5dB、0dB 与 5dB，三种条件对应的目标一维像序列如图 5.9 所示。由该图可知，当雷达回波 SNR 低至–5dB 时，目标一维像序列受到强烈噪声影响，信号淹没在强噪声中。分别采用 TS-BI 与 BIS 算法从三种 SNR 条件下一维像序列中重构 ISAR 图像，成像结果如图 5.10 所示。比较可知，所提 BIS 算法所得 ISAR 图像背景噪声较弱、聚焦效果较好，尤其是在 SNR 低至–5dB 条件下，该算法仍能获取聚焦效果良好且背景清晰的 ISAR 图像，表明其对噪声的鲁棒性较强。

表 5.2 进一步给出不同 SNR 条件下 TS-BI 与所提 BIS 算法所得图像熵、估计转速与残余初相误差标准差，以进一步定量分析两种算法的性能。由表 5.2 可知，在不同 SNR 条件下，BIS 算法均获得了较低的图像熵、较准确的目标转速估计值与较低的残余相位误差标准差，表明该算法具有较优的 ISAR 图像聚焦、横向定标性能与较强的鲁棒性。

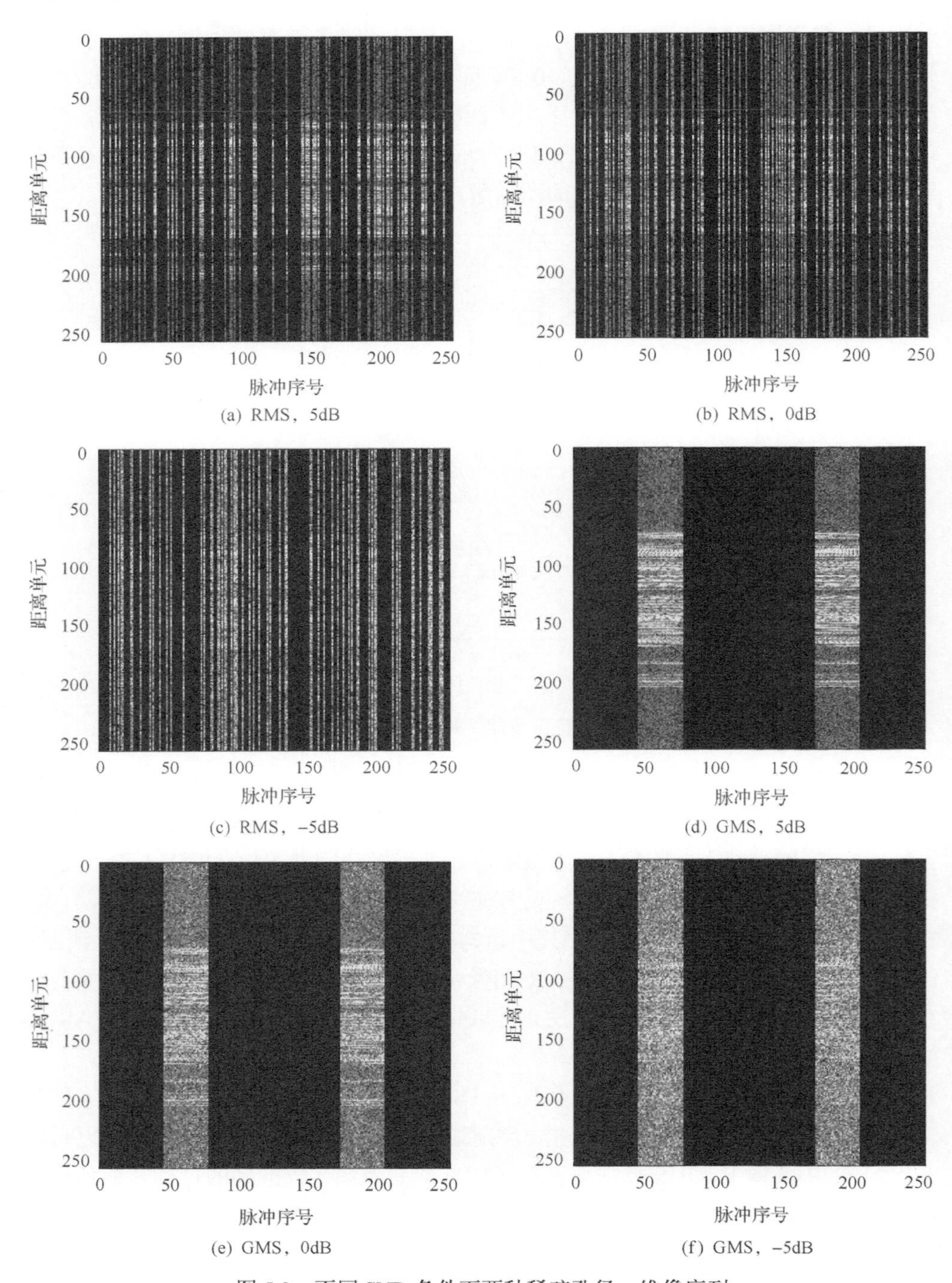

(a) RMS，5dB　(b) RMS，0dB

(c) RMS，−5dB　(d) GMS，5dB

(e) GMS，0dB　(f) GMS，−5dB

图 5.9　不同 SNR 条件下两种稀疏孔径一维像序列

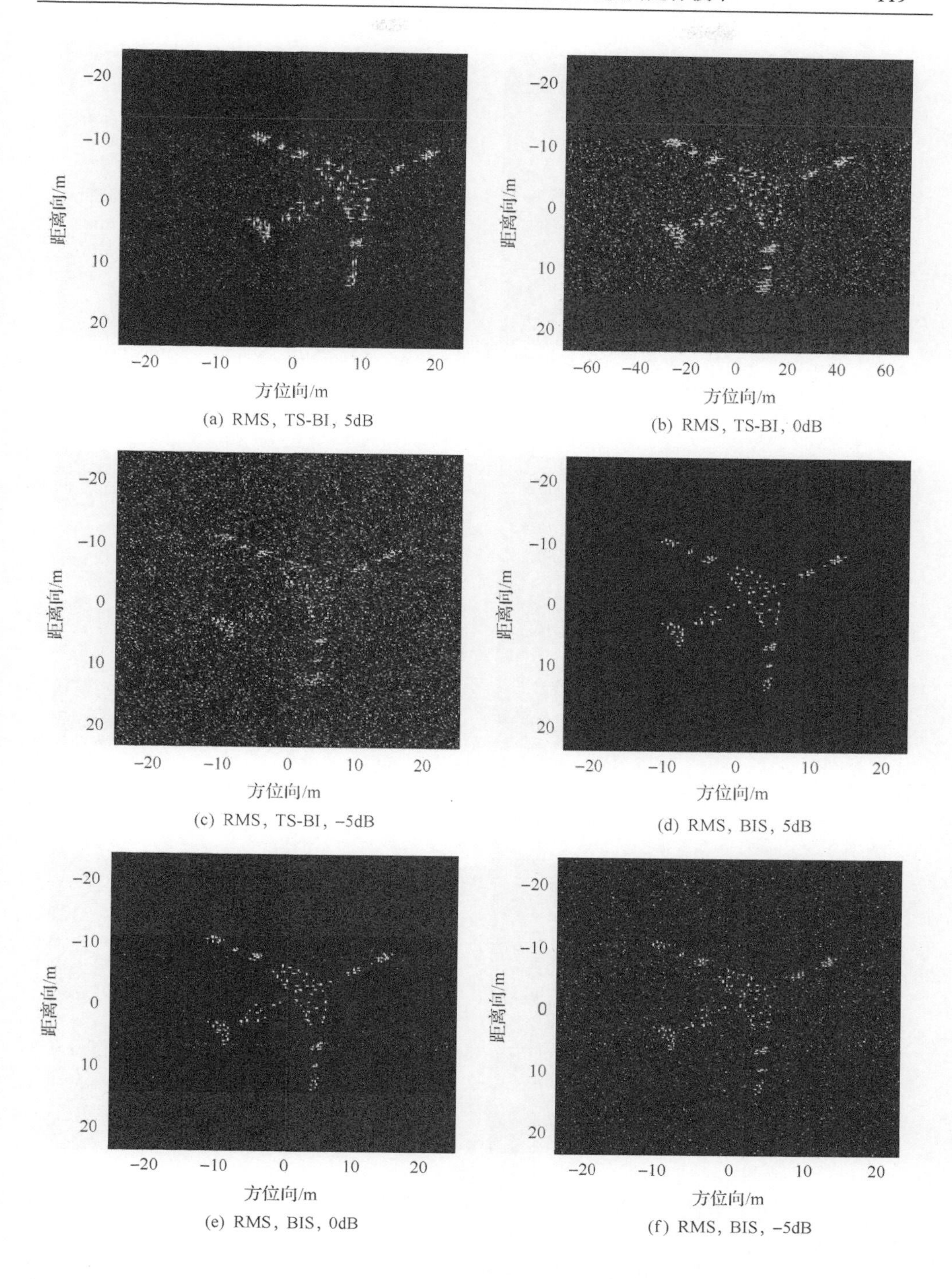

(a) RMS，TS-BI，5dB

(b) RMS，TS-BI，0dB

(c) RMS，TS-BI，−5dB

(d) RMS，BIS，5dB

(e) RMS，BIS，0dB

(f) RMS，BIS，−5dB

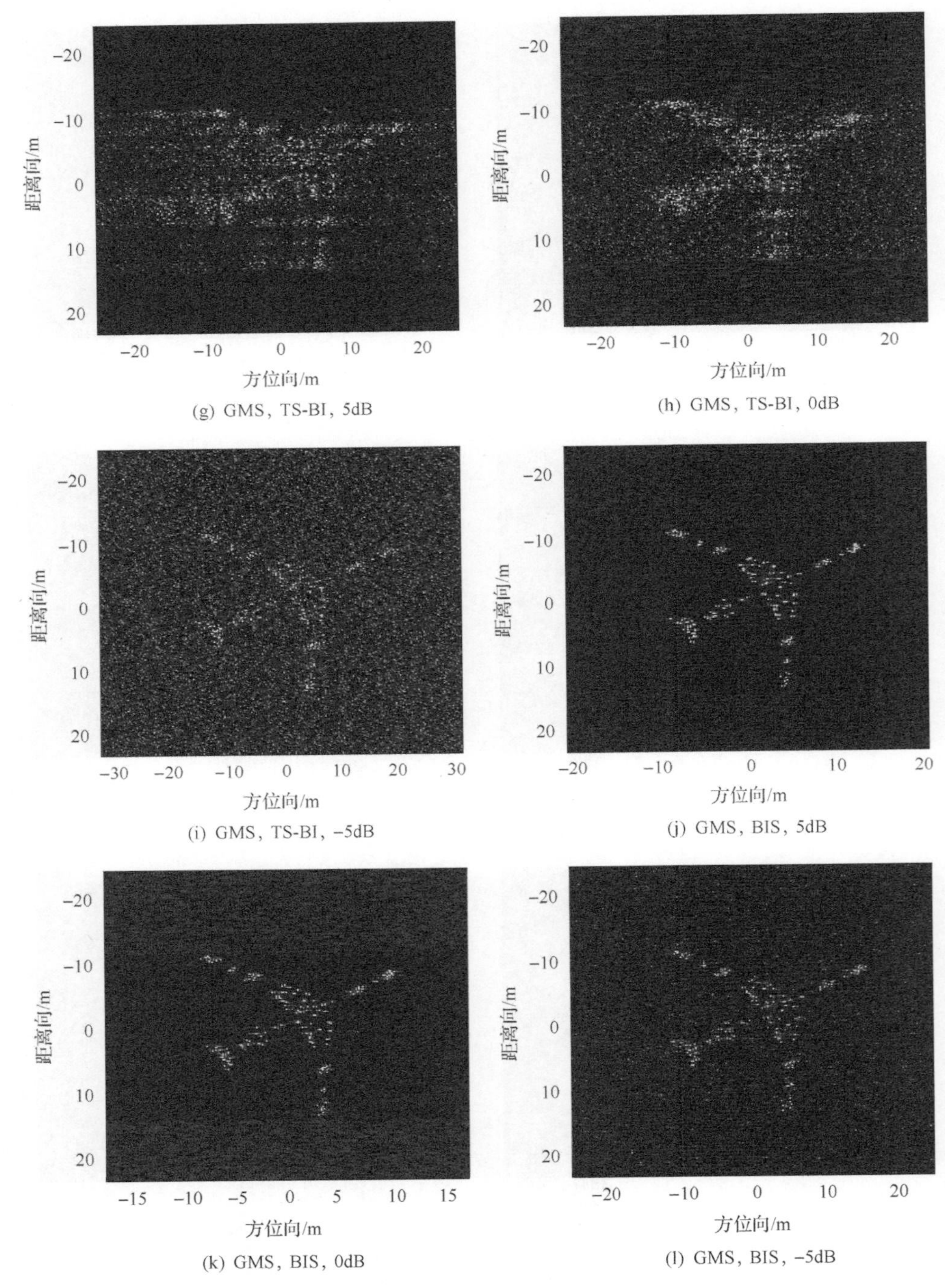

(g) GMS，TS-BI，5dB

(h) GMS，TS-BI，0dB

(i) GMS，TS-BI，–5dB

(j) GMS，BIS，5dB

(k) GMS，BIS，0dB

(l) GMS，BIS，–5dB

图 5.10　不同 SNR 条件下 TS-BI 与 BIS 成像结果

表 5.2　不同 SNR 条件下算法性能比较

稀疏孔径类型	SNR/dB	算法	图像熵	估计转速/(rad/s)	残余初相误差标准差
RMS	5	TS-BI	6.5141	0.0348	0.1052
		BIS	5.6559	0.0362	0.0279
	0	TS-BI	7.7743	0.0330	0.1691
		BIS	6.4202	0.0370	0.0331
	–5	TS-BI	8.5911	0.0296	0.2084
		BIS	6.6668	0.0348	0.0583
GMS	5	TS-BI	6.8254	0.0341	0.0976
		BIS	5.7305	0.0357	0.0024
	0	TS-BI	7.1680	0.0328	0.1735
		BIS	6.4962	0.0374	0.0067
	–5	TS-BI	8.5520	0.0261	0.2548
		BIS	6.2738	0.0346	0.0189

进一步通过蒙特卡罗实验量化比较不同 SNR 条件下两种算法的性能，实验过程中，雷达回波采样脉冲个数固定为 64，SNR 变化范围为[–5dB, 10dB]，步长为 1dB，分别在不同脉冲个数条件下采用两种算法进行 100 次蒙特卡罗实验，并记录两种算法所得平均图像熵，如图 5.11 所示。由图 5.11 可知，在任何稀疏孔径条件下，所提 BIS 算法均能获得较低的图像熵，因而具有较优的图像聚焦性能。

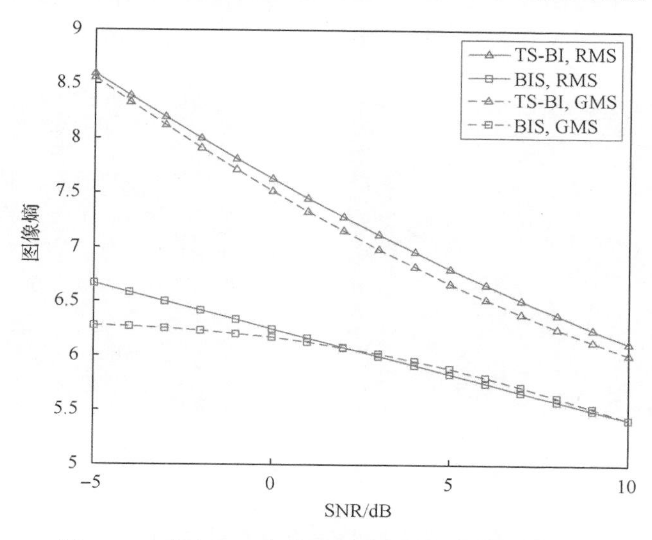

图 5.11　不同 SNR 条件下两种算法所得图像熵曲线

5.5.2　实测数据实验结果

在 5.5.1 节通过仿真数据充分分析算法性能的基础上，本节进一步采用民航飞机与货轮的雷达实测回波验证算法的有效性。实验过程中，将所提算法与 TS-BI 算法及基于 MDCFT 的稀疏孔径 ISAR 成像算法[3]进行性能比较。

首先采用民航飞机实测数据进行实验，测量设备为一部 X 波段车载雷达，如图 5.12(a)所示，测量目标为某民航飞机，如图 5.12(b)所示。雷达发射线性调频信号，其载频、带宽、PRF 分别为 9GHz、1GHz、100Hz。成像累积区间时长为 2.56s，包含 256 个脉冲，每个脉冲采样点数为 1000。

(a) X波段车载雷达

(b) 民航飞机

图 5.12　测量设备与测量目标

全孔径条件下目标一维像序列与 RD 成像结果分别如图 5.13(a)、图 5.13(b)所示，估计目标转速为 0.0733rad/s，将其作为稀疏孔径实验结果的参考值。

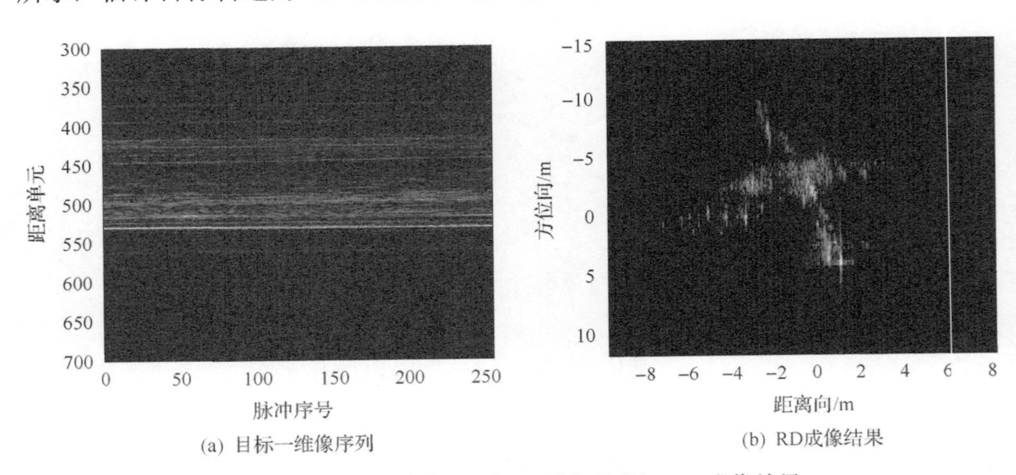

(a) 目标一维像序列　　(b) RD成像结果

图 5.13　全孔径条件下目标一维像序列与 RD 成像结果

分别采用 RMS 与 GMS 方式从全孔径数据中抽取部分脉冲，以模拟目标稀疏孔径雷达回波，再通过 MDCFT、TS-BI 与所提 BIS 算法从不同稀疏孔径雷达回波中重构 ISAR 图像，所得成像结果分别如图 5.14 与图 5.15 所示。可以看出，在三种算法中，所提 BIS 算法所得 ISAR 图像聚焦效果最好，尤其是在 GMS 条件下，MDCFT 与 TS-BI 算法基本散焦，即使当脉冲个数低至 32 时，所提 BIS 算法仍能获取聚焦效果良好的 ISAR 图像。

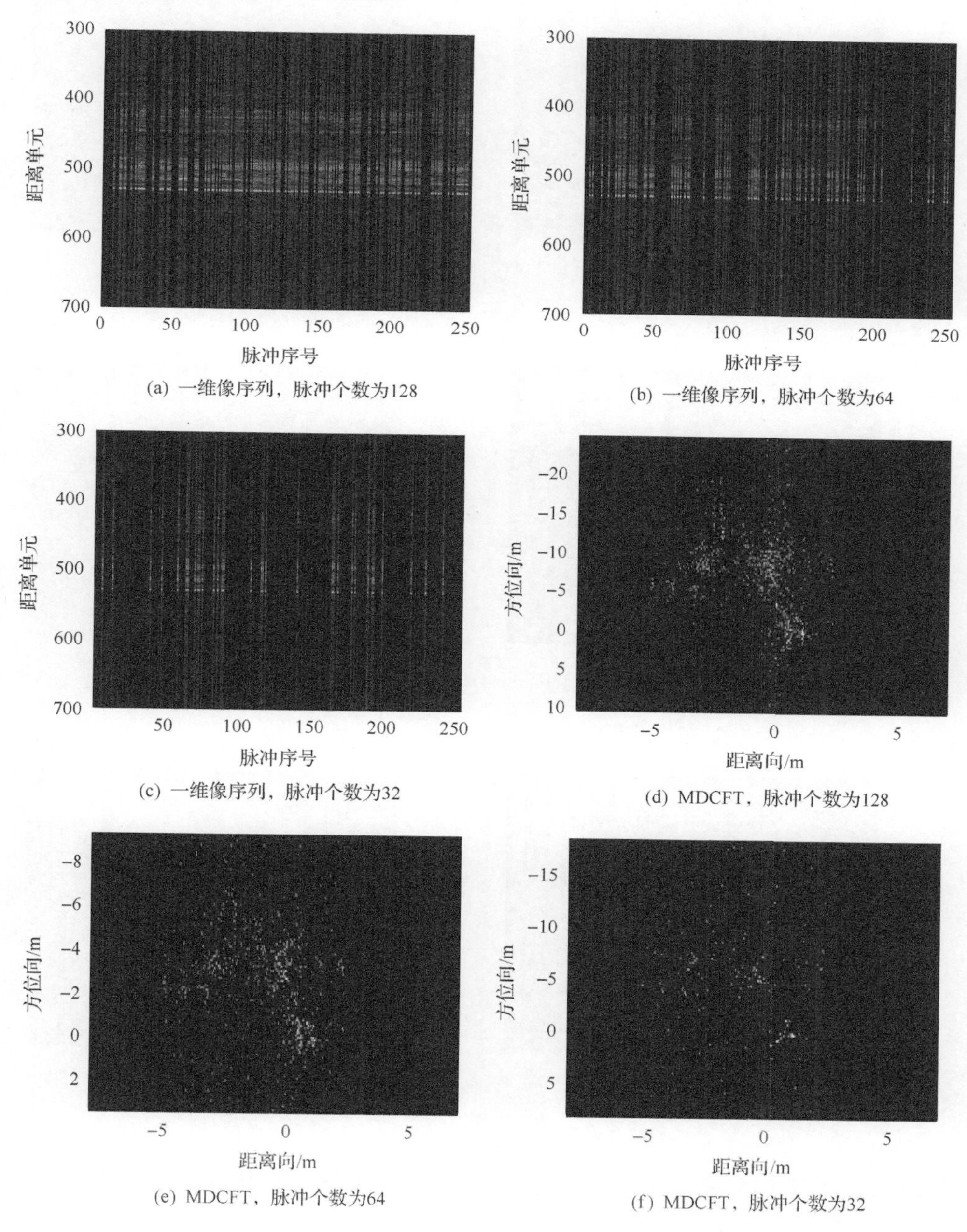

(a) 一维像序列，脉冲个数为128　(b) 一维像序列，脉冲个数为64

(c) 一维像序列，脉冲个数为32　(d) MDCFT，脉冲个数为128

(e) MDCFT，脉冲个数为64　(f) MDCFT，脉冲个数为32

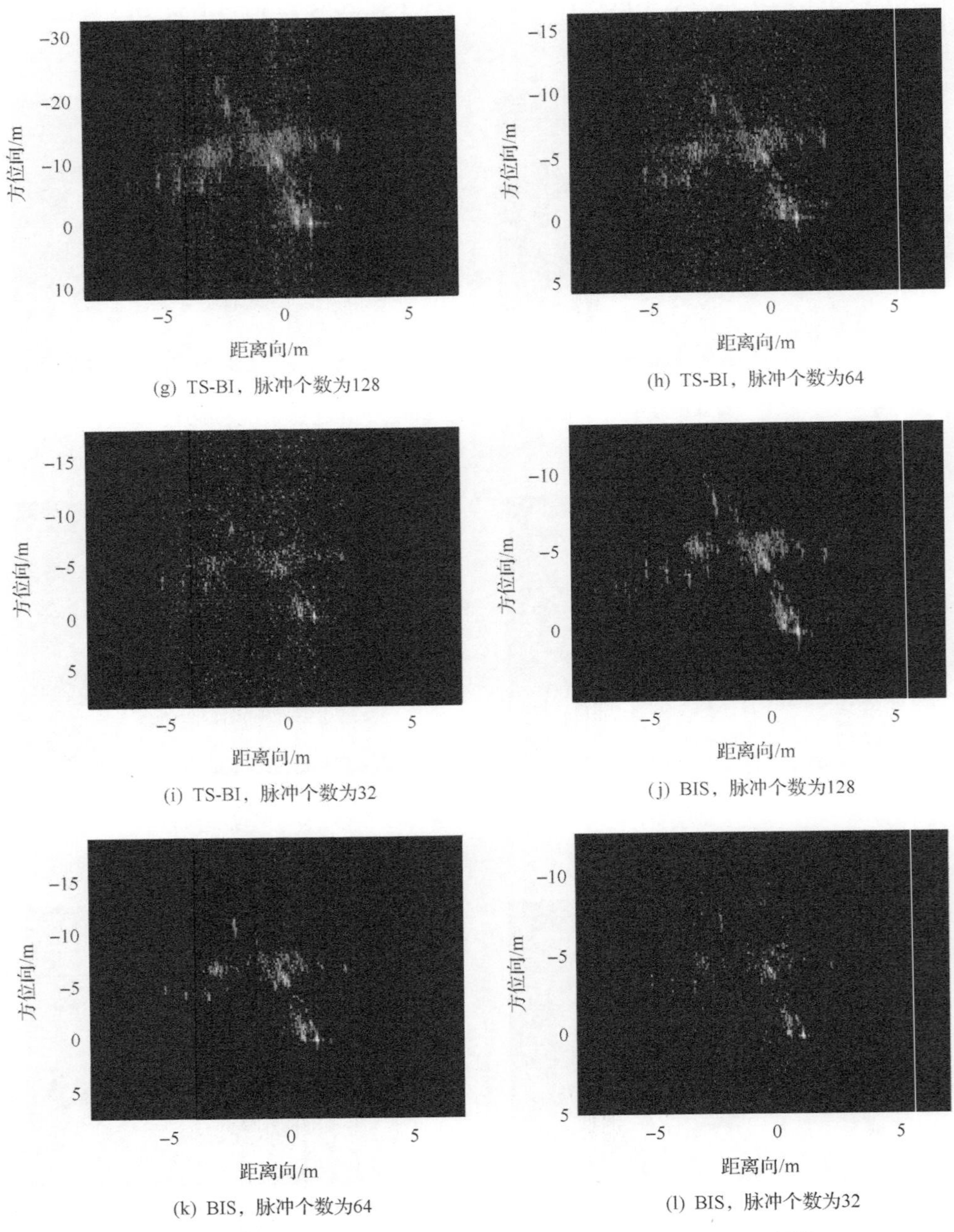

图 5.14　不同 RMS 稀疏孔径条件下飞机一维像序列与 ISAR 图像

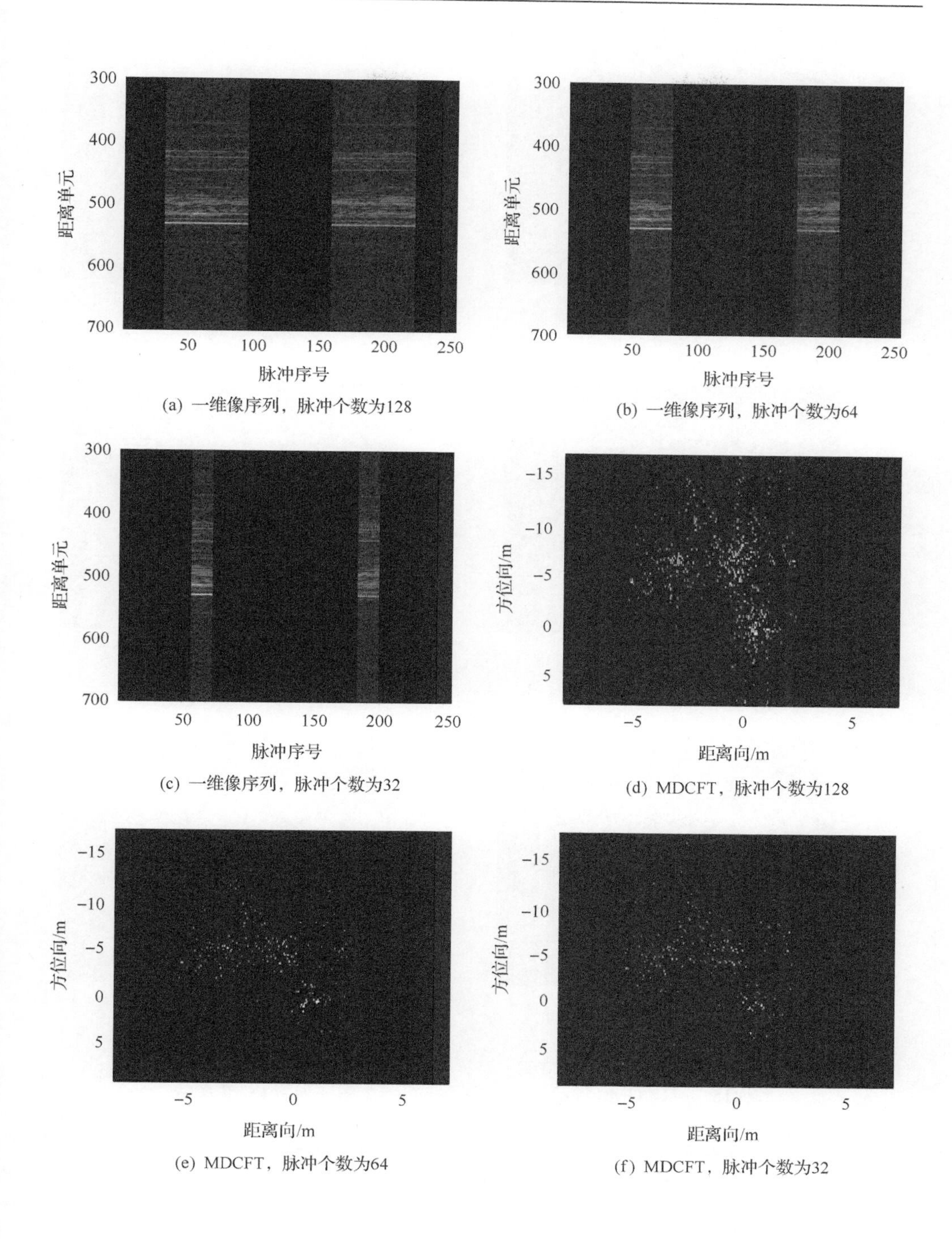

(a) 一维像序列，脉冲个数为128

(b) 一维像序列，脉冲个数为64

(c) 一维像序列，脉冲个数为32

(d) MDCFT，脉冲个数为128

(e) MDCFT，脉冲个数为64

(f) MDCFT，脉冲个数为32

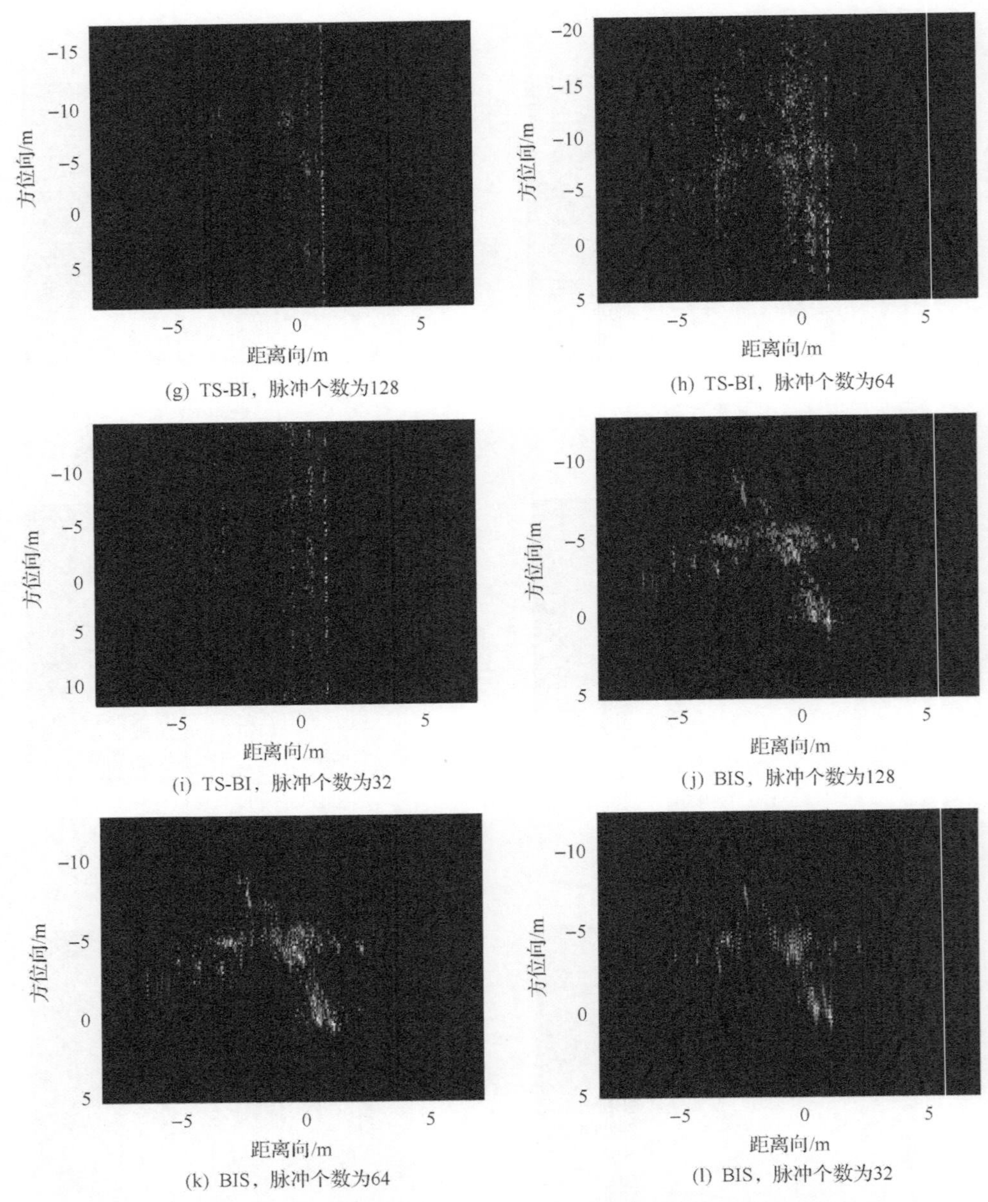

图 5.15　不同 GMS 稀疏孔径条件下飞机一维像序列与 ISAR 图像

表 5.3 进一步给出三种算法所得图像熵与估计目标转速，可以看出所提 BIS 算法的估计目标转速最接近全孔径条件下所估计的目标转速，表明其具有较优的稀疏孔径 ISAR 横向定标性能。注意到：MDCFT 算法所得图像熵远低于 TS-BI 与 BIS 算法，这是由于 MDCFT 算法采用的是逐点估计算法，依次估计并剔除目标能量较

强的散射点，直至剩余回波能量低于设定门限值，这种算法所得 ISAR 图像仅包含目标强散射点，呈现强烈稀疏特性，而不包含目标弱散射点，且存在大量野值。相比之下，虽然所提 BIS 算法所得图像熵较大，但其能够同时重构目标强、弱散射点，所得 ISAR 图像更能反映目标轮廓，因而 ISAR 聚焦性能优于 MDCFT 算法。

表 5.3　民航飞机实测数据算法性能比较

稀疏孔径类型	脉冲个数	算法	图像熵	估计目标转速/(rad/s)
RMS	128	MDCFT	5.1438	0.0609
		TS-BI	8.9219	0.0632
		BIS	8.4650	0.0735
	64	MDCFT	5.1986	0.1450
		TS-BI	7.8847	0.0434
		BIS	7.1963	0.0783
	32	MDCFT	3.8660	0.1167
		TS-BI	6.9816	0.0396
		BIS	5.9193	0.0805
GMS	128	MDCFT	5.2399	0.0848
		TS-BI	9.3041	0.1089
		BIS	7.9349	0.0782
	64	MDCFT	4.0999	0.0946
		TS-BI	8.2374	0.1093
		BIS	7.1491	0.0813
	32	MDCFT	4.0757	0.0961
		TS-BI	7.0584	0.1085
		BIS	6.3817	0.0899

进一步采用某货轮(图 5.16)实测数据分析算法性能。雷达信号载频、带宽、PRF 分别为 9.6GHz、600MHz 与 300Hz。成像累积区间包含 256 个脉冲，全孔径

图 5.16　货轮

条件下的目标一维像序列与 RD 成像结果如图 5.17(a)、图 5.17(b)所示。估计转速为 0.07rad/s，由于为非合作式目标，无法获取其真实转速，因此采用全孔径条件下估计的目标转速作为参考值检验稀疏孔径条件下参数估计性能。

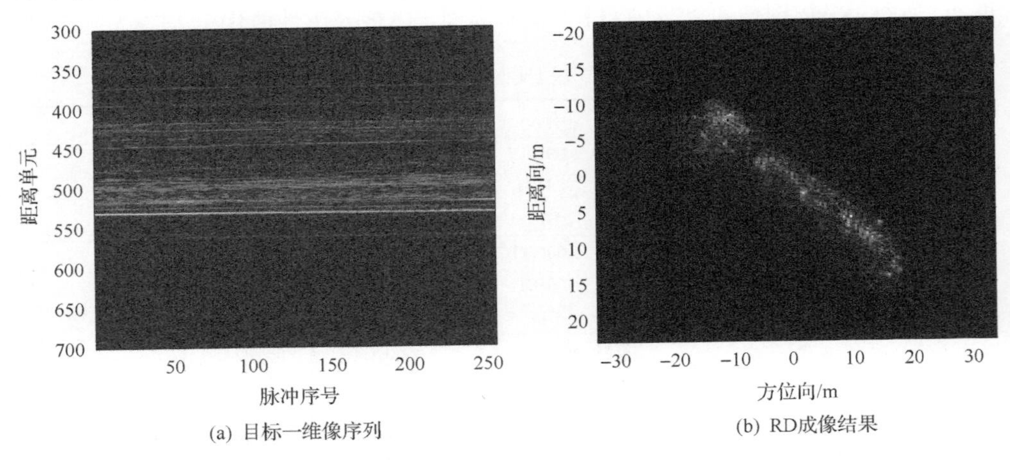

(a) 目标一维像序列　　(b) RD成像结果

图 5.17　全孔径条件下实验结果

分别采用 RMS 与 GMS 方式从全孔径数据中抽取部分脉冲，以模拟稀疏孔径雷达回波，并采用 MDCFT、TS-BI 与所提 BIS 算法从所得稀疏孔径雷达回波中重构 ISAR 图像，成像结果如图 5.18、图 5.19 所示。由此可知，所提 BIS 算法所得 ISAR 图像聚焦效果最好，尤其是在采样脉冲个数仅为 32 的条件下，BIS 算法仍然能获得聚焦效果良好的 ISAR 图像，验证了其较优的 ISAR 聚焦性能。

表 5.4 进一步给出三种算法所得图像熵与估计目标转速。比较可知，所提 BIS 算法估计的转速最接近 0.07rad/s，即全孔径条件下所估计的转速，尽管其所得图像熵高于 MDCFT 算法，但 ISAR 图像更接近目标轮廓，且野值点明显少于 MDCFT 算法，从而进一步验证了其较优的 ISAR 图像自聚焦与横向定标性能。

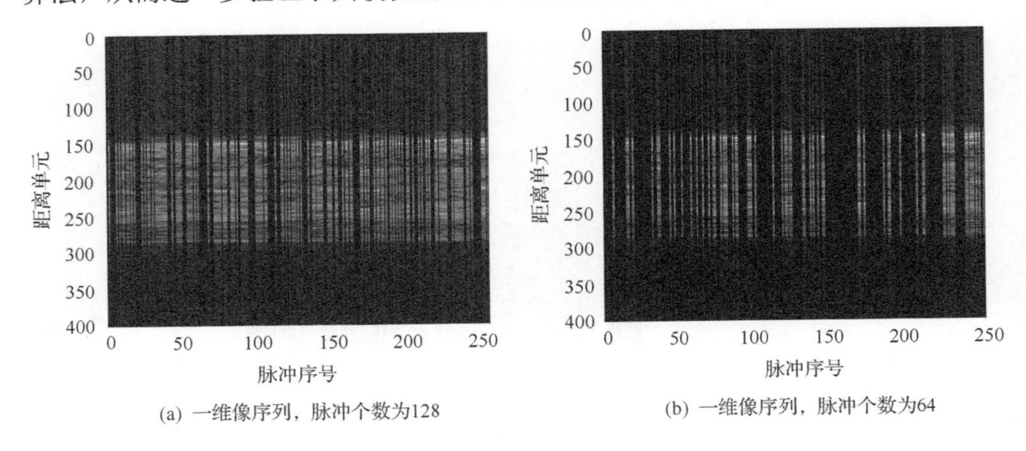

(a) 一维像序列，脉冲个数为128　　(b) 一维像序列，脉冲个数为64

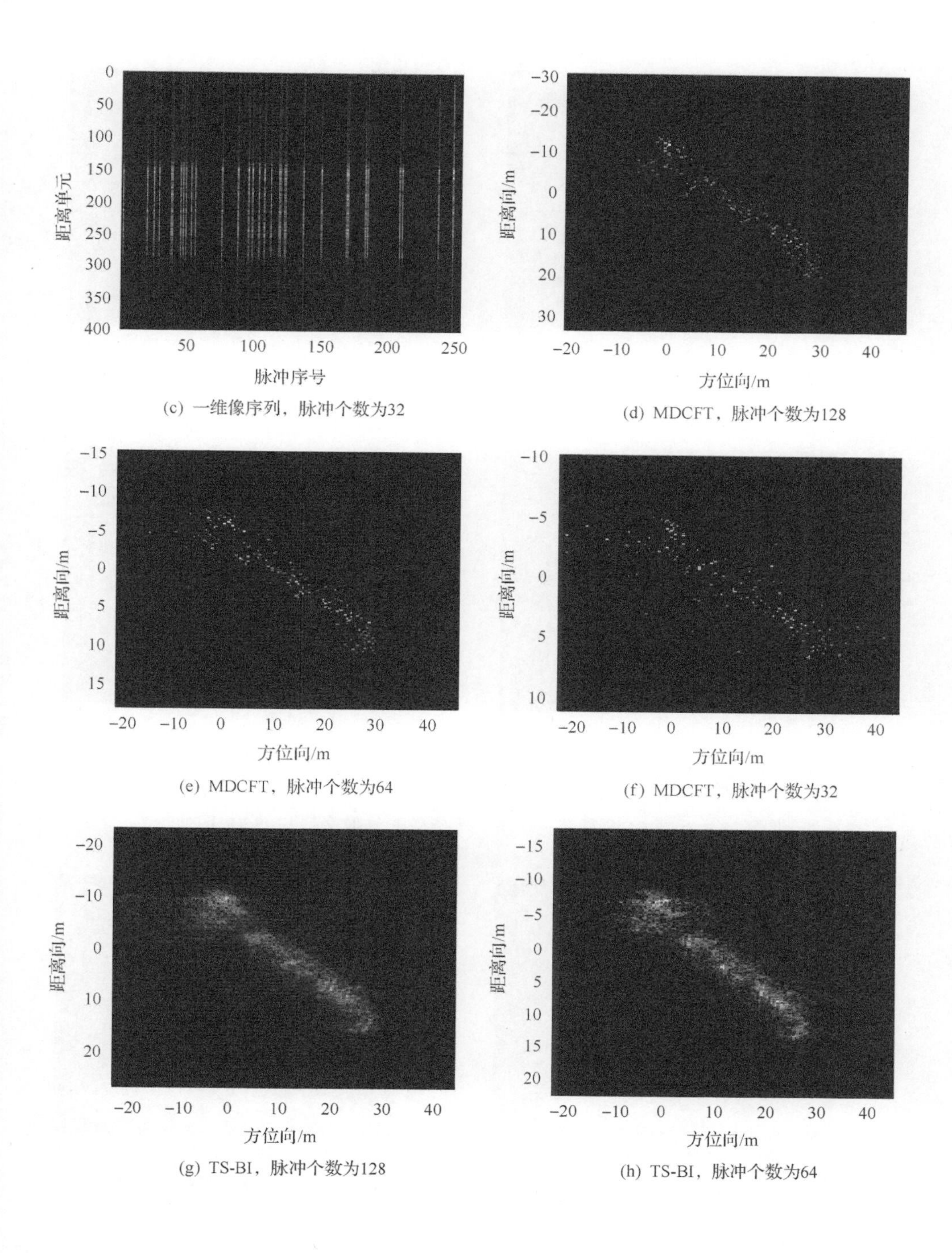

(c) 一维像序列，脉冲个数为32

(d) MDCFT，脉冲个数为128

(e) MDCFT，脉冲个数为64

(f) MDCFT，脉冲个数为32

(g) TS-BI，脉冲个数为128

(h) TS-BI，脉冲个数为64

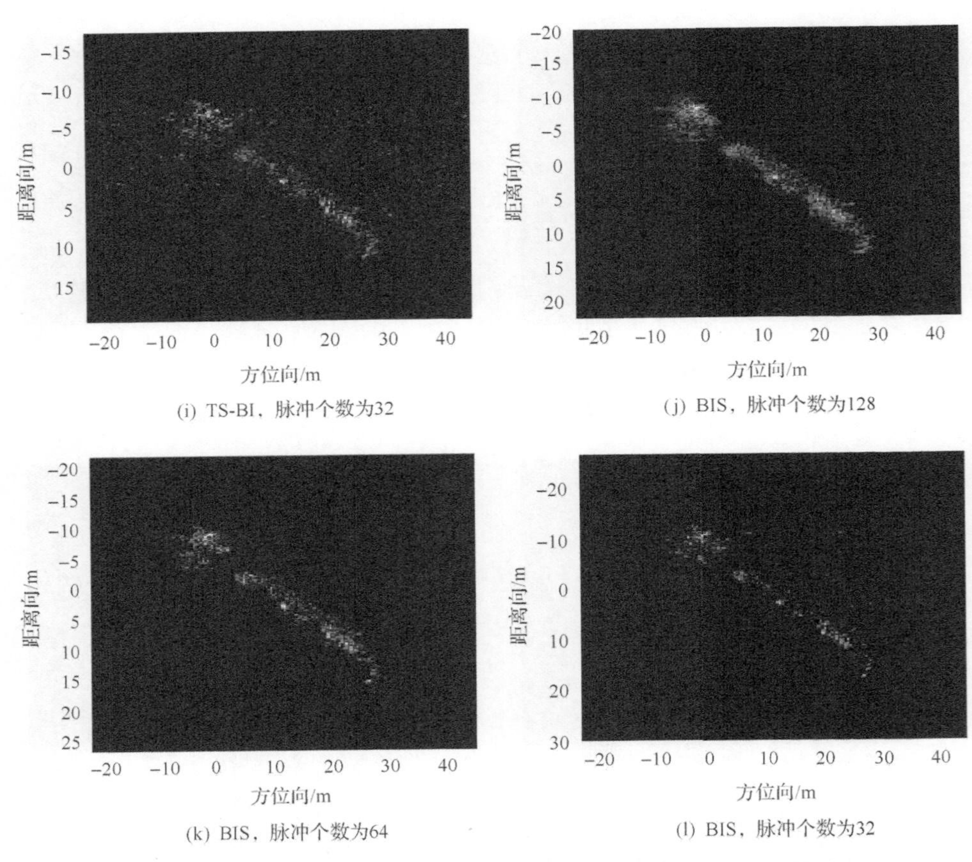

(i) TS-BI，脉冲个数为32

(j) BIS，脉冲个数为128

(k) BIS，脉冲个数为64

(l) BIS，脉冲个数为32

图 5.18　不同 RMS 稀疏孔径条件下货轮一维像序列与 ISAR 图像

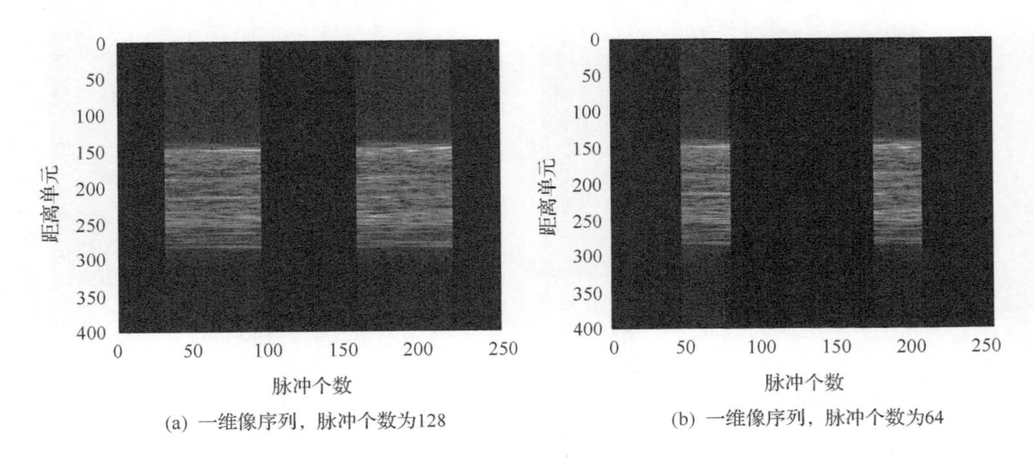

(a) 一维像序列，脉冲个数为128

(b) 一维像序列，脉冲个数为64

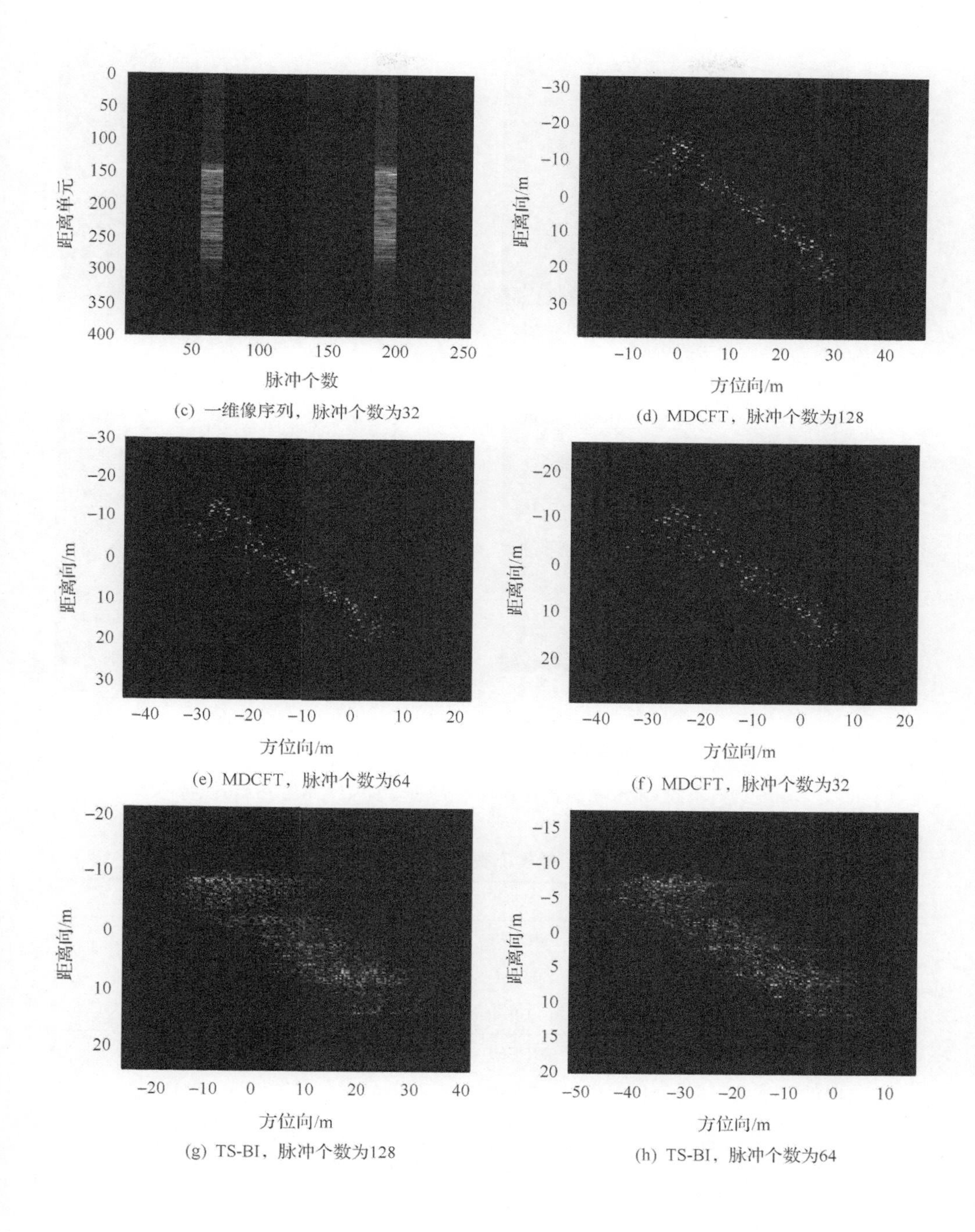

(c) 一维像序列，脉冲个数为32

(d) MDCFT，脉冲个数为128

(e) MDCFT，脉冲个数为64

(f) MDCFT，脉冲个数为32

(g) TS-BI，脉冲个数为128

(h) TS-BI，脉冲个数为64

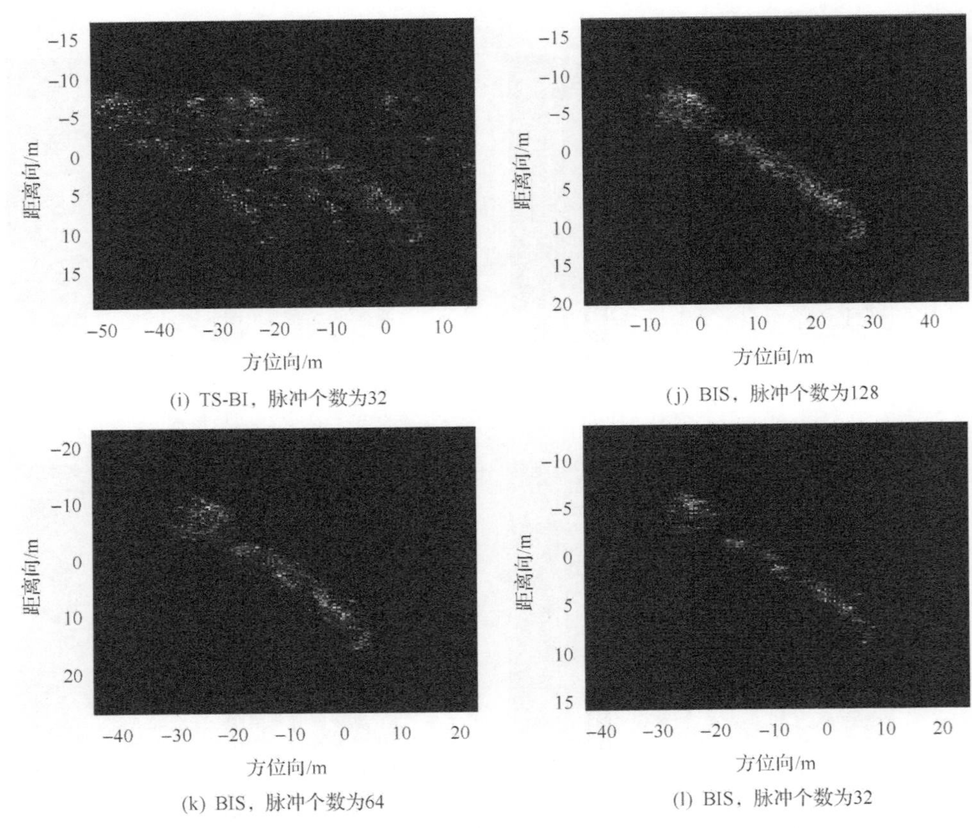

图 5.19　不同 GMS 稀疏孔径条件下货轮一维像序列与 ISAR 图像

表 5.4　货轮实测数据算法性能比较

稀疏孔径类型	脉冲个数	算法	图像熵	估计目标转速/(rad/s)
RMS	128	MDCFT	4.6254	0.04999
		TS-BI	7.8255	0.0623
		BIS	6.9451	0.0712
	64	MDCFT	4.6457	0.0932
		TS-BI	7.2815	0.0753
		BIS	6.1533	0.0724
	32	MDCFT	4.6597	0.1463
		TS-BI	6.8368	0.0848
		BIS	5.6134	0.0763

续表

稀疏孔径类型	脉冲个数	算法	图像熵	估计目标转速/(rad/s)
GMS	128	MDCFT	4.5893	0.0427
		TS-BI	5.7080	0.0686
		BIS	6.4492	0.0712
	64	MDCFT	4.6241	0.0488
		TS-BI	6.3405	0.0829
		BIS	5.9383	0.0617
	32	MDCFT	4.6006	0.0565
		TS-BI	6.3473	0.1056
		BIS	4.8490	0.0846

5.6 本章小结

本章针对稀疏孔径条件下 ISAR 自聚焦与横向定标相互耦合、分开求解精度较低的问题，提出了一种基于变分贝叶斯算法与最小熵的稀疏孔径 ISAR 联合自聚焦与横向定标算法，该算法充分利用了目标 ISAR 图像的稀疏特性，在贝叶斯框架内，通过 LSM 先验对 ISAR 图像进行稀疏先验建模，并采用基于拉普拉斯估计的变分贝叶斯算法对 ISAR 图像后验概率密度进行求解，从而实现稀疏孔径条件下的高分辨 ISAR 图像重构。同时，在 ISAR 图像重构过程中，通过基于修正牛顿迭代的最小熵法联合估计并补偿雷达回波中的初相误差与二阶相位误差，并利用二阶相位误差估计目标转速，从而联合实现 ISAR 自聚焦与横向定标，有效提升了 ISAR 图像聚焦质量。基于仿真与实测数据的实验结果表明，本章所提算法在雷达回波 SNR 低至−5dB、孔径稀疏度低至 12.5%的条件下仍能有效获取目标高分辨 ISAR 图像，并实现高精度 ISAR 横向定标。

参考文献

[1] Zhang S H, Liu Y X, Li X, et al. Fast ISAR cross-range scaling using modified Newton method[J]. IEEE Transactions on Aerospace and Electronic Systems, 2018, 54(3): 1355-1367.

[2] Zhao L, Wang L, Bi G, et al. An autofocus technique for high-resolution inverse synthetic aperture radar imagery[J]. IEEE Transactions on Geoscience and Remote Sensing, 2004, 52(10): 6392-6403.

[3] Xu G, Xing M D, Zhang L, et al. Sparse apertures ISAR imaging and Scaling for maneuvering targets[J]. IEEE Journal of Selected Topics in Applied Earth Observation and Remote Sensing, 2014, 7(7): 2942-2956.

第 6 章　稀疏孔径 Bi-ISAR 成像技术

6.1　概　　述

Bi-ISAR 成像系统通过收发分置的方式克服单基 ISAR 系统对目标运动形式有特殊要求、容易暴露自身位置的缺陷，但 Bi-ISAR 系统同样面临新的问题，包括时变双基角(收发雷达 LOS 夹角)影响、SNR 较低与同步误差影响等。其中，时变双基角将导致多普勒频率非平稳，使得图像散焦。尤其对于复杂运动目标，多普勒频率非平稳性加剧，此时必须进行成像区间选取，选出多普勒谱相对平稳的区间，以获得聚焦效果较好的 ISAR 图像。一般而言，成像累积时间越长，目标相对雷达的转角越大，ISAR 图像的方位向分辨率越高，但成像累积时间的增加将加剧多普勒谱的非平稳性，导致图像散焦。

本章提出一种基于贝叶斯框架的稀疏孔径 Bi-ISAR 成像算法[1]，以提高低 SNR 与目标复杂运动条件下 Bi-ISAR 成像质量。首先采用非相参累积对一维像序列进行降噪预处理[2]，以提高回波 SNR。接着采用重排时频分析算法提取降噪后一维像的瞬时多普勒(range instantaneous Doppler，RID)谱，并对其进行二值化与平滑处理。然后对平滑后的多普勒谱进行分段累积，从中选取累积多普勒谱熵最小的弧段作为成像区间段。由于选取的成像区间段较短，传统 RD 成像结果方位向分辨率低。接着采用基于 LSM 先验的稀疏贝叶斯算法对选取的成像区间段数据进行 ISAR 图像重构。最后通过暗室测量数据实验结果验证所提 Bi-ISAR 成像算法的有效性。内容安排如下：6.2 节建立 Bi-ISAR 成像模型；6.3 节提出基于非相参累积的一维像降噪及基于重排时频分析的成像区间选取算法；6.4 节采用 LSM 先验的稀疏贝叶斯重构算法对 ISAR 图像进行稀疏重构；6.5 节通过暗室测量数据实验对算法有效性进行验证；6.6 节对本章进行小结。

6.2　Bi-ISAR 成像信号模型

本节建立两种 Bi-ISAR 成像模型。首先为一般化三维成像模型。如图 6.1(a)所示，分别建立全局坐标系 *O-UVW*、参考坐标系 *O′-XYZ* 及目标惯性坐标系 *O′-xyz*。对于全局坐标系 *O-UVW*，其原点 *O* 为发射雷达 *T* 所在位置，*U* 轴为发射雷达与接收雷达 *R* 连线方向，*W* 轴垂直于地面，*V* 轴由右手定则决定；参考坐标系 *O′-XYZ* 为 *O-UVW* 的平移，其原点 *O′*为目标重心；目标惯性坐标系 *O′-xyz* 的 *x*、*y*、*z* 轴则分别对应目标的俯仰、横滚与偏航角速度方向。$\alpha_T(\alpha_R)$、$\varphi_T(\varphi_R)$ 与 $r_T(r_R)$ 分别为目标相对发射(接收)雷达的方位角、俯仰角与距离，$\boldsymbol{i}_T(\boldsymbol{i}_R)$ 为发射(接收)雷达的 LOS 方向单位矢量。β 为双基角，即 $\boldsymbol{i}_T$ 与 $\boldsymbol{i}_R$ 的夹角。另外，双基雷达系统可以等效为单基雷达[3]，该等效雷达 B 位于 β 的角平分线上，雷达 B 与目标重心 O' 之间的距离为 $r_{O'B}=\left(r_{O'T}+r_{O'R}\right)/2$，$\boldsymbol{i}_B$ 表示雷达 B 的 LOS 方向单位矢量。

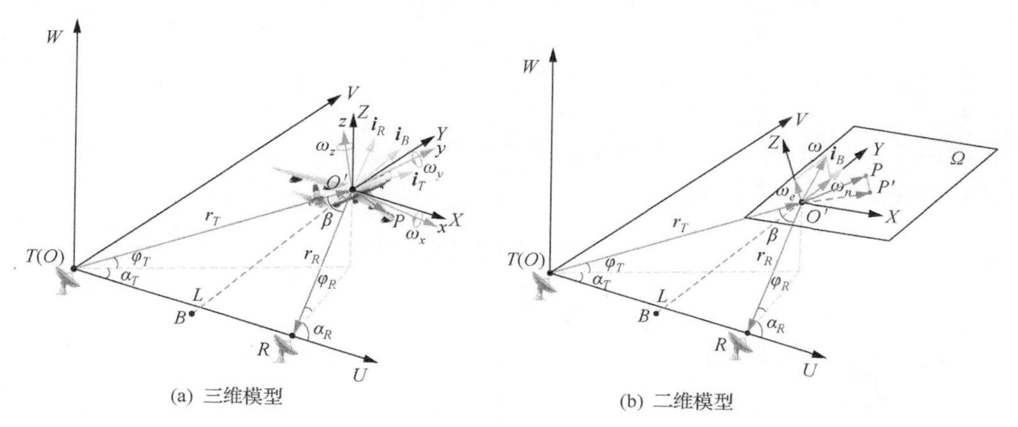

(a) 三维模型　　(b) 二维模型

图 6.1　Bi-ISAR 成像模型

设雷达发射 LFM 信号，并采用解线调方式进行接收，则解线调频后雷达回波为

$$s\left(\hat{t},t_m\right)=\sum_{p=1}^{P}\sigma_p\,\mathrm{rect}\left(\frac{\hat{t}-r_p/c}{T}\right)\exp\left[-\mathrm{j}\frac{2\pi}{c}\gamma\left(\hat{t}-\frac{r_{\mathrm{ref}}}{c}\right)r_\Delta\right]\exp\left(-\mathrm{j}\frac{2\pi}{c}f_c r_\Delta\right)\exp\left(\mathrm{j}\frac{\pi\gamma}{c^2}r_\Delta^2\right) \tag{6.1}$$

式中，$\hat{t}$、t_m、T、f_c、γ 及 c 分别表示快时间、慢时间、脉冲宽度、中心频率、调频率及光速；$\mathrm{rect}(\cdot)$ 表示矩形窗，$\mathrm{rect}(u)=\begin{cases}1, & |u|\leqslant 0.5\\ 0, & |u|>0.5\end{cases}$；$\sigma_p$ 与 r_p 分别表示散射点 P 的散射系数及与发射、接收雷达之间距离之和。$r_{\mathrm{ref}}=r_{\mathrm{ref}}^{\mathrm{T}}+r_{\mathrm{ref}}^{\mathrm{R}}$ 表示参考距离之和，其中 $r_{\mathrm{ref}}^{\mathrm{T}}$ 与 $r_{\mathrm{ref}}^{\mathrm{R}}$ 分别表示发射与接收雷达的参考距离，$r_\Delta=r_p-r_{\mathrm{ref}}$。接收雷达无法获取发射雷达的参考距离，需由其自身参考距离推得，即

$$r_{\mathrm{ref}}^{\mathrm{T}}=\sqrt{L^2+\left(r_{\mathrm{ref}}^{\mathrm{R}}\right)^2+2Lr_{\mathrm{ref}}^{\mathrm{R}}\cos\varphi_R\cos\alpha_R} \tag{6.2}$$

式(6.1)所示解线调信号包含三个相位项，其中第一个和第二个相位项分别用于实现距离向与方位向压缩，第三个相位项为视频残余相位项，需加以补偿[4]。在远场假设下，瞬时距离之和 r_p 为

$$r_p \approx r_T + r_R + r_{O'P} \cdot \left(\boldsymbol{i}_T + \boldsymbol{i}_R\right) \tag{6.3}$$

式中，$\boldsymbol{r}_{O'P}$ 表示散射点 P 的位置坐标，式(6.3)可化为

$$r_p \approx r_T + r_R + 2\cos\frac{\beta}{2}\boldsymbol{r}_{O'P} \cdot \boldsymbol{i}_B \tag{6.4}$$

式中，$r_T + r_R$ 与 $2\cos(\beta/2)\boldsymbol{r}_{O'P} \cdot \boldsymbol{i}_B$ 分别表示目标平动与转动分量。需通过平动补偿算法补偿平动分量，以保留转动分量，实现方位向分辨。已经证明，传统平动补偿算法依然适用于 Bi-ISAR 成像，因此本章假设平动补偿已经完成。式(6.4)中的双基角 β 可由下式获得：

$$\beta = \arccos\frac{r_R + L\cos\varphi_R\cos\alpha_R}{\sqrt{L^2 + r_R^2 + 2Lr_R\cos\varphi_R\cos\alpha_R}} \tag{6.5}$$

式(6.5)全部由接收雷达参数推得，因为接收雷达对于发射雷达参数未知。另外，可推得雷达 B 的 LOS 方向单位矢量如下：

$$\boldsymbol{i}_B = \frac{1}{\sqrt{2r_T\left(r_T + r_R + L\cos\varphi_R\cos\alpha_R\right)}} \cdot \begin{bmatrix} L + \left(r_T + r_R\right)\cos\varphi_R\cos\alpha_R \\ \left(r_T + r_R\right)\cos\varphi_R\sin\alpha_R \\ \left(r_T + r_R\right)\sin\varphi_R \end{bmatrix} \tag{6.6}$$

式中，$r_T = \sqrt{{r_R}^2 + L^2 + 2Lr_R\cos\varphi_R\cos\alpha_R}$。

令目标旋转速度为 $\boldsymbol{\omega} = \left[\omega_x, \omega_y, \omega_z\right]^{\mathrm{T}}$，则瞬时旋转矩阵为

$$\begin{aligned} \boldsymbol{R} &= \boldsymbol{R}_x\boldsymbol{R}_y\boldsymbol{R}_z \\ &= \begin{bmatrix} 1 & 0 & 0 \\ 0 & \cos\left(\omega_x t_m + \theta_{x0}\right) & -\sin\left(\omega_x t_m + \theta_{x0}\right) \\ 0 & \sin\left(\omega_x t_m + \theta_{x0}\right) & \cos\left(\omega_x t_m + \theta_{x0}\right) \end{bmatrix} \\ &\cdot \begin{bmatrix} \cos\left(\omega_y t_m + \theta_{y0}\right) & 0 & \sin\left(\omega_y t_m + \theta_{y0}\right) \\ 0 & 1 & 0 \\ -\sin\left(\omega_y t_m + \theta_{y0}\right) & 0 & \cos\left(\omega_y t_m + \theta_{y0}\right) \end{bmatrix} \\ &\cdot \begin{bmatrix} \cos\left(\omega_z t_m + \theta_{z0}\right) & -\sin\left(\omega_z t_m + \theta_{z0}\right) & 0 \\ \sin\left(\omega_z t_m + \theta_{z0}\right) & \cos\left(\omega_z t_m + \theta_{z0}\right) & 0 \\ 0 & 0 & 1 \end{bmatrix} \end{aligned} \tag{6.7}$$

式中，$\boldsymbol{R}_x$、$\boldsymbol{R}_y$、$\boldsymbol{R}_z$ 与 $\boldsymbol{R}$ 分别表示 t_m 时刻目标俯仰、横滚、偏航与总的瞬时旋转矩阵；θ_{x0} 、θ_{y0} 与 θ_{z0} 分别表示初始俯仰、横滚与偏航角，则散射点 P 的瞬时坐标为

$$\boldsymbol{r}_{O'P} = \boldsymbol{R}\boldsymbol{r}_{O'P}^0 \tag{6.8}$$

式中，$\boldsymbol{r}_{O'P}^0 = \left[x_p^0, y_p^0, z_p^0\right]^{\mathrm{T}}$ 表示散射点 P 的初始位置坐标，将式(6.5)～式(6.8)代入式(6.4)可得目标瞬时转动分量。

图 6.1(a)为三维 Bi-ISAR 成像模型，当仅考虑二维 ISAR 成像时可对其进行简化，如图 6.1(b)所示。在该模型中，参考坐标系 O'-XYZ 具有时变性，其 Y 轴沿 $\boldsymbol{i}_B$ 方向，X 轴沿 $\boldsymbol{\omega}\times\boldsymbol{i}_B$ 方向，Z 轴由右手定则确定。可以看出，目标角速度位于 $YO'Z$ 平面，可分解为 Z 轴方向的有效分量 $\boldsymbol{\omega}_e$ 及 Y 轴方向的无效分量 $\boldsymbol{\omega}_n$，其中仅 $\boldsymbol{\omega}_e$ 对 ISAR 成像方位向分辨有贡献。成像平面为 XOY 平面，当进行 ISAR 成像时，目标上任意散射点 P 将投影到成像平面 P'。此时，瞬时旋转矩阵变为

$$\boldsymbol{R}_\Omega = \begin{bmatrix} \cos(\omega_e t_m + \theta_0) & -\sin(\omega_e t_m + \theta_0) \\ \sin(\omega_e t_m + \theta_0) & \cos(\omega_e t_m + \theta_0) \end{bmatrix} \tag{6.9}$$

式中，$\omega_e = |\boldsymbol{\omega}_e|$；$\theta_0$ 表示初始转角。由式(6.4)可得，投影点 P'的瞬时转动分量为

$$\begin{aligned} r_{\mathrm{rot}} &= 2\cos\frac{\beta}{2}\left(\boldsymbol{R}_\Omega \boldsymbol{r}_{O'P'}^0\right)\cdot \boldsymbol{i}_B \\ &= 2\cos\frac{\beta}{2}\left[\sin(\omega_e t_m + \theta_0)x_p^0 + \cos(\omega_e t_m + \theta_0)y_p^0\right] \end{aligned} \tag{6.10}$$

式中，$\boldsymbol{r}_{O'p'}^0 = \left[x_p^0, y_p^0\right]^{\mathrm{T}}$；$\boldsymbol{i}_B = [0,1]^{\mathrm{T}}$。将式(6.10)代入式(6.1)即可获得解线调频后的回波。由式(6.10)可知，与单基 ISAR 相比，Bi-ISAR 引入了一个与双基角 β 有关的系数，将对图像聚焦质量产生影响。

6.3　一维像预处理

一般而言，ISAR 成像对回波 SNR 要求较高(一般要求脉冲压缩后 SNR 不低于 10dB)。对于 Bi-ISAR 系统，发射雷达与接收雷达 LOS 形成一定夹角，接收信号并非发射信号的镜面反射，这导致接收 SNR 较低。另外，目标尺寸较小、与雷达距离较远及较强的空间攻防对抗等因素将进一步导致 SNR 降低。为此，本章首先对一维像序列进行降噪预处理。

对式(6.1)沿快时间方向进行 FFT，并补偿视频残余相位，可得脉冲后一维距离像为

$$S\left(f,t_m\right)=\sum_{p=1}^{P}\sigma_p T\,\mathrm{sinc}\left[T\left(f+\frac{\gamma}{c}r_\Delta\right)\right]\cdot\exp\left(-\mathrm{j}\frac{2\pi}{c}f_c r_\Delta\right) \tag{6.11}$$

进一步对式(6.11)进行包络对齐与自聚焦，以分别补偿由目标平动引起的包络平移与相位误差，并矫正越距离单元走动，所得一维距离像为

$$S_c\left(f,t_m\right)=\sum_{p=1}^{P}\sigma_p T\,\mathrm{sinc}\left[T\left(f+\frac{2\gamma}{c}\cos\frac{\beta}{2}y_p^0\right)\right]\exp\left(-\mathrm{j}\frac{4\pi}{c}f_c\cos\frac{\beta}{2}\omega x_p^0 t_m\right) \tag{6.12}$$

对式(6.12)沿慢时间做 FFT 即可获得 ISAR 图像。然而当回波 SNR 较低时，包络对齐与自聚焦精度降低，ISAR 图像聚焦效果较差。由于 ISAR 成像区间一般较短，成像区间内不同脉冲一维像包络相似程度较高，因此将对齐后的一维像序列沿慢时间方向进行非相参累积，以抑制噪声，所得平均一维像为

$$h\left(f\right)=\frac{\sum_{m=1}^{M}\left|S_{ca}\left(f,t_m\right)\right|}{\max_f\left\{\sum_{m=1}^{M}\left|S_{ca}\left(f,t_m\right)\right|\right\}} \tag{6.13}$$

式中，$S_{ca}\left(f,t_m\right)$表示粗对齐后的一维像序列。进一步将式(6.13)所得平均一维像作为窗函数，依次对各脉冲一维像进行滤波，得

$$\tilde{S}\left(f,t_m\right)=S_{ca}\left(f,t_m\right)h\left(f\right),\quad m=1,2,\cdots,M \tag{6.14}$$

式中，$\tilde{S}\left(f,t_m\right)$表示降噪后一维像。降噪处理后，可进一步对降噪后一维像序列进行包络精对齐，以提高对齐精度。另外，式(6.13)所示为实数窗，因此式(6.14)所示滤波过程不影响一维像相位。经过包络精对齐与自聚焦，降噪后一维像序列变为

$$\begin{aligned}\tilde{S}_c\left(f,t_m\right)=&\sum_{p=1}^{P}\tilde{\sigma}_p T\,\mathrm{sinc}\left[T\left(f+\frac{2\gamma}{c}\cos\frac{\beta}{2}y_p^0\right)\right]\\&\cdot\exp\left(-\mathrm{j}\frac{4\pi}{c}f_c\cos\frac{\beta}{2}\omega x_p^0 t_m\right)\end{aligned} \tag{6.15}$$

由于双基角的存在与目标复杂运动的影响，目标多普勒谱非平稳，需进行成像区间段选取，以选出多普勒谱相对平稳的区间段。为此，进一步提出一种基于重排时频分析算法的成像区间选取算法。该算法首先对降噪后、特显点所在距离单元的距离像进行时频分析，提取目标 RID 谱。其中，特显点所在距离单元选为能量最大的单元，即

$$k_0 = \arg\max_k \sum_{m=0}^{M-1} \left|\tilde{S}_c(k,m)\right| \tag{6.16}$$

式中，$\tilde{S}_c(k,m)$ 表示式(6.15)所示降噪后一维像的离散形式，k、m 分别表示第 k 个距离单元与第 m 个回波脉冲。若散射点越距离单元走动完全补偿，则单一散射点的距离单元将严格限制在同一距离单元内。然而，目前广泛使用的 Keystone 变换算法仅能补偿线性越距离单元走动，残余的高阶误差将导致一维像展宽，使单一散射点的距离像散布到相邻几个距离单元。因此，对式(6.16)所得第 k_0 个距离单元相邻几个单元的距离像进行累积，以聚集散布的散射点能量，可得

$$\overline{S}_{k_0}(m) = \frac{1}{2L+1} \sum_{k=k_0-L}^{k_0+L} \tilde{S}_c(k,m) \tag{6.17}$$

式中，$\overline{S}_{k_0}(m)$ 表示平均距离像；L 表示半累积窗长，一般设为 1～2，这是因为经过 Keystone 变换，剩余距离像越距离单元走动不明显。进一步采用重排时频分析算法[5]提取式(6.17)所得平均距离像的瞬时频率，为

$$G_{\overline{S}}^{(r)}(m',\omega';h) = \sum_{m=-\infty}^{+\infty} \sum_{\omega=-\infty}^{+\infty} \left\{ G_{\overline{S}}(m,\omega;h)\delta\left[m' - \hat{m}_{\overline{S}}(m,\omega;h)\right]\delta\left[\omega' - \hat{\omega}_{\overline{S}}(m,\omega;h)\right] \right\} \tag{6.18}$$

式中

$$\begin{aligned} G_{\overline{S}}(m,\omega;h) &= \left|F_{\overline{S}}(m,\omega;h)\right|^2 \\ &= \left|\sum_{n=-\infty}^{+\infty} \overline{S}_{k_0}(n)h(m-n)\exp(-\mathrm{j}2\pi\omega n)\right|^2 \\ \hat{m}_{\overline{S}}(m,\omega;h) &= m - \mathrm{Re}\left\{\frac{F_{\overline{S}}(m,\omega;\mathcal{T}h)F_{\overline{S}}^*(m,\omega;h)}{G_{\overline{S}}(m,\omega;h)}\right\} \\ \hat{\omega}_{\overline{S}}(m,\omega;h) &= \omega - \mathrm{Im}\left\{\frac{F_{\overline{S}}(m,\omega;\mathcal{D}h)F_{\overline{S}}^*(m,\omega;h)}{G_{\overline{S}}(m,\omega;h)}\right\} \end{aligned} \tag{6.19}$$

式中，$F_{\overline{S}}(m,\omega;h)$、$G_{\overline{S}}(m,\omega;h)$、$G_{\overline{S}}^{(r)}(m',\omega';h)$、$h$、$\mathcal{D}h$ 及 $\mathcal{T}h$ 分别表示短时傅里叶变换(short-time Fourier transform，STFT)谱、原始功率谱、重排功率谱、窗函数及差分因子与相乘因子，其中 $\mathcal{D}h = \mathrm{d}h(m)/\mathrm{d}m$，$\mathcal{T}h = m \cdot h(m)$。经过式(6.18)的变换，原始功率谱 $G_{\overline{S}}(m,\omega)$ 位于 (m,ω) 处的能量将重新排列至 $(\hat{m},\hat{\omega})$ 处，重新排列后的功率谱即 $G_{\overline{S}}^{(r)}(m',\omega';h)$，其分辨率明显高于原始功率谱。

进一步对重排功率谱 $G_{\overline{S}}^{(r)}(m',\omega';h)$ 进行多项式拟合，获取平滑功率谱，并对其进行二值化，获得二值化后的平滑功率谱 $I_{\overline{S}}(m,\omega)$ [6]。对 $I_{\overline{S}}(m,\omega)$ 分段沿慢时间累积，获取累积的功率谱，则 $I_{\overline{S}}(m,\omega)$ 越平稳，对应的累积功率谱能量越集中。累积功率谱分布越集中，其熵值越小。因此，进一步通过最小化累积功率谱的熵选出多普勒谱相对平稳的区间段，作为 ISAR 成像区间。首先对二值化后的平滑功率谱 $I_{\overline{S}}(m,\omega)$ 进行分段累积，得

$$I_{\overline{S}}^{(p)}(m,\omega)=\sum_{n=m-L_p}^{m+L_p} I_{\overline{S}}(n,\omega),\quad m=0,1,\cdots,M-1 \tag{6.20}$$

式中，$I_{\overline{S}}^{(p)}(m,\omega)$ 表示以 m 为中心、$2L_p+1$ 为窗长的累积功率谱。进一步求解其熵为

$$E(m)=-\sum_{\omega}\frac{I_{\overline{S}}^{(p)}(m,\omega)}{\sum_{\omega} I_{\overline{S}}^{(p)}(m,\omega)}\cdot\ln\frac{I_{\overline{S}}^{(p)}(m,\omega)}{\sum_{\omega} I_{\overline{S}}^{(p)}(m,\omega)} \tag{6.21}$$

则最优成像区间可通过最小化累积功率谱的熵获得，即若 $m_p=\arg\min_{m}\{E(m)\}$，则选取的最优成像区间段为 $[m_p-L_p,m_p+L_p]$。设置不同累积窗长并重复上述步骤，可选取多个成像区间。

6.4 稀疏 Bi-ISAR 成像

在 Bi-ISAR 成像中，由于双基角与目标复杂运动的影响，通过 6.3 节算法选出的最优成像区间段一般较短，直接采用 RD 成像将导致 ISAR 图像方位向分辨率较低。因此，采用第 2 章所提基于 LSM 先验的稀疏贝叶斯恢复算法对选出的成像区间段一维像进行 ISAR 图像稀疏重构。

成像区间段内一维像序列 $\tilde{S}_b(k,m)\ (m\in[m_p-L_p,m_p+L_p])$ 可用如下模型表示：

$$\boldsymbol{S}=\boldsymbol{F}\boldsymbol{x}+\boldsymbol{n} \tag{6.22}$$

式中，$\boldsymbol{S}\in\mathbf{C}^{(2L_p+1)\times K}$、$\boldsymbol{F}\in\mathbf{C}^{(2L_p+1)\times N}$、$\boldsymbol{x}\in\mathbf{C}^{N\times K}$ 及 $\boldsymbol{n}\in\mathbf{C}^{(2L_p+1)\times K}$ 分别表示一维像序列、傅里叶字典、待恢复 ISAR 图像及噪声，K 与 N 分别为距离单元与待恢复多普勒单元个数。一维像序列 $\boldsymbol{S}$ 各元素可由式(6.15)获得，即 $\boldsymbol{S}_{m,k}=\tilde{S}_c(k,m)$。傅里叶字典 $\boldsymbol{F}=[\boldsymbol{f}_0,\boldsymbol{f}_1,\cdots,\boldsymbol{f}_{N-1}]$，其中 $\boldsymbol{f}_n=\left[\exp\left(\mathrm{j}2\pi n\dfrac{m_p-L_p}{2L_p+1}\right),\cdots,\exp\left(\mathrm{j}2\pi n\dfrac{m_p+L_p}{2L_p+1}\right)\right]^{\mathrm{T}}$ 为第

n 个傅里叶基。待恢复多普勒单元个数 N 一般大于成像区间长度，以重构方位向分辨率较高的 ISAR 图像。设噪声 $\boldsymbol{n}$ 为均值为零、方差为 α^{-1} 的复高斯噪声，则一维像序列 $\boldsymbol{S}$ 的似然函数同样服从复高斯分布，即

$$p\left(\boldsymbol{S}\middle|\boldsymbol{x},\alpha\right)=\prod_{k=0}^{K-1}\mathcal{CN}\left(\boldsymbol{S}_{\cdot k}\middle|\boldsymbol{F}\boldsymbol{x}_{\cdot k},\alpha^{-1}\boldsymbol{I}\right) \tag{6.23}$$

进一步假设噪声精准度 α(方差倒数)服从伽马分布：$p(\alpha;a,b)=\mathcal{G}\left(\alpha\middle|a,b\right)$，其中参数 a、b 一般设为较小值(如 $a=b=10^{-4}$)，以使先验 $p(\alpha;a,b)$ 无信息化。

对于待恢复 ISAR 图像 $\boldsymbol{x}$，采用 LSM 先验对其进行建模，以提升稀疏表示性能。首先假设 $\boldsymbol{x}$ 各元素分别服从相互独立的拉普拉斯分布，即

$$p\left(\boldsymbol{x}_{\cdot k}\middle|\boldsymbol{\lambda}_{\cdot k}\right)=\prod_{n=0}^{N-1}\mathcal{L}\left(\boldsymbol{x}_{n,k}\middle|\boldsymbol{\lambda}_{n,k}\right) \tag{6.24}$$

式中，$\boldsymbol{\lambda}$ 表示尺度因子矩阵。进一步假设 $\boldsymbol{\lambda}$ 各列分别服从相互独立的逆伽马分布：

$$p\left(\boldsymbol{\lambda}_{\cdot k};c_k,d_k\right)=\prod_{n=0}^{N-1}\mathcal{IG}\left(\boldsymbol{\lambda}_{n,k}\middle|c_k,d_k\right) \tag{6.25}$$

同样，将参数 c_k 与 d_k 设为较小值，以保证先验 $p\left(\boldsymbol{\lambda}_{\cdot k};c_k,d_k\right)$ 无信息化。稀疏贝叶斯重构的目标是求出所有未知变量的联合后验概率密度 $p\left(\boldsymbol{x}_{\cdot k},\boldsymbol{\lambda}_{\cdot k},\alpha\middle|\boldsymbol{S}_{\cdot k};a,b,c_k,d_k\right)$，由于涉及多重积分，该后验概率密度不易求得，因此采用 LA-VB 算法进行稀疏重构。首先假设联合后验概率密度可因式分解为 $p\left(\boldsymbol{x}_{\cdot k},\boldsymbol{\lambda}_{\cdot k},\alpha\middle|\boldsymbol{S}_{\cdot k};a,b,c_k,d_k\right)\approx q\left(\boldsymbol{x}_{\cdot k}\right)q\left(\boldsymbol{\lambda}_{\cdot k}\right)q(\alpha)$，其中 $q(\boldsymbol{x}_{\cdot k})$、$q(\boldsymbol{\lambda}_{\cdot k})$ 与 $q(\alpha)$ 分别为 $\boldsymbol{x}_{\cdot k}$、$\boldsymbol{\lambda}_{\cdot k}$ 与 α 的近似后验概率密度，可通过 EM 算法获得

$$q\left(\boldsymbol{\lambda}_{\cdot k}\right)\propto\exp\left[\left\langle\ln p\left(\boldsymbol{S}_{\cdot k},\boldsymbol{x}_{\cdot k},\boldsymbol{\lambda}_{\cdot k},\alpha;a,b,c_k,d_k\right)\right\rangle_{q(\boldsymbol{\lambda}_{\cdot k})q(\alpha)}\right] \tag{6.26}$$

$$q\left(\boldsymbol{\lambda}_{\cdot k}\right)\propto\exp\left[\left\langle\ln p\left(\boldsymbol{S}_{\cdot k},\boldsymbol{x}_{\cdot k},\boldsymbol{\lambda}_{\cdot k},\alpha;a,b,c_k,d_k\right)\right\rangle_{q(\boldsymbol{\lambda}_{\cdot k})q(\alpha)}\right] \tag{6.27}$$

$$q(\alpha)\propto\exp\left[\left\langle\ln p\left(\boldsymbol{S},\boldsymbol{x},\boldsymbol{\lambda},\alpha;a,b,c_k,d_k\right)\right\rangle_{q(\boldsymbol{x})q(\boldsymbol{\lambda})}\right] \tag{6.28}$$

式中，噪声精准度 α 服从伽马分布，与高斯似然函数共轭，故其后验概率密度同样服从伽马分布，即

$$q(\alpha)=\mathcal{G}\left[\alpha\middle|a+K(2L_p+1),b+\left\langle\left\|\boldsymbol{S}-\boldsymbol{F}\boldsymbol{x}\right\|_{\mathrm{F}}^2\right\rangle\right] \tag{6.29}$$

同样，尺度因子 $\boldsymbol{\lambda}_{\cdot k}$ 的逆伽马先验共轭于 $p\left(\boldsymbol{x}_{\cdot k}\middle|\boldsymbol{\lambda}_{\cdot k}\right)$，故其后验概率密度同样服从逆伽马分布：

$$q\left(\boldsymbol{\lambda}_{\cdot k}\right)=\prod_{n=0}^{N-1}\mathcal{IG}\left(\boldsymbol{\lambda}_{n,k}\middle|c_k+1,d_k+\left\langle\left|\boldsymbol{x}_{n,k}\right|\right\rangle\right) \tag{6.30}$$

然而，$q(\boldsymbol{x}_{\cdot k})$ 无法直接获得，因为其先验 $p\left(\boldsymbol{x}_{\cdot k}\middle|\boldsymbol{\lambda}_{\cdot k}\right)$ 服从拉普拉斯分布，与高斯似然函数不共轭。因此，通过拉普拉斯估计算法估计 $q(\boldsymbol{x}_{\cdot k})$，对 $\ln q(\boldsymbol{x}_{\cdot k})$ 进行二阶泰勒展开为

$$\ln q\left(\boldsymbol{x}_{\cdot k}\right)\approx\ln q\left(\hat{\boldsymbol{x}}_{\cdot k}\right)+\frac{1}{2}\left(\boldsymbol{x}_{\cdot k}-\hat{\boldsymbol{x}}_{\cdot k}\right)^{\mathrm{H}}\boldsymbol{H}_k\left(\boldsymbol{x}_{\cdot k}-\hat{\boldsymbol{x}}_{\cdot k}\right) \tag{6.31}$$

式中，$\hat{\boldsymbol{x}}_{\cdot k}$ 表示 $\boldsymbol{x}_{\cdot k}$ 的 MAP 估计；$\boldsymbol{H}_k$ 表示 $\ln q(\boldsymbol{x}_{\cdot k})$ 的 Hessian 矩阵。上述展开式中一阶项为零，因为在 MAP 估计处，$\ln q(\boldsymbol{x}_{\cdot k})$ 关于 $\boldsymbol{x}_{\cdot k}$ 的一阶偏导数为零。由式(6.31)可知，$q(\boldsymbol{x}_{\cdot k})$ 近似服从如下复高斯分布：

$$q\left(\boldsymbol{x}_{\cdot k}\right)\approx\mathcal{CN}\left(\boldsymbol{x}_{\cdot k}\middle|\boldsymbol{\mu}_{\cdot k},\boldsymbol{\Sigma}_k\right) \tag{6.32}$$

式中，均值 $\boldsymbol{\mu}_{\cdot k}$ 与协防差矩阵 $\boldsymbol{\Sigma}_k$ 分别为

$$\boldsymbol{\mu}_{\cdot k}=\hat{\boldsymbol{x}}_{\cdot k}=\langle\alpha\rangle\boldsymbol{\Sigma}_k\boldsymbol{F}^{\mathrm{H}}\boldsymbol{S}_{\cdot k} \tag{6.33}$$

$$\boldsymbol{\Sigma}_k=-\boldsymbol{H}_k^{-1}=\left(\langle\alpha\rangle\boldsymbol{F}^{\mathrm{H}}\boldsymbol{F}+\frac{1}{2}\boldsymbol{\Lambda}\right)^{-1} \tag{6.34}$$

式中，$\boldsymbol{\Lambda}=\mathrm{diag}\left[\left\langle 1/\boldsymbol{\lambda}_{\cdot,n}\right\rangle\odot 1/\left\langle\left|\boldsymbol{x}_{\cdot,n}\right|\right\rangle\right]$。

进一步求取所得后验概率密度的期望，以实现对未知变量的估计：

$$\langle\alpha\rangle=\frac{a+K\left(2L_p+1\right)}{b+\left\langle\|\boldsymbol{S}-\boldsymbol{F}\boldsymbol{x}\|_{\mathrm{F}}^2\right\rangle} \tag{6.35}$$

$$\left\langle\frac{1}{\boldsymbol{\lambda}_{n,k}}\right\rangle=\frac{c_k+1}{d_k+\left\langle\left|\boldsymbol{x}_{n,k}\right|\right\rangle} \tag{6.36}$$

$$\left\langle\boldsymbol{x}_{\cdot k}\right\rangle=\langle\alpha\rangle\boldsymbol{\Sigma}_k\boldsymbol{F}^{\mathrm{H}}\boldsymbol{S}_{\cdot k} \tag{6.37}$$

$$\left\langle\|\boldsymbol{S}-\boldsymbol{F}\boldsymbol{x}\|_{\mathrm{F}}^2\right\rangle=\|\boldsymbol{S}-\boldsymbol{F}\boldsymbol{\mu}\|_{\mathrm{F}}^2+\sum_{k=0}^{K-1}\mathrm{tr}\left(\boldsymbol{F}^{\mathrm{H}}\boldsymbol{F}\boldsymbol{\Sigma}_k\right) \tag{6.38}$$

$$\left\langle \left| \boldsymbol{x}_{n,k} \right| \right\rangle = \sqrt{\frac{2}{\pi} \boldsymbol{\Sigma}_k^{n,n}} \, {}_1F_1\left(-\frac{1}{2}, \frac{1}{2}, -\frac{1}{2} \frac{\boldsymbol{\mu}_{n,k}}{\boldsymbol{\Sigma}_k^{n,n}} \right) \tag{6.39}$$

式中，$\boldsymbol{\mu} = \left[\boldsymbol{\mu}_{.0}, \boldsymbol{\mu}_{.1}, \cdots, \boldsymbol{\mu}_{.K-1} \right]$表示$\boldsymbol{x}$期望；$\boldsymbol{\Sigma}_k^{n,n}$表示协方差矩阵第$n$个对角元素；$\left\langle \left| \boldsymbol{x}_{n,k} \right| \right\rangle$表示高斯分布一阶绝对矩阵。可通过不断更新式(6.35)～式(6.39)，直至$\left\| \langle \boldsymbol{x} \rangle^{(i+1)} - \langle \boldsymbol{x} \rangle^{(i)} \right\|_{\mathrm{F}} \Big/ \left\| \langle \boldsymbol{x} \rangle^{(i)} \right\|_{\mathrm{F}} < \sigma$，来实现对 ISAR 图像的重构。

本章所提基于先验的 Bi-ISAR 成像算法流程如图 6.2 所示，解线调回波数据依次经过脉冲压缩、包络粗对齐、一维像降噪、包络精对齐、自聚焦、成像区间选取，以及基于 LSM 先验稀疏贝叶斯 ISAR 成像得到 ISAR 图像。

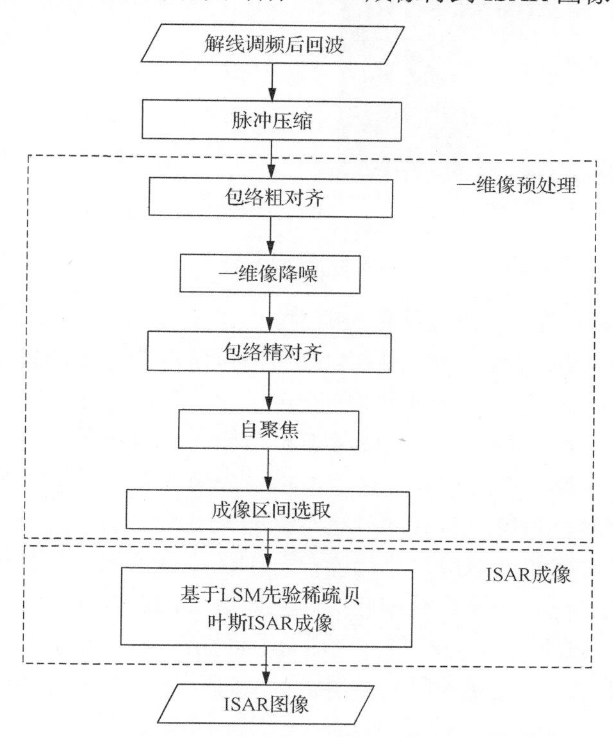

图 6.2　基于 LSM 先验的 Bi-ISAR 成像算法流程

6.5　实验结果分析

本节采用某锥体模型暗室测量数据进行实验，以验证所提稀疏 Bi-ISAR 成像算法的有效性。锥体模型如图 6.3(a)所示，高为 1.2m，底盘半径为 0.26m。雷达发射步进频信号，其中心频率为 10GHz，带宽为 4GHz。目标运动模型与 Bi-ISAR 系统模型如图 6.3(b)所示，其中发射雷达与接收雷达之间的距离设为 L=20km，目标朝向发射雷达飞行，速度为 1km/s，初始高度为 h=20km，与发射雷达的水平间距为 d=5km，并假设目标存在微动，导致目标方位角呈周期性变化：$\theta(t_m)=0.12\cos\left(\pi t_m/2+\pi/2\right)$。最后通过不同时刻目标方位角查询对应角度的暗室测量数据，生成该运动模型下的雷达回波。

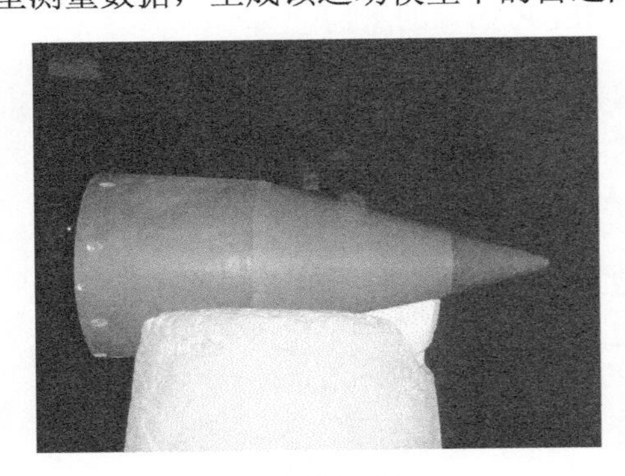

(a) 锥体模型

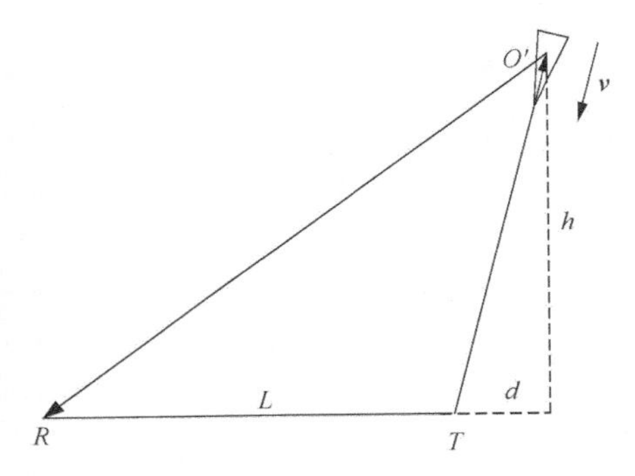

(b) 目标运动模型与Bi-ISAR系统模型

图 6.3　实验模型

(1)测试本章所提一维像降噪算法的性能。向各脉冲分别添加复高斯白噪声，本次实验中回波 SNR 设为–6dB。图 6.4(a)给出包络对齐之前的目标原始一维像序列，由图可知，一维像序列受到严重的噪声干扰。采用传统相关包络对齐算法对原始一维像序列进行对齐，结果如图 6.4(b)所示，受噪声的影响，包络对齐精度降低，对齐后一维像存在明显跳变误差。接着采用 6.3 节非相参累积降噪算法对图 6.4(b)所示粗对齐后的一维像序列进行降噪预处理，所得降噪后一维像序列如图 6.4(c)所示。对比图 6.4(b)所示降噪前一维像序列可知，预处理后的一维像噪声得到明显抑制。进一步采用传统相关包络对齐算法对降噪后一维像序列进行对齐，得到如图 6.4(d)所示对齐结果。由图 6.4 可知，由于 SNR 提升，一维像序列对齐精度得到提升，跳变误差得到补偿，由此证明了本章所提一维像降噪算法的有效性。

(2)采用式(6.17)提取图 6.4(b)～图 6.4(d)所示各一维像序列中第 88～92 个距离单元平均距离像，并采用式(6.19)所示重排时频分析算法提取各平均一维像的 RID 谱，如图 6.5 所示。由图 6.5(a)可知，受跳变误差的影响，降噪前目标 RID 谱不连续。相比之下，图 6.5(b)所示降噪后的 RID 谱噪声抑制效果明显，进一步验证了本章降噪预处理算法的有效性。图 6.5(c)为精对齐后一维像序列所提取 RID 谱，比较可知，精对齐后一维像序列跳变误差得到补偿，因而可提取连续多普勒谱，为后续成像区间的提取创造良好条件。

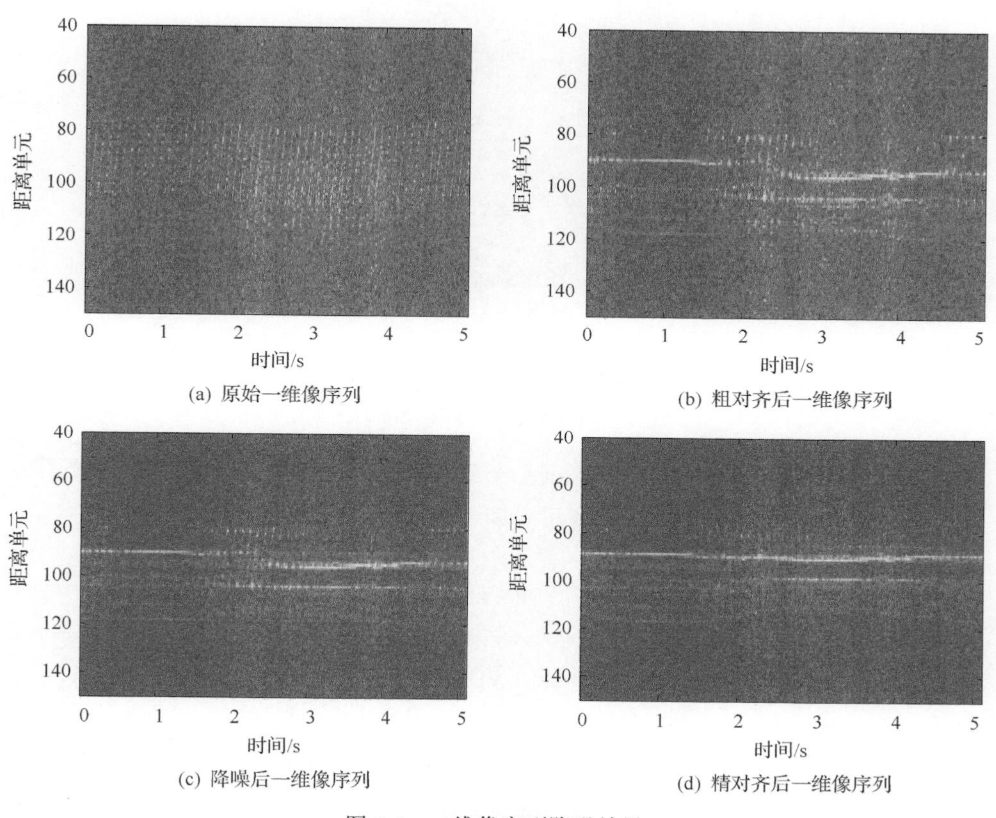

(a) 原始一维像序列　(b) 粗对齐后一维像序列

(c) 降噪后一维像序列　(d) 精对齐后一维像序列

图 6.4　一维像序列降噪结果

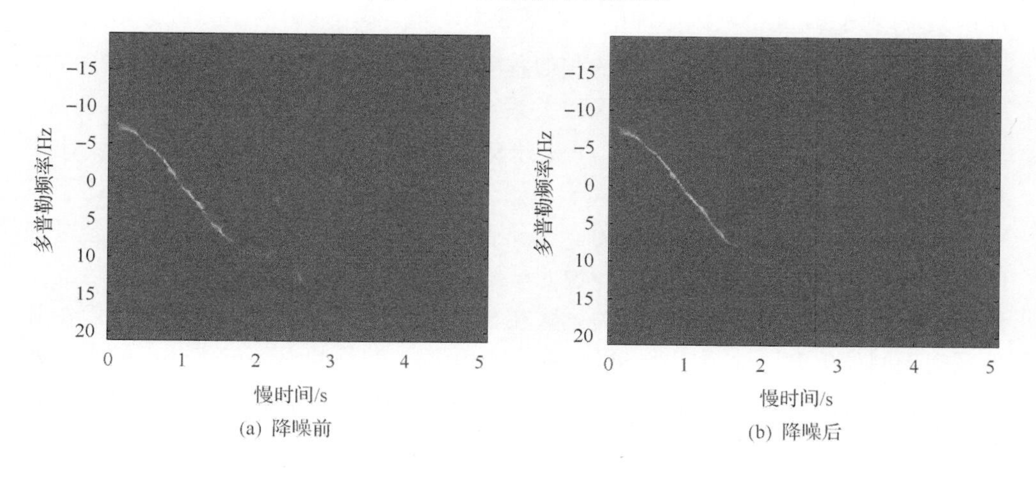

(a) 降噪前　(b) 降噪后

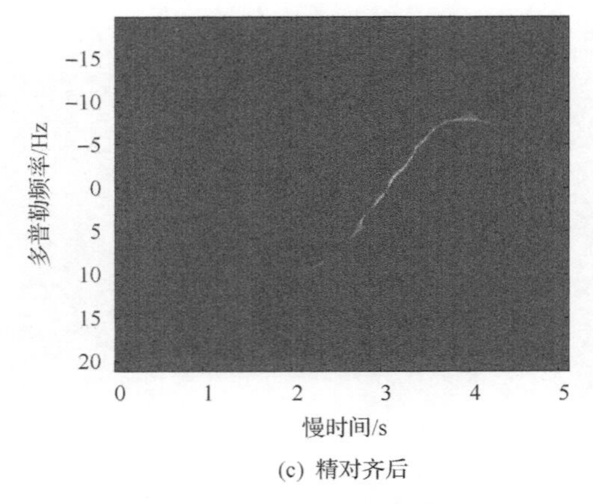

(c) 精对齐后

图 6.5　目标 RID 谱

(3) 计算不同 SNR 条件下降噪前后一维像相关系数，以进一步比较分析算法降噪性能。其中，一维像相关系数定义如下：

$$\rho_S=\frac{1}{M-1}\sum_{m=1}^{M-1}\frac{1/K\sum_{k=0}^{K-1}\left[S(k,m-1)-\bar{S}(m-1)\right]\left[S(k,m)-\bar{S}(m)\right]}{\sqrt{1/K\sum_{k=0}^{K-1}\left[S(k,m-1)-\bar{S}(m-1)\right]^2}\cdot\sqrt{1/K\sum_{k=0}^{K-1}\left[S(k,m)-\bar{S}(m)\right]^2}} \tag{6.40}$$

式中，$S(k,m)$ 表示一维像包络，k、m 分别表示第 k 个距离单元与第 m 个回波脉冲；$\bar{S}(m)$ 表示第 m 个回波脉冲的一维像包络均值，式(6.40)所示一维像相关系数一般用于衡量不同脉冲间一维像的相似程度。在不同 SNR 条件下分别进行 100 次蒙特卡罗实验，并记录平均一维像相关系数，结果如图 6.6 所示。由图 6.6 可知，所有曲线均随 SNR 的提高而上升，说明 SNR 越高，一维像相关系数越大。比较可知，粗对齐后一维像相关系数高于原始一维像，说明一维像相关系数正比于包络对齐精度，一维像对齐效果越好，一维像相关系数越高。粗对齐一维像经过降噪预处理后相关系数进一步提升，说明一维像 SNR 得到提升。另外，降噪后的一维像进一步经过包络精对齐，相关系数在 SNR 为−10～−5dB 内有所提升，而在其他区间无明显提升，这说明当 SNR 高于−5dB 时，包络粗对齐已经获得较高对齐精度，降噪后不需要进行包络对齐；当 SNR 低于−10dB 时，强噪声使得包络粗对齐性能急剧下降，降噪预处理性能随之下降。

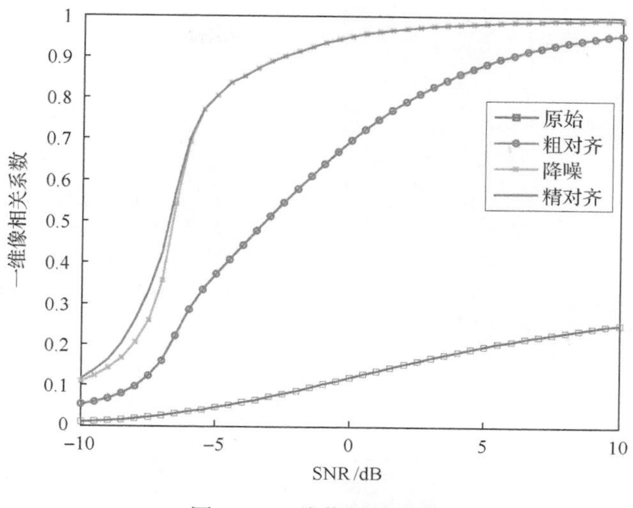

图 6.6 一维像相关系数

(4)经过降噪与精对齐后的一维像序列进行成像区间选取。分别从图 6.4(d)所示一维像序列第 90 个距离单元距离像及第 88～92 个距离单元平均距离像提取 RID 谱，包括式(6.19)所示原始多普勒谱与式(6.18)所示重排多普勒谱，以及经过平滑与二值化处理之后的多普勒谱，结果如图 6.7 所示。由图 6.7 可知，重排后的多普勒谱分辨率明显高于原始多普勒谱。由于越距离单元走动的影响，第 90 个距离单元距离像所提取多普勒谱不连续，这导致平滑与二值化结果失真。相比之下，从第 88～92 个距离单元平均距离像所提取的多普勒谱连续性更好，因而平滑结果更接近预设正弦波形，从而验证了式(6.17)所示距离单元选取方式的有效性。

(5)对所得平滑多普勒谱进行分段累积，并计算各段累积多普勒谱熵，其中累积窗长 L 分别取 51、91 与 131，所得多普勒谱熵曲线如图 6.8(a)所示。由图 6.8(a)可知，三种累积窗长条件下多普勒谱熵曲线均存在明显的波谷，对应位置为最优成像区间。进一步采用文献[7]所提算法进行成像区间选取，该算法首先分别对各区间段进行 RD 成像，并求取各段 ISAR 图像对比度，然后通过最大化图像对比度获取最优成像区间。在给定的三种累积窗长下，该算法所得图像对比度曲线如图 6.8(b)所示。由图 6.8(b)可知，当 L=131 时，图像对比度曲线分别在 2s 与 4.3s 处存在极大值，对应两段最优成像区间。同样，在 L=91 条件下对比度曲线存在两处极大值。当 L=51 时，对比度曲线存在多处极大值，此时无法通过最大对比度法有效获取最优成像空间。当累积窗长减小时，对应的 RD 成像结果质量下降，

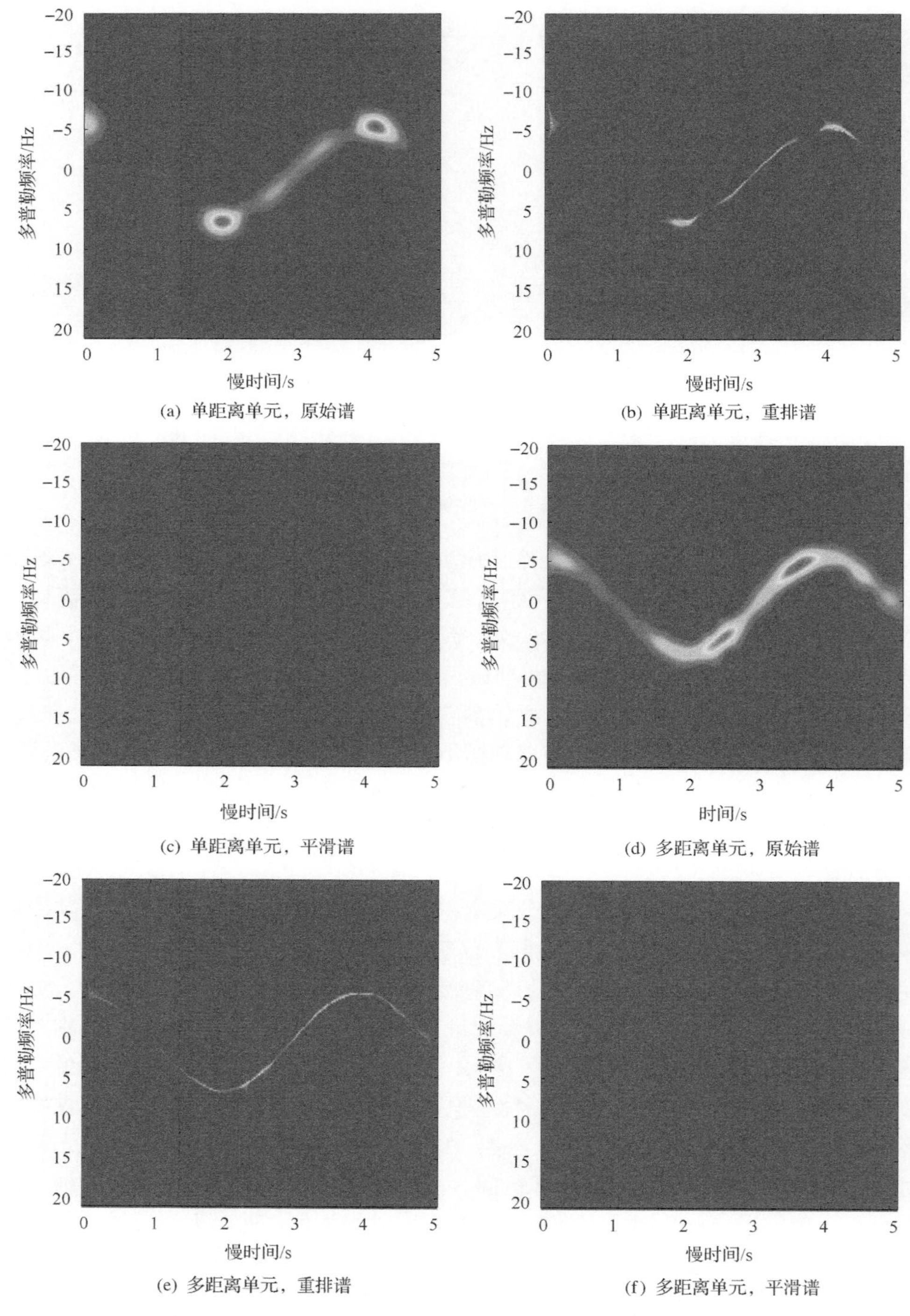

(a) 单距离单元，原始谱　(b) 单距离单元，重排谱

(c) 单距离单元，平滑谱　(d) 多距离单元，原始谱

(e) 多距离单元，重排谱　(f) 多距离单元，平滑谱

图 6.7　单距离单元距离像与多距离单元平均距离像多普勒谱

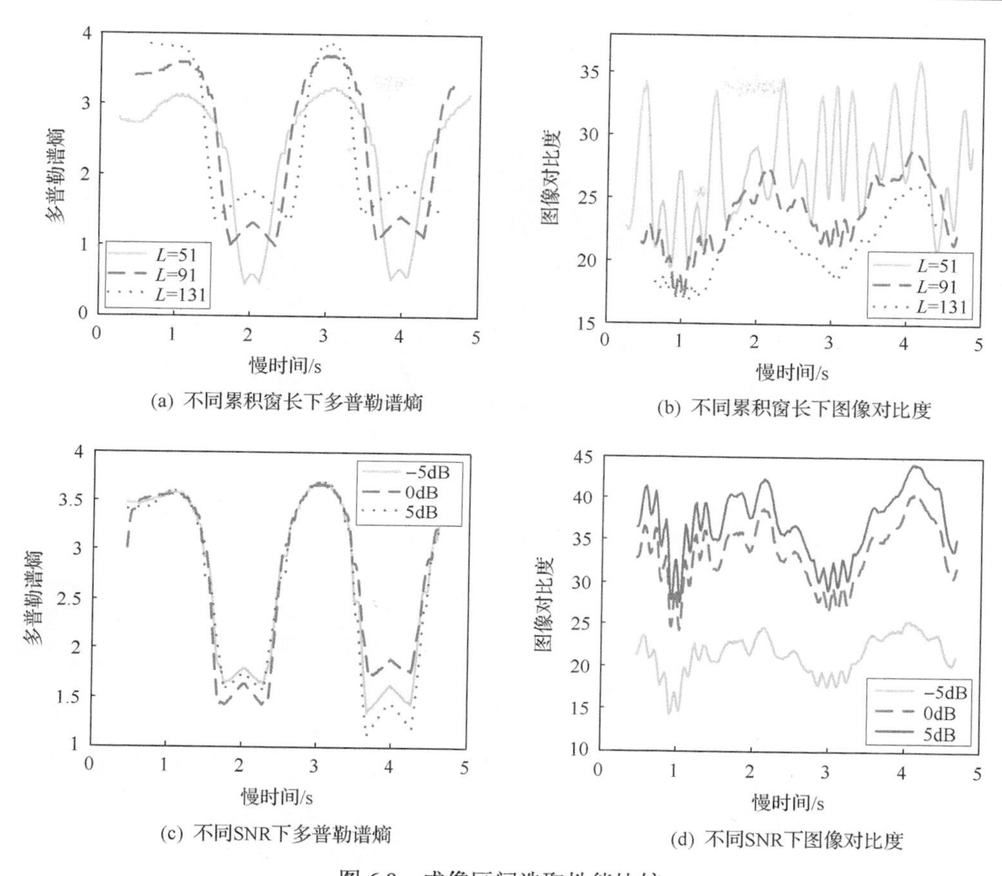

(a) 不同累积窗长下多普勒谱熵

(b) 不同累积窗长下图像对比度

(c) 不同SNR下多普勒谱熵

(d) 不同SNR下图像对比度

图 6.8　成像区间选取性能比较

导致基于图像质量的最大对比度法性能下降。本章算法不需要计算各累积窗内 ISAR 图像，因此性能不受累积窗长影响，并且运算效率较高。进一步比较两种算法在不同 SNR 条件下的性能，分别采用两种算法对 SNR 取 5dB、0dB 及−5dB 时一维像进行成像区间选取，所得多普勒谱熵与对比度曲线分别如图 6.8(c)与图 6.8(d)所示，其中累积窗长设为 91。由图 6.8(c)可知，三种 SNR 条件下的多普勒谱熵曲线相似，均存在两处极小值；对比度曲线则受噪声影响较大，从而验证了本章成像区间选取算法对噪声较强的鲁棒性。

(6)采用基于 LSM 先验的稀疏贝叶斯恢复算法对所选成像区间段数据进行 ISAR 图像重构。首先采用传统 RD 算法直接对全段数据进行 ISAR 成像，结果如图 6.9 所示。由图 6.9 可知，由于目标复杂运动的影响，传统 RD 成像结果出现严重散焦。进一步挑选四个典型成像区间段数据进行成像，分别以 A、B、C 及 D 为中心，区间长度为 51，如图 6.10 所示，其中图 6.10(a)与图 6.10(b)分别对应累积多普勒谱熵与 RID 谱。相比而言，区间 B、D 对应熵值更小，RID 谱更平稳。

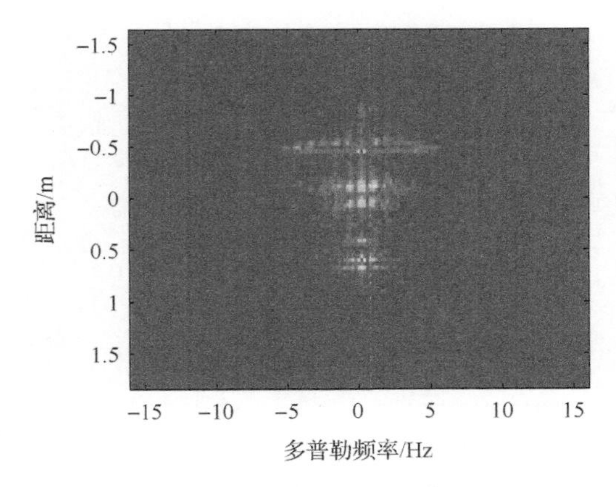

图 6.9　全段数据 RD 成像结果

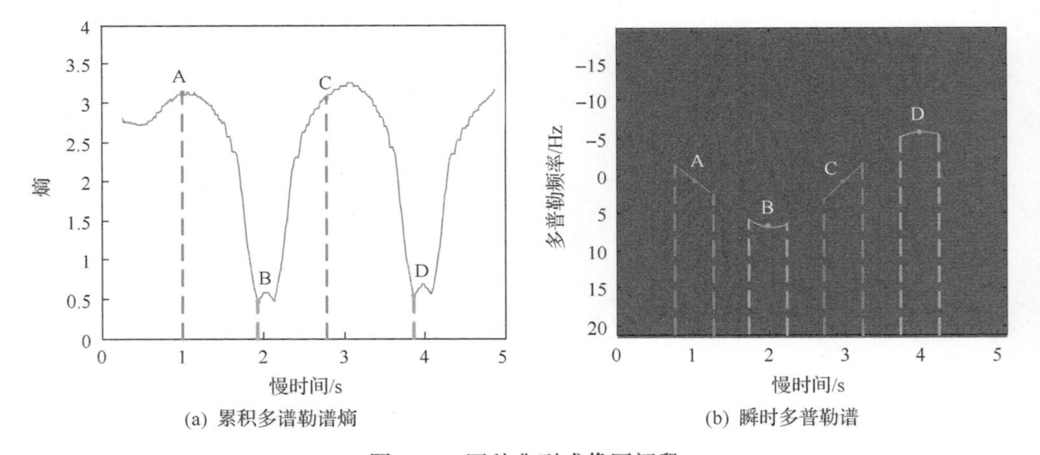

(a) 累积多谱勒谱熵　　(b) 瞬时多普勒谱

图 6.10　四种典型成像区间段

(7) 分别采用 RD 算法、RID 算法[8]、SBL 算法[9]及本章基于 LSM 先验的稀疏贝叶斯成像算法对上述四段成像区间数据进行成像，其中 RD 成像为补零数据处理结果，RID 算法所用频率窗长设为 121，SBL 算法正则化参数设为 0.04。各算法所得 ISAR 图像如图 6.11 所示，其中，分别对应 RD、RID、SBL 及基于 LSM 先验的稀疏贝叶斯成像结果。比较可知，成像区间 B、D 对应成像结果方位向分辨率明显高于区间 A、C 成像结果，验证了本章所提成像区间选取算法的有效性。四种算法中，RD 算法所得 ISAR 图像分辨率最低，并受到严重噪声干扰，本章基于 LSM 先验的稀疏贝叶斯重构图像则获得了最高的

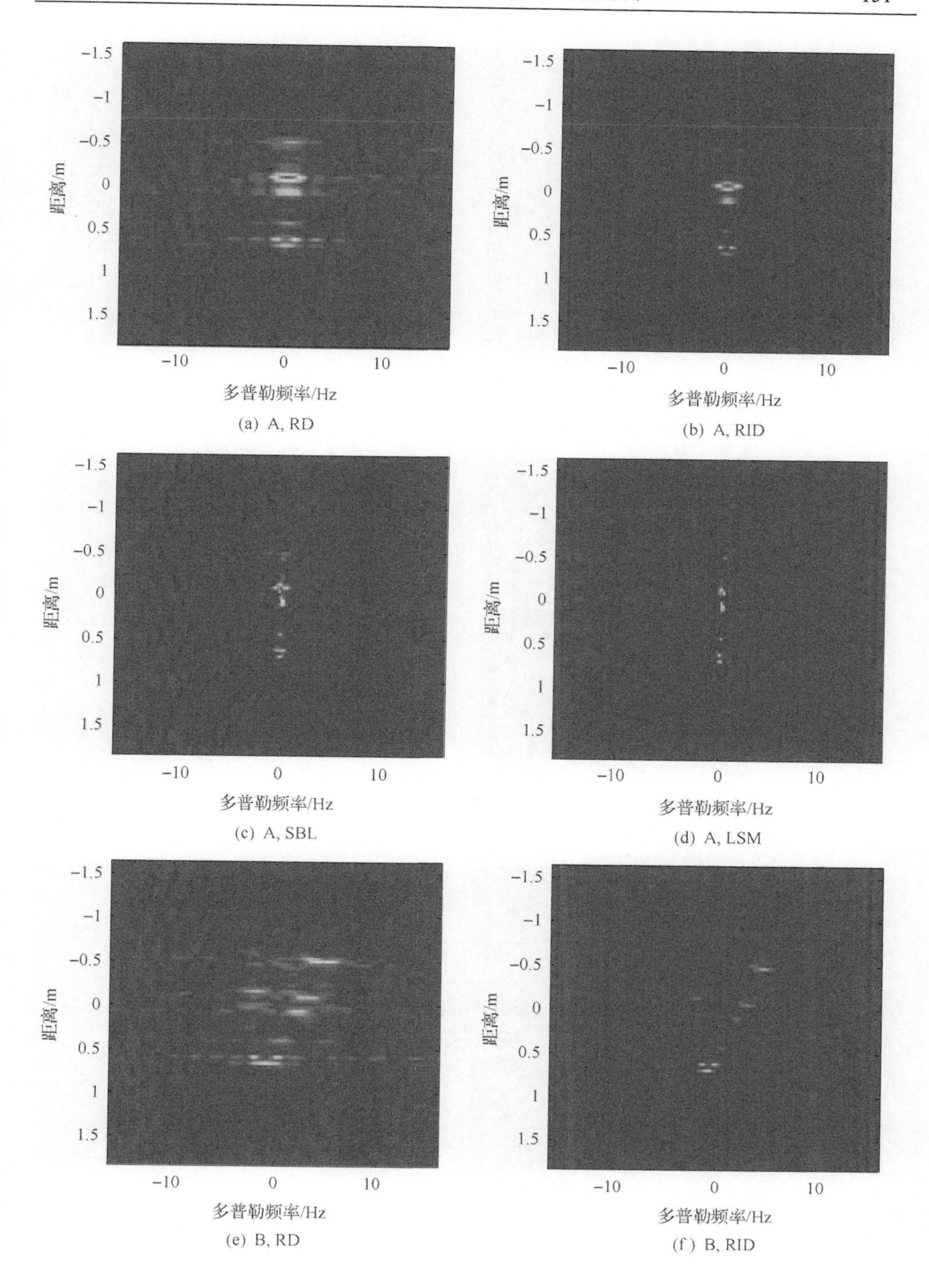

(a) A, RD
(b) A, RID
(c) A, SBL
(d) A, LSM
(e) B, RD
(f) B, RID

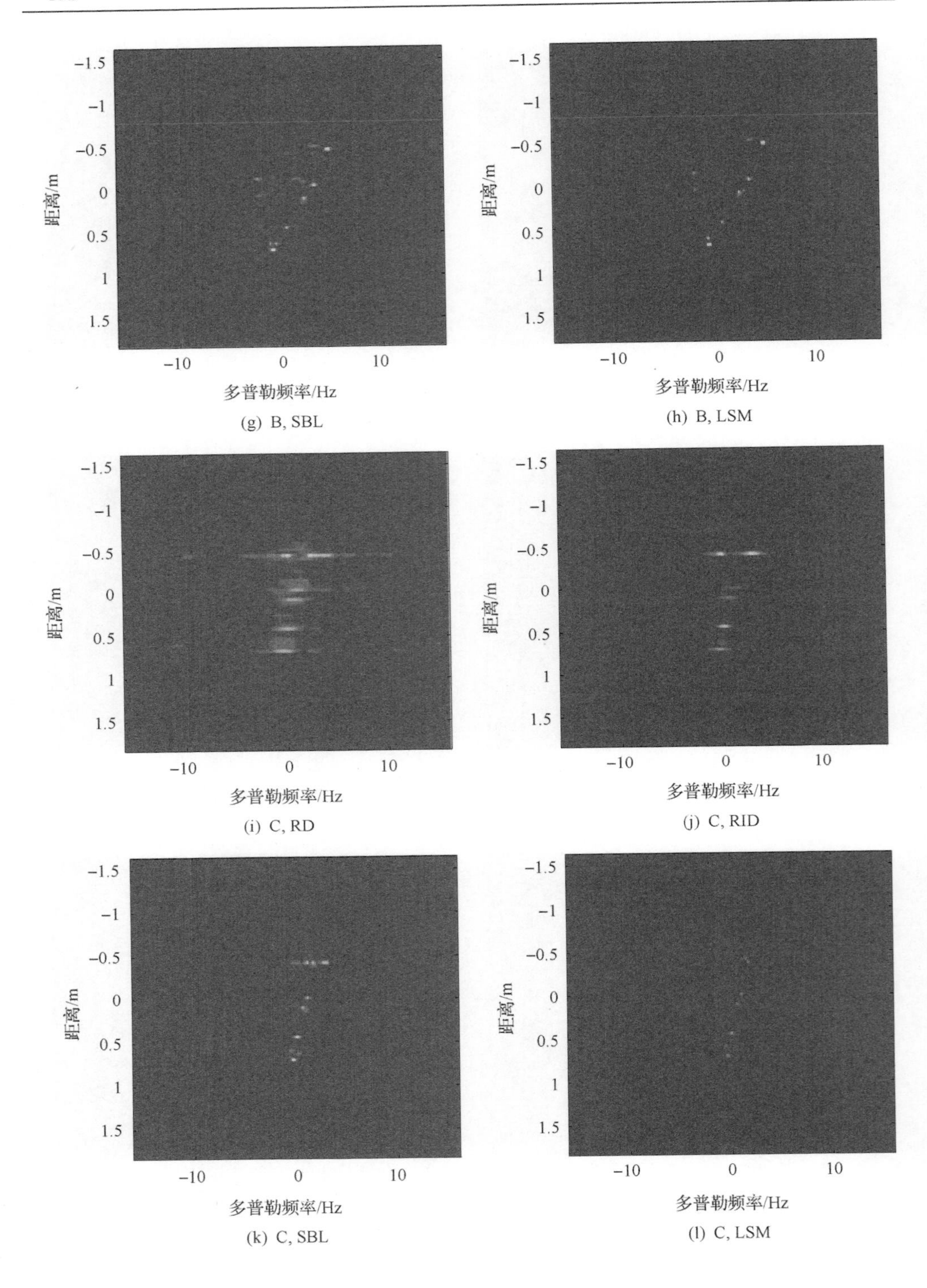

(g) B, SBL
(h) B, LSM
(i) C, RD
(j) C, RID
(k) C, SBL
(l) C, LSM

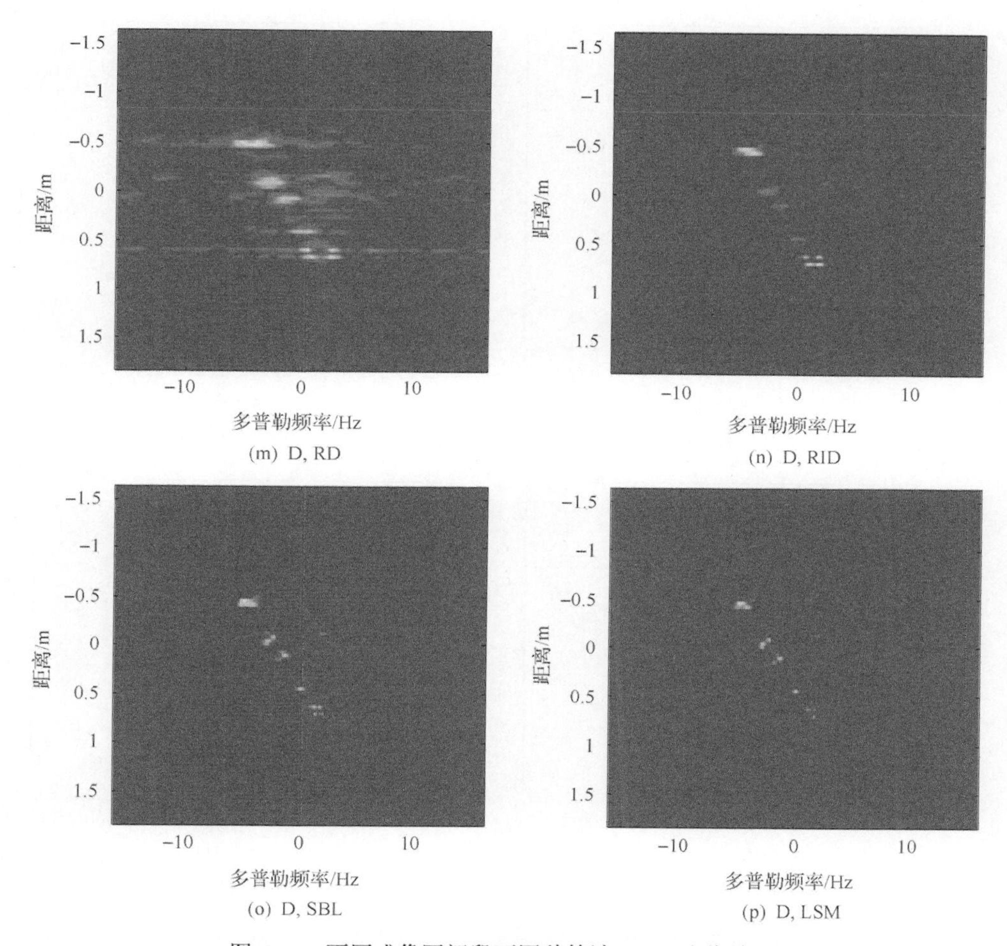

图 6.11 不同成像区间段下四种算法 ISAR 成像结果

分辨率，并且背景噪声水平最低；SBL 算法性能优于 RID 算法，但不如本章算法。为进一步分析不同算法所得图像分辨率，图 6.12 给出四种算法所得图像第 118 个距离单元的方位图。由图可知，本章算法在四个成像区间内均获得了最高的图像分辨率。

(8) 最后分别采用上述四种成像算法对降噪前后一维像序列中成像区间 B 数据进行 ISAR 成像，结果如图 6.13 所示。比较可知，一维像序列降噪处理明显提升了 RD 与 SBL 算法的性能，而针对 RID 及 LSM 算法则无明显改善，说明 RID 与本章所提基于 LSM 先验的稀疏成像算法对噪声的抑制效果强于 RD 与 SBL 算法。

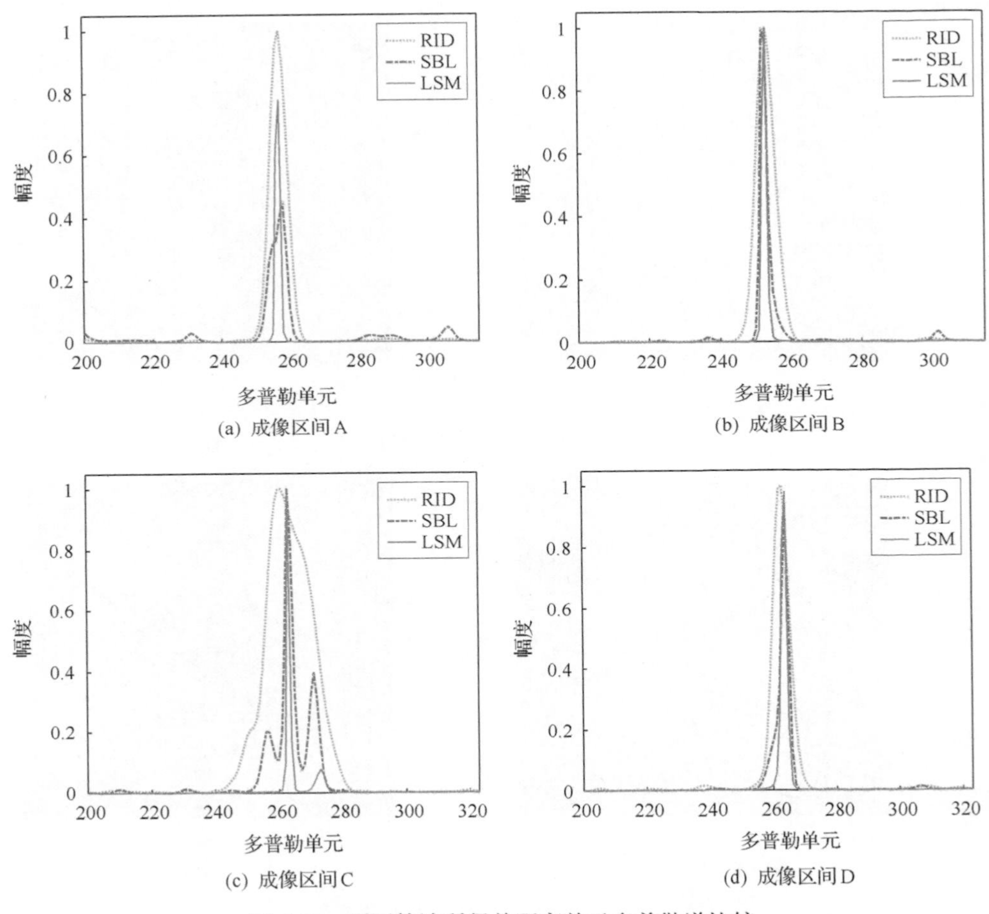

(a) 成像区间A　(b) 成像区间B

(c) 成像区间C　(d) 成像区间D

图 6.12　不同算法所得单距离单元多普勒谱比较

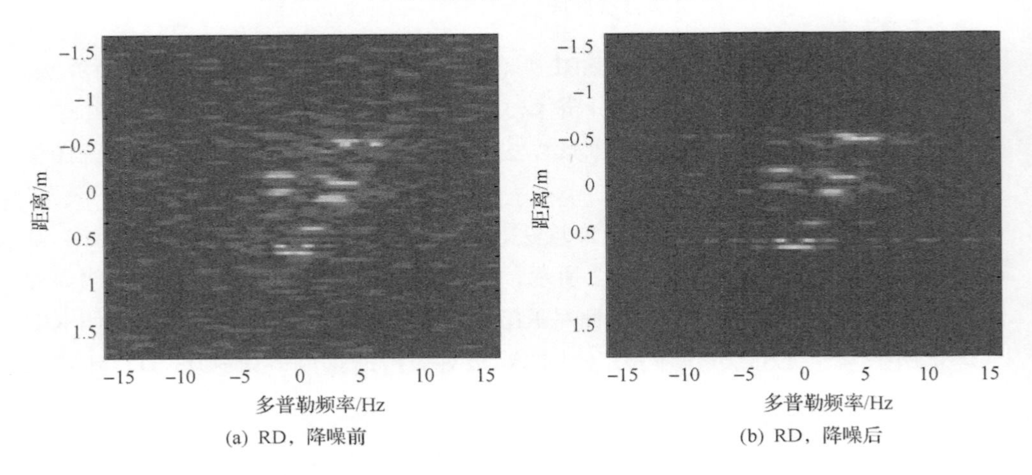

(a) RD，降噪前　(b) RD，降噪后

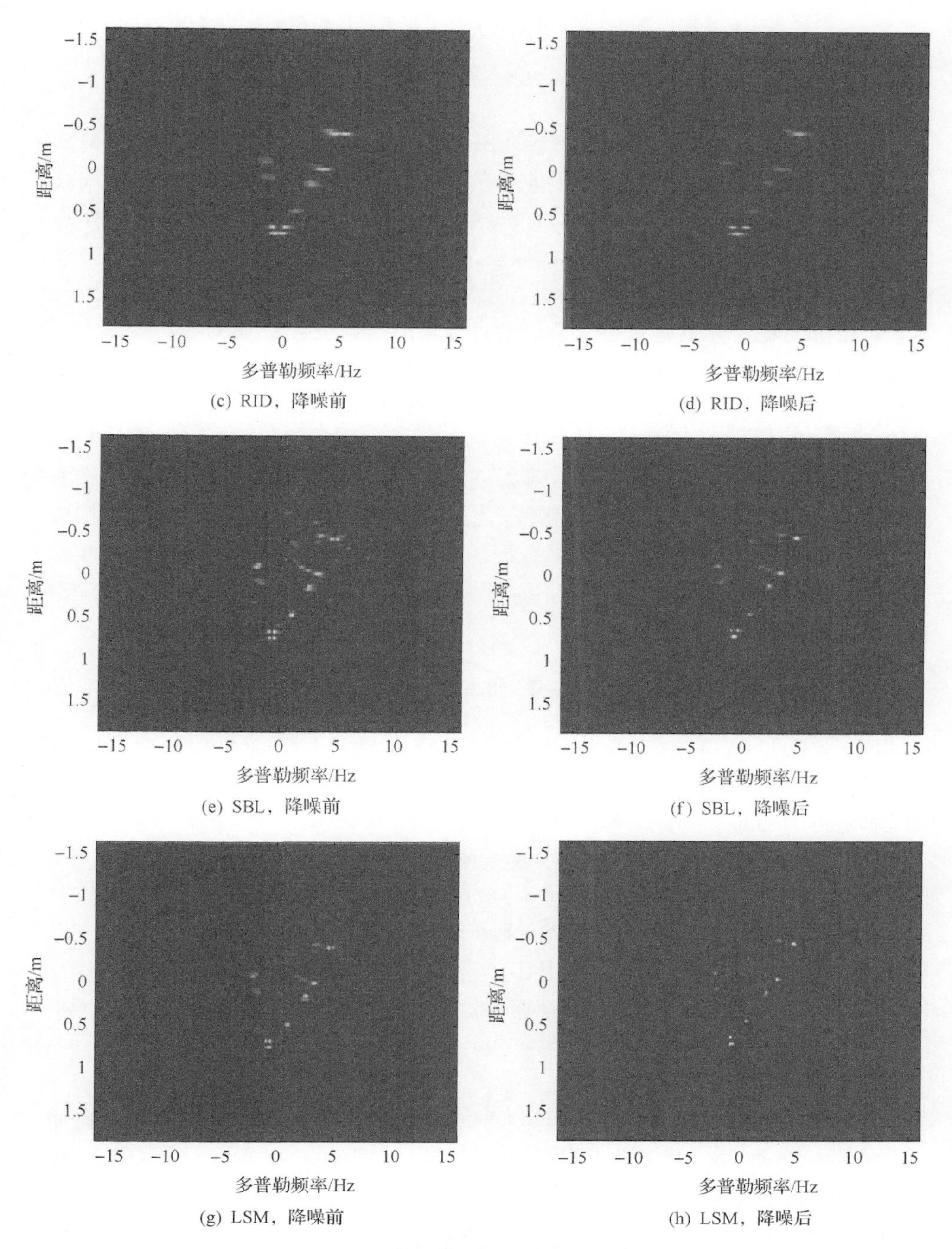

(c) RID，降噪前　(d) RID，降噪后

(e) SBL，降噪前　(f) SBL，降噪后

(g) LSM，降噪前　(h) LSM，降噪后

图 6.13　降噪前后 ISAR 图像比较

6.6 本章小结

本章主要研究了稀疏孔径条件下的Bi-ISAR成像。针对Bi-ISAR系统接收SNR较低的问题，首先提出了一种基于非相参累积的一维像降噪算法，该算法通过对粗对齐后的一维像序列沿慢时间进行非相参累积，并以生成的平均一维像作为窗函数，分别与各回波一维像相乘，以实现对各回波一维像的噪声抑制。另外，Bi-ISAR系统与单基ISAR系统相比，引入了与双基角有关的相位系数，导致目标多普勒谱非平稳，尤其是对于复杂运动目标，RID谱变化更加剧烈，导致无法直接采用RD成像获取理想成像结果。本章进一步提出了一种基于重排时频分析的成像区间选取算法，首先从降噪后的一维像序列中提取目标重排多普勒谱，并对其进行平滑与二值化，然后对平滑后多普勒谱进行分段累积，最后选取累积谱熵最小的区间段作为最优成像区间。针对选取的成像区间较短、导致RD成像方位向分辨率较低的问题，进一步采用基于LSM先验的稀疏贝叶斯恢复算法对ISAR图像进行重构。通过基于暗室测量数据的实验验证了本章算法的有效性，实验表明，在SNR低至–5dB的条件下，本章算法依然可以获得聚焦效果较好的ISAR图像。

参考文献

[1] Zhang S H, Liu Y X, Li X. Bayesian bistatic ISAR imaging for targets with complex motion under low SNR condition[J]. IEEE Transactions on Image Processing, 2018, 27(5): 2447-2460.

[2] Zhang S H, Liu Y X, Li X. Pseudomatched-filter-based ISAR imaging under low SNR condition[J]. IEEE Geoscience and Remote Sensing Letters, 2014, 11(7): 1240-1244.

[3] Martorella M, Palmer J, Homer J, et al. On bistatic inverse synthetic aperture radar[J]. IEEE Transactions on Aerospace and Electronic Systems, 2007, 43(3): 1125-1134.

[4] 保铮, 邢孟道, 王彤. 雷达成像技术[M]. 北京: 电子工业出版社, 2005.

[5] Auger F, Flandrin P. Improving the readability of time-frequency and time-scale representations by the reassignment method[J]. IEEE Transactions on Signal Processing, 1995, 43(5): 1068-1089.

[6] Zhang S, Sun S, Zhang W, et al. High-resolution bistatic ISAR image formation for high-speed and complex-motion targets[J]. IEEE Journal of Selected Topics in Applied Earth Observations and Remote Sensing, 2015, 8(7): 3520-3531.

[7] Martorella M, Berizzi F. Time windowing for highly focused ISAR image reconstruction[J]. IEEE Transactions on Aerospace and Electronic Systems, 2005, 41(3): 992-1007.

[8] Berizzi F, Mese E D, Diani M, et al. High-resolution ISAR imaging of maneuvering targets by means of the range instantaneous Doppler technique: Modeling and performance analysis[J]. IEEE Transactions on Image Processing, 2001, 10(12): 1880-1890.

[9] Wipf D P, Rao B D. Sparse Bayesian learning for basis selection[J]. IEEE Transactions on Signal Processing, 2004, 52(8): 2153-2164.

第 7 章　稀疏孔径 InISAR 成像技术

7.1　概　　述

InISAR 成像技术通过对多通道 ISAR 图像进行干涉处理，获取目标各散射点三维坐标。InISAR 要求不同通道所得 ISAR 图像匹配度较高，且要求图像聚焦质量较好，散射点分离较明显。当回波孔径稀疏时，不同通道间 ISAR 图像匹配度降低，并且图像旁瓣增强，导致图像聚焦质量降低，严重影响 InISAR 对目标三维坐标的估计精度。本章对稀疏孔径条件下 InISAR 展开研究，利用不同通道间 ISAR 图像的相似性，提出一种基于序贯多通道稀疏贝叶斯学习(sequential multiple sparse Bayesian learning，SM-SBL)的稀疏孔径 InISAR 成像算法[1]。该算法对不同通道 ISAR 图像进行统一稀疏建模，并且基于贝叶斯框架同时对其进行稀疏重构，以提高不同通道所得 ISAR 图像的匹配度与分辨率，从而提升 InISAR 对目标散射点三维坐标的估计精度。

本章内容安排如下：7.2 节建立稀疏孔径 InISAR 成像信号模型；7.3 节首先提出 SM-SBL 算法，并进一步提出基于 SM-SBL 的 InISAR 成像算法，然后通过最小二乘法对所估计散射点三维坐标进行滤波，并对目标转速进行估计；7.4 节通过仿真数据验证算法的有效性；7.5 节对本章内容进行小结。

7.2　稀疏孔径 InISAR 成像信号模型

设 InISAR 系统包含三部天线，如图 7.1 所示，其中天线 O 同时发射与接收信号，而天线 A、B 只接收信号。雷达基线 OA 与 OB 相互垂直，长度分别为 L_1 与 L_2。以目标重心为原点建立空间直角坐标系 $o\text{-}xyz$，其中 x 轴平行于基线 OB，y 轴沿天线 O 的 LOS 方向，z 轴平行于基线 OA。设目标上任意散射点 p 的坐标为 $\left(x_p, y_p, z_p\right)$，与三部天线的距离分别为 $R_{O,p}$、$R_{A,p}$ 及 $R_{B,p}$，α_p 与 β_p 分别为点 p 相对于天线 O 的方位角与俯仰角，p' 与 p'' 分别为点 p 在平面 xoy 与 yoz 上的投影。此时，散射点 p 脉压后的雷达回波可表示为

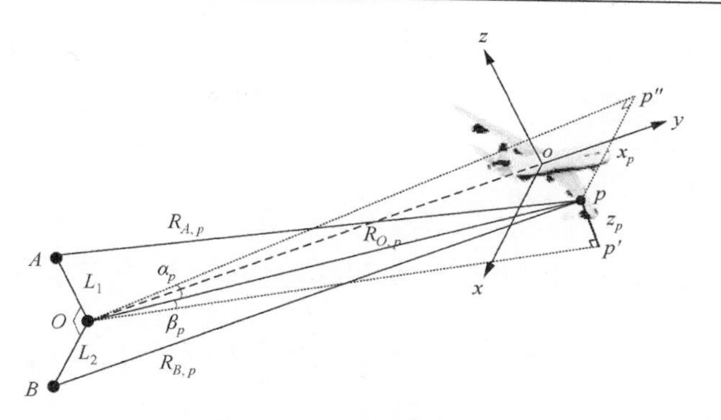

图 7.1　InISAR 成像场景

$$
\begin{aligned}
S_{O,p}\left(\hat{t},t_m\right) &= \sigma_p \operatorname{sinc}\left[B\left(\hat{t}-\frac{2R_{O,p}}{c}\right)\right]\exp\left(-\mathrm{j}4\pi f_c \frac{R_{O,p}}{c}\right) \\
S_{A,p}\left(\hat{t},t_m\right) &= \sigma_p \operatorname{sinc}\left[B\left(\hat{t}-\frac{R_{O,p}+R_{A,p}}{c}\right)\right]\exp\left(-\mathrm{j}2\pi f_c \frac{R_{O,p}+R_{A,p}}{c}\right) \\
S_{B,p}\left(\hat{t},t_m\right) &= \sigma_p \operatorname{sinc}\left[B\left(\hat{t}-\frac{R_{O,p}+R_{B,p}}{c}\right)\right]\exp\left(-\mathrm{j}2\pi f_c \frac{R_{O,p}+R_{B,p}}{c}\right)
\end{aligned}
\tag{7.1}
$$

式中，$\hat{t}$ 与 t_m 分别表示快时间与慢时间；f_c、B 与 c 分别表示发射信号中心频率、带宽与传播速度；σ_p 表示散射点 p 的散射系数。散射点 p 与三部天线之间的瞬时距离 $R_{O,p}$ 、$R_{A,p}$ 及 $R_{B,p}$ 均与慢时间有关，为方便计算，表达式中省略 t_m。瞬时距离之间的关系如下：

$$
\begin{aligned}
R_{O,p} &= R_{O,o} + \tilde{R}_p \\
R_{A,p} &\approx R_{O,p} + L_1\beta_p = R_{O,p} + L_1\frac{z_p}{R_{O,p}} \\
R_{B,p} &\approx R_{O,p} + L_1\alpha_p = R_{O,p} + L_2\frac{x_p}{R_{O,p}}
\end{aligned}
\tag{7.2}
$$

式中，$R_{O,o}$ 表示天线 O 与目标重心 o 之间的瞬时距离，即目标平动分量；$\tilde{R}_p$ 表示目标转动分量，其表达式为

$$
\begin{aligned}
\tilde{\boldsymbol{R}}_p &= \operatorname{rot}_\theta^y\left(\boldsymbol{r}_p\right) \\
&= x_p\cos\left(\omega_x t_m\right)\sin\left(\omega_z t_m\right) \\
&\quad + y_p\cos\left(\omega_x t_m\right)\cos\left(\omega_z t_m\right) - z_p\sin\left(\omega_x t_m\right)
\end{aligned}
\tag{7.3}
$$

式中，$\operatorname{rot}_\theta^y(\cdot)$ 表示将向量旋转欧拉角 $\boldsymbol{\theta}=[\omega_x t_m, \omega_y t_m, \omega_z t_m]^{\mathrm{T}}$ 后取 y 坐标，ω_y 、ω_x

及 ω_z 分别表示目标俯仰、横滚与偏航角速度；$\boldsymbol{r}_p=[x_p, y_p, z_p]^{\mathrm{T}}$ 表示散射点 p 的坐标。由于成像累积时间较短(一般小于 10s)，目标转角一般较小，因此可通过一阶泰勒展开对式(7.3)进行近似：

$$\tilde{R}_p = x_p\omega_z t_m + y_p - z_p\omega_x t_m \tag{7.4}$$

将式(7.4)代入式(7.1)并进行平动补偿与越距离单元走动矫正，可得

$$\begin{aligned}
S_{O,p}\left(\hat{t},t_m\right) &= \sigma_p \operatorname{sinc}\left[B\left(\hat{t}-\frac{2y_p}{c}\right)\right]\exp\left[-\mathrm{j}4\pi\frac{f_c}{c}\left(x_p\omega_z - z_p\omega_x\right)t_m\right] \\
S_{A,p}\left(\hat{t},t_m\right) &= \sigma_p \operatorname{sinc}\left[B\left(\hat{t}-\frac{2y_p}{c}\right)\right]\exp\left\{-\mathrm{j}2\pi\frac{f_c}{c}\left[2\left(x_p\omega_z - z_p\omega_x\right)t_m + L_1\frac{z_p}{R_o}\right]\right\} \\
S_{B,p}\left(\hat{t},t_m\right) &= \sigma_p \operatorname{sinc}\left[B\left(\hat{t}-\frac{2y_p}{c}\right)\right]\exp\left\{-\mathrm{j}2\pi\frac{f_c}{c}\left[2\left(x_p\omega_z - z_p\omega_x\right)t_m + L_2\frac{x_p}{R_o}\right]\right\}
\end{aligned} \tag{7.5}$$

式中，$S_i\left(\hat{t},t_m\right)(i=O,A,B)$ 表示天线 i 所得平动补偿后的一维像；sinc 函数中 $L_1 z_p / R_o$ 与 $L_2 x_p / R_o$ 项远小于距离向分辨率，因此忽略不计。对式(7.5)沿慢时间做 FFT 可得散射点 p 的 ISAR 图像为

$$\begin{gathered}
G_{i,p}\left(\hat{t},f\right) = \sigma_p \operatorname{sinc}\left[B\left(\hat{t}-\frac{2y_p}{c}\right)\right]\operatorname{sinc}\left[f-\frac{2f_c}{c}\left(x_p\omega_z - z_p\omega_x\right)\right]\exp\left(-\mathrm{j}\varphi_{i,p}\right) \\
\varphi_{i,p} = \begin{cases} 0, & i=O \\ 2\pi\dfrac{f_c L_1 z_p}{cR_o}, & i=A \\ 2\pi\dfrac{f_c L_2 x_p}{cR_o}, & i=B \end{cases}
\end{gathered} \tag{7.6}$$

式中，$G_{i,p}\left(\hat{t},f\right)$ 表示天线 i 所得散射点 p 的 ISAR 图像，由式(7.6)可知，不同天线所得 ISAR 图像的相位之差包含散射点 p 坐标 x_p 与 z_p，因此可进一步通过干涉处理分别提取天线 O 与 A，以及天线 O 与 B 所得 ISAR 图像之间的相位差，再通过式(7.7)估计散射点 p 的坐标。

$$\begin{aligned}
x_p &= \frac{cR_O\varphi_{B,p}}{2\pi f_c L_2} \\
z_p &= \frac{cR_O\varphi_{A,p}}{2\pi f_c L_1}
\end{aligned} \tag{7.7}$$

另外，散射点 p 对应天线 O 的瞬时方位角 α 与俯仰角 β 的时变性将导致三部天线所得 ISAR 图像失配，直接进行干涉处理将导致较大相位误差，影响散射点坐标估计精度。因此，在进行 ISAR 图像干涉之前必须进行图像配准，以补偿目标姿态变化所引起的 ISAR 图像干涉相位误差[2]。

进一步对稀疏孔径 InISAR 成像进行建模。由于 ISAR 图像的稀疏特性，一般可采用稀疏恢复算法对稀疏孔径数据进行 ISAR 图像重构。此时，式(7.5)所示一维像为观测信号，而式(7.6)所示 ISAR 图像为待恢复信号。对单个距离单元内的一维像进行离散化，有

$$S_i(m)=\sum_{p=1}^{P}\sigma_p \exp\left[-\mathrm{j}4\pi\frac{f_c}{c\cdot \mathrm{PRF}}\left(x_p\omega_z-z_p\omega_x\right)m\right]\exp\left(-\mathrm{j}\varphi_{i,p}\right),\quad i=O,A,B \tag{7.8}$$

式中，P 表示目标散射点个数，$\varphi_{i,p}$ 如式(7.6)所示。图 7.1 所示三部天线相距较近(一般设为几米)，三者所得 ISAR 图像相似程度较高。因此，可将其建模为多通道稀疏恢复问题，采用相同稀疏先验对各通道 ISAR 图像进行建模，以提高不同通道 ISAR 图像之间的匹配程度。对三部天线距离像数据进行联合建模，得

$$\begin{aligned}&\boldsymbol{S}=\boldsymbol{F}\boldsymbol{w}+\boldsymbol{n}\\&\boldsymbol{S}=\left[\boldsymbol{S}_O,\ \boldsymbol{S}_A,\ \boldsymbol{S}_B\right]\\&\boldsymbol{w}=\left[\boldsymbol{w}_O,\ \boldsymbol{w}_A,\ \boldsymbol{w}_B\right]\end{aligned} \tag{7.9}$$

式中，$\boldsymbol{S}\in\mathbf{C}^{L\times 3}$、$\boldsymbol{w}\in\mathbf{C}^{K\times 3}$ 及 $\boldsymbol{n}\in\mathbf{C}^{K\times 3}$ 分别表示三通道联合距离像、ISAR 图像及噪声，L、K 分别为稀疏孔径脉冲个数与重构多普勒单元个数，$\boldsymbol{S}_i\in\mathbf{C}^{L\times 1}$ 与 $\boldsymbol{w}_i\in\mathbf{C}^{K\times 1}$ $(i=O,A,B)$ 分别为天线 i 所得距离像与 ISAR 图像；$\boldsymbol{F}=\left[\boldsymbol{f}_1,\boldsymbol{f}_2,\cdots,\boldsymbol{f}_K\right]$ 为傅里叶字典，其中 $\boldsymbol{f}_k$ 为第 k 个傅里叶基，$\boldsymbol{f}_k=\left[\exp(-\mathrm{j}2\pi k/M\cdot I_0),\exp(-\mathrm{j}2\pi k/M\cdot I_1),\cdots,\exp\left(-\mathrm{j}2\pi k/M\cdot I_{L-1}\right)\right]^{\mathrm{T}}$，$I$ 为稀疏孔径脉冲索引序列。设 $\boldsymbol{n}$ 为复高斯白噪声，方差为 σ^2，则联合距离像 $\boldsymbol{S}$ 的似然函数为

$$p\left(\boldsymbol{S}_{\cdot j}\middle|\boldsymbol{w}_{\cdot j};\sigma^2\right)=\mathcal{CN}\left(\boldsymbol{S}_{\cdot j}\middle|\boldsymbol{w}_{\cdot j};\sigma^2\boldsymbol{I}\right)=\left(\pi\sigma^2\right)^{-L}\exp\left(-\frac{1}{\sigma^2}\left\|\boldsymbol{S}_{\cdot j}-\boldsymbol{F}\boldsymbol{w}_{\cdot j}\right\|_2^2\right) \tag{7.10}$$

式中，$\boldsymbol{I}$ 表示单位矩阵。为提高不同天线所得 ISAR 图像的匹配度，假设联合 ISAR 图像矩阵 $\boldsymbol{w}$ 的每一行服从方差相同的复高斯分布：

$$p\left(\boldsymbol{w}_{i\cdot};\alpha_i\right)=\mathcal{CN}\left(\boldsymbol{w}_{i\cdot}\middle|\mathbf{0},\alpha_i^{-1}\boldsymbol{I}\right) \tag{7.11}$$

式中，α_i 表示精准度或方差倒数，进一步可得 $\boldsymbol{w}$ 的完整先验如下：

$$p(\boldsymbol{w};\boldsymbol{\alpha})=\prod_{i=1}^{M}\mathcal{CN}\left(\boldsymbol{w}_{i\cdot}\middle|\boldsymbol{0},\alpha_i^{-1}\boldsymbol{I}\right) \tag{7.12}$$

由式(7.12)可知，当精准度 α_i 趋于无穷大时，ISAR 图像矩阵 $\boldsymbol{w}$ 第 i 行以极大概率取零。因此，ISAR 图像稀疏度直接由精准度 α_i 决定，并且 $\boldsymbol{w}$ 同一行内元素稀疏度相同，以提高不同天线所得 ISAR 图像间的匹配程度。

7.3 基于 SM-SBL 的稀疏孔径 InISAR 成像

7.3.1 稀疏贝叶斯推理

传统点估计算法直接通过最大化似然函数或者后验概率密度获取未知变量的估计，分别对应 MLE 与 MAP 估计，这两种点估计算法不需要推导未知变量后验概率密度，属于简化的贝叶斯算法。而完全贝叶斯算法则需要推导所有未知变量的联合后验概率密度，再分别以各自变量的后验期望作为其估计值。当后验概率密度为单峰且为对称结构时，MAP 估计与贝叶斯估计算法结果一致，然而当后验概率密度包含多个峰值或者非对称时，MAP 估计将导致较大误差。另外，贝叶斯算法所推导的后验概率密度包含未知变量的高阶统计信息，对于目标识别与分类具有潜在应用价值。

由于式(7.10)所示似然函数与式(7.12)所示先验概率密度均服从复高斯分布，因此后验概率密度同样服从复高斯分布，即

$$p\left(\boldsymbol{w}\middle|\boldsymbol{S};\boldsymbol{\alpha},\sigma^2\right)=\frac{p\left(\boldsymbol{S}\middle|\boldsymbol{w};\sigma^2\right)p(\boldsymbol{w};\boldsymbol{\alpha})}{\int p\left(\boldsymbol{S}\middle|\boldsymbol{w};\sigma^2\right)p(\boldsymbol{w};\boldsymbol{\alpha})\mathrm{d}\boldsymbol{w}}=\mathcal{CN}\left(\boldsymbol{w}_{\cdot j}\middle|\boldsymbol{\mu}_{\cdot j},\boldsymbol{\Sigma}\right) \tag{7.13}$$

式中，期望 $\boldsymbol{\mu}_{\cdot j}$ 与协方差矩阵 $\boldsymbol{\Sigma}$ 分别为

$$\begin{aligned}\boldsymbol{\mu}&=[\boldsymbol{\mu}_{\cdot 1},\boldsymbol{\mu}_{\cdot 2},\boldsymbol{\mu}_{\cdot 3}]=\sigma^{-2}\boldsymbol{\Sigma}\boldsymbol{F}^{\mathrm{H}}\boldsymbol{S}\\ \boldsymbol{\Sigma}&=\left(\boldsymbol{A}+\sigma^{-2}\boldsymbol{F}^{\mathrm{H}}\boldsymbol{F}\right)^{-1}\end{aligned} \tag{7.14}$$

式中，$\boldsymbol{A}=\mathrm{diag}(\alpha_1,\alpha_2,\cdots,\alpha_K)$，一般直接将期望 $\boldsymbol{\mu}$ 作为 $\boldsymbol{w}$ 的估计。由式(7.14)可知，期望与协方差矩阵中包含未知参数 $\boldsymbol{\alpha}$ 与 σ^{-2}，需进一步从观测距离像中进行参数学习。目前已有的贝叶斯参数学习算法主要包括第二类最大似然函数估计算法 [3]、VB[4]及马尔可夫链-蒙特卡罗(Markov chain Monte Carlo，MCMC)算法[5]等。对于高斯先验与似然函数，以上算法所得结果类似。本节采用第二类最大似然函数估计算法对 $\boldsymbol{\alpha}$ 与 σ^{-2} 进行估计，第二类似然函数即边缘似然函数，其对数

形式为

$$L(\boldsymbol{\alpha})=\ln p\left(\boldsymbol{S}\middle|\boldsymbol{\alpha},\sigma^{2}\right)=\ln\int p\left(\boldsymbol{S}\middle|\boldsymbol{w};\sigma^{2}\right)p\left(\boldsymbol{w};\boldsymbol{\alpha}\right)\mathrm{d}\boldsymbol{w} \\ =-\frac{1}{2}\left[3\ln\left|\boldsymbol{C}\right|+\sum_{j=1}^{3}\boldsymbol{S}_{\cdot j}^{\mathrm{H}}\boldsymbol{C}^{-1}\boldsymbol{S}_{\cdot j}\right]+\mathrm{const} \tag{7.15}$$

式中，const 表示与 $\boldsymbol{\alpha}$、σ^2 无关的项。协方差矩阵 $\boldsymbol{C}$ 为

$$\boldsymbol{C}=\sigma^{2}\boldsymbol{I}+\boldsymbol{F}\boldsymbol{A}^{-1}\boldsymbol{F}^{\mathrm{H}} \tag{7.16}$$

采用 EM 算法最大化式(7.15)所示第二类似然函数，可得

$$\alpha_i^{(\mathrm{new})}=\frac{1-\alpha_i\boldsymbol{\Sigma}_{i,i}}{\frac{1}{3}\left\|\boldsymbol{\mu}_{i\cdot}\right\|_2^2} \tag{7.17}$$

$$(\sigma^2)^{(\mathrm{new})}=\frac{\frac{1}{3}\left\|\boldsymbol{S}-\boldsymbol{F}\boldsymbol{\mu}\right\|_2^2}{L-\sum_{i=1}^{K}\left(1-\alpha_i\boldsymbol{\Sigma}_{i,i}\right)} \tag{7.18}$$

传统多通道稀疏贝叶斯学习(multiple sparse Bayesian learning，M-SBL)算法[6]通过循环迭代式(7.14)、式(7.17)与式(7.18)，直至收敛。然而，该算法涉及大矩阵求逆，运算效率较低。尤其对于 ISAR 图像恢复，矩阵维度一般较大，直接采用 M-SBL 算法进行成像难以满足实时成像的要求。为提高运算效率，本节对 M-SBL 算法进行改进，提出 SM-SBL 算法。

首先对式(7.16)所示协方差矩阵 $\boldsymbol{C}$ 进行分解，分离与 α_i 有关的项，即

$$\boldsymbol{C}=\sigma^{2}\boldsymbol{I}+\alpha_i^{-1}\boldsymbol{f}_i\boldsymbol{f}_i^{\mathrm{H}}+\sum_{m\neq i}\alpha_m^{-1}\boldsymbol{f}_m\boldsymbol{f}_m^{\mathrm{H}}=\boldsymbol{C}_{-i}+\alpha_i^{-1}\boldsymbol{f}_i\boldsymbol{f}_i^{\mathrm{H}} \tag{7.19}$$

式中，$\boldsymbol{C}_{-i}$ 表示 $\boldsymbol{C}$ 中与 α_i 无关的项，进一步应用矩阵行列式与求逆相关性可得

$$\left|\boldsymbol{C}\right|=\left|\boldsymbol{C}_{-i}\right|\left|1+\alpha_i^{-1}\boldsymbol{f}_i^{\mathrm{H}}\boldsymbol{C}_{-i}^{-1}\boldsymbol{f}_i\right| \tag{7.20}$$

$$\boldsymbol{C}^{-1}=\boldsymbol{C}_{-i}^{-1}-\frac{\boldsymbol{C}_{-i}^{-1}\boldsymbol{f}_i\boldsymbol{f}_i^{\mathrm{H}}\boldsymbol{C}_{-i}^{-1}}{\alpha_i+\boldsymbol{f}_i^{\mathrm{H}}\boldsymbol{C}_{-i}^{-1}\boldsymbol{f}_i} \tag{7.21}$$

将式(7.20)、式(7.21)代入式(7.15)，有

$$
\begin{aligned}
L(\boldsymbol{\alpha}) &= -\frac{1}{2}\left[3\ln\left|\boldsymbol{C}_{-i}\right| + \sum_{j=1}^{3}\boldsymbol{S}_{\cdot j}^{\mathrm{H}}\boldsymbol{C}_{-i}^{-1}\boldsymbol{S}_{\cdot j} - 3\ln\alpha_i + 3\ln\left(\alpha_i + \boldsymbol{f}_i^{\mathrm{H}}\boldsymbol{C}_{-i}^{-1}\boldsymbol{f}_i\right)\right. \\
&\quad \left. -\sum_{j=1}^{3}\frac{\left|\boldsymbol{f}_i^{\mathrm{H}}\boldsymbol{C}_{-i}^{-1}\boldsymbol{S}_{\cdot j}\right|^2}{\alpha_i + \boldsymbol{f}_i^{\mathrm{H}}\boldsymbol{C}_{-i}^{-1}\boldsymbol{f}_i}\right] + \text{const} \\
&= L\left(\boldsymbol{\alpha}_{-i}\right) + \frac{1}{2}\left[3\ln\alpha_i - 3\ln\left(\alpha_i + s_i\right) + \sum_{j=1}^{3}\frac{\left|q_{i,j}\right|^2}{\alpha_i + s_i}\right] \\
&= L\left(\boldsymbol{\alpha}_{-i}\right) + l\left(\alpha_i\right)
\end{aligned} \tag{7.22}
$$

式中

$$
L\left(\boldsymbol{\alpha}_{-i}\right) = -\frac{1}{2}\left[3\ln\left|\boldsymbol{C}_{-i}\right| + \sum_{j=1}^{3}\boldsymbol{S}_{\cdot j}^{\mathrm{H}}\boldsymbol{C}_{-i}^{-1}\boldsymbol{S}_{\cdot j}\right] + \text{const} \tag{7.23}
$$

$$
l\left(\alpha_i\right) = \frac{1}{2}\left[3\ln\alpha_i - 3\ln\left(\alpha_i + s_i\right) + \sum_{j=1}^{3}\frac{\left|q_{i,j}\right|^2}{\alpha_i + s_i}\right] \tag{7.24}
$$

$$
s_i = \boldsymbol{f}_i^{\mathrm{H}}\boldsymbol{C}_{-i}^{-1}\boldsymbol{f}_i \tag{7.25}
$$

$$
q_{i,j} = \boldsymbol{f}_i^{\mathrm{H}}\boldsymbol{C}_{-i}^{-1}\boldsymbol{S}_{\cdot j} \tag{7.26}
$$

式中，$L\left(\boldsymbol{\alpha}_{-i}\right)$ 与 $l\left(\alpha_i\right)$ 表示对数似然函数 $L(\boldsymbol{\alpha})$ 中与 α_i 无关和相关的项。采用不动点法对 α_i 进行估计，首先求得 $L(\boldsymbol{\alpha})$ 关于 α_i 的一阶偏导数为

$$
\begin{aligned}
\frac{\partial l\left(\alpha_i\right)}{\partial \alpha_i} &= \frac{1}{2}\left[\frac{3}{\alpha_i} - \frac{3}{\alpha_i + s_i} - \sum_{j=1}^{3}\frac{\left|q_{i,j}\right|^2}{\left(\alpha_i + s_i\right)^2}\right] \\
&= \frac{3\alpha_i^{-1}s_i^2 + \left(3s_i - \sum_{j=1}^{3}\left|q_{i,j}\right|^2\right)}{2\left(s_i + \alpha_i\right)^2}
\end{aligned} \tag{7.27}
$$

令式(7.27)为 0，可得 $L(\boldsymbol{\alpha})$ 的不动点为

$$
\alpha_i = \begin{cases} \dfrac{s_i^2}{\sum_{j=1}^{3}\left|q_{i,j}\right|^2 - 3s_i} \\ +\infty \end{cases} \tag{7.28}
$$

为进一步讨论 $L(\boldsymbol{\alpha})$ 在不动点处的性质，进一步求取 $L(\boldsymbol{\alpha})$ 关于 α_i 的二阶导数为

$$\frac{\partial^2 l(\alpha_i)}{\partial \alpha_i^2}=\frac{-3\alpha_i^{-2}s_i^2(s_i+\alpha_i)^2-2(s_i+\alpha_i)\left[3\alpha_i^{-1}s_i^2-\left(\sum_{j=1}^{3}\left|q_{i,j}\right|^2-3s_i\right)\right]}{2(s_i+\alpha_i)^4} \tag{7.29}$$

下面分别讨论 $L(\boldsymbol{\alpha})$ 在 $\alpha_i=\dfrac{s_i^2}{\sum_{j=1}^{3}\left|q_{i,j}\right|^2-3s_i}$ 及 $\alpha_i=+\infty$ 情况下所对应的极值。

（1）当 $\alpha_i=\dfrac{s_i^2}{\sum_{j=1}^{3}\left|q_{i,j}\right|^2-3s_i}$ 时，式(7.29)中分子第二项为零，则有

$$\frac{\partial^2 l(\alpha_i)}{\partial \alpha_i^2}=\frac{-3\alpha_i^{-2}s_i^2(s_i+\alpha_i)^2}{2(s_i+\alpha_i)^4}<0 \tag{7.30}$$

故 $L(\boldsymbol{\alpha})$ 在 $\alpha_i=\dfrac{s_i^2}{\sum_{j=1}^{3}\left|q_{i,j}\right|^2-3s_i}$ 处取极大值，但由于 $\alpha_i>0$，此时要求 $\sum_{j=1}^{3}\left|q_{i,j}\right|^2>3s_i$。

（2）当 $\alpha_i=+\infty$ 时，$L(\boldsymbol{\alpha})$ 关于 α_i 的所有导数均为零，由式(7.27)可知，当 $\alpha_i\to+\infty$ 时，$L(\boldsymbol{\alpha})$ 关于 α_i 的一阶偏导数符号由 $3s_i-\sum_{j=1}^{3}\left|q_{i,j}\right|^2$ 决定。当 $\sum_{j=1}^{3}\left|q_{i,j}\right|^2>3s_i$ 时，$L(\boldsymbol{\alpha})<0$，此时在 $\alpha_i=+\infty$ 处取极小值，而在 $\alpha_i=\dfrac{s_i^2}{\sum_{j=1}^{3}\left|q_{i,j}\right|^2-3s_i}$ 处取极大值。当 $\sum_{j=1}^{3}\left|q_{i,j}\right|^2\leqslant 3s_i$ 时，$L(\boldsymbol{\alpha})>0$，因此在 $\alpha_i=+\infty$ 处取极大值。

综上所述，$L(\boldsymbol{\alpha})$ 取得极大值的情况主要包括

$$\alpha_i=\frac{s_i^2}{\sum_{j=1}^{3}\left|q_{i,j}\right|^2-3s_i},\quad \sum_{j=1}^{3}\left|q_{i,j}\right|^2>3s_i \tag{7.31}$$

$$\alpha_i=+\infty,\quad \sum_{j=1}^{3}\left|q_{i,j}\right|^2\leqslant 3s_i \tag{7.32}$$

式(7.31)和式(7.32)表明，当以序贯形式更新 α_i 时，若 $\boldsymbol{f}_i$ 已包含在已选模型中(对应 $\alpha_i < +\infty$)且 $\sum_{j=1}^{3}\left|q_{i,j}\right|^2 \leqslant 3s_i$，则将 $\boldsymbol{f}_i$ 从模型中剔除，并令 $\alpha_i = +\infty$；若 $\boldsymbol{f}_i$ 已包含在已选模型中且 $\sum_{j=1}^{3}\left|q_{i,j}\right|^2 > 3s_i$，则采用式(7.31)重新估计 α_i；若 $\boldsymbol{f}_i$ 不在已选模型中且 $\sum_{j=1}^{3}\left|q_{i,j}\right|^2 > 3s_i$，则将 $\boldsymbol{f}_i$ 加入模型，并采用式(7.31)估计 α_i。

在迭代过程中，可通过式(7.25)、式(7.26)分别计算 s_i 与 $q_{i,j}$，或者采用式(7.33)对所有基进行批量计算，以提高运算效率：

$$S_k = \boldsymbol{f}_k^{\mathrm{H}} \boldsymbol{C}^{-1} \boldsymbol{f}_k \tag{7.33}$$

$$Q_{k,j} = \boldsymbol{f}_k^{\mathrm{H}} \boldsymbol{C}^{-1} \boldsymbol{S}_{\cdot j} \tag{7.34}$$

则有

$$s_k = \frac{\alpha_k S_k}{\alpha_k - S_k} \tag{7.35}$$

$$q_{k,j} = \frac{\alpha_k Q_{k,j}}{\alpha_k - S_k} \tag{7.36}$$

当 $\alpha_k = +\infty$ 时，有 $s_k = S_k$、$q_k = Q_k$。为进一步提升运算效率，可采用 Woodbury 矩阵求逆公式①对式(7.33)、式(7.34)进行转换：

$$S_k = \sigma^{-2} \boldsymbol{f}_k^{\mathrm{H}} \boldsymbol{f}_k - \sigma^{-4} \boldsymbol{f}_k^{\mathrm{H}} \boldsymbol{F}\boldsymbol{\Sigma}\boldsymbol{F}^{\mathrm{H}} \boldsymbol{f}_k \tag{7.37}$$

$$Q_{k,j} = \sigma^{-2} \boldsymbol{f}_k^{\mathrm{H}} \boldsymbol{S}_{\cdot j} - \sigma^{-4} \boldsymbol{f}_k^{\mathrm{H}} \boldsymbol{F}\boldsymbol{\Sigma}\boldsymbol{F}^{\mathrm{H}} \boldsymbol{S}_{\cdot j} \tag{7.38}$$

7.3.2　基于序贯多通道稀疏贝叶斯恢复算法的 ISAR 成像

对于传统多通道稀疏贝叶斯算法，由于式(7.14)所示期望计算包括矩阵求逆运算，当数据维度较大时，其运算效率较低。本小节基于 7.3.1 节推导结果，提出基于 SM-SBL 的 InISAR 成像算法，算法流程如下：

(1) 以观测一维像序列 $\boldsymbol{S}$ 的方差为参考，初始化噪声方差，如 $\sigma_0^{-2} = 0.1\mathrm{var}\left[\boldsymbol{S}\right]$。

(2) 选取一个基 $\boldsymbol{f}_i$ 作为已选基集合，并依据式(7.31)计算 α_i，可得

① Woodbury 矩阵求逆公式：$(\boldsymbol{A}+\boldsymbol{UCV})^{-1} = \boldsymbol{A}^{-1} - \boldsymbol{A}^{-1}\boldsymbol{U}(\boldsymbol{C}^{-1}+\boldsymbol{VA}^{-1}\boldsymbol{U})^{-1}\boldsymbol{VA}^{-1}$。

$$\alpha_i = \frac{3\|\boldsymbol{f}_i\|^2}{\dfrac{\sum_{j=1}^{3}\left\|\boldsymbol{f}_i^{\mathrm{H}}\boldsymbol{S}_{\cdot j}\right\|^2}{\|\boldsymbol{f}_i\|^2-\sigma^2}} \tag{7.39}$$

并且令 $\alpha_k=+\infty$，$k \neq i$ 。

(3) 计算协方差矩阵 $\boldsymbol{\Sigma}$ 与期望 $\boldsymbol{\mu}$，当已选集合中只包含一个基时，两者均为标量。

(4) 计算所有基对应的 s_k、$q_{k,j}$。

(5) 从所有基中任选一个基 $\boldsymbol{f}_i$，并计算 $\theta_i = \sum_{j=1}^{3}\left|q_{i,j}\right|^2 - 3s_i$。

(6) 若 $\theta_i > 0$ 且 $\boldsymbol{f}_i$ 已在已选集合中（$\alpha_i < +\infty$），则重新估计 α_i。

(7) 若 $\theta_i > 0$ 且 $\boldsymbol{f}_i$ 不在已选集合中（$\alpha_i = +\infty$），则将 $\boldsymbol{f}_i$ 加入已选集合，并更新 α_i。

(8) 若 $\theta_i \leqslant 0$ 且 $\boldsymbol{f}_i$ 已在已选集合中（$\alpha_i < +\infty$），则从已选集合中剔除 $\boldsymbol{f}_i$，并令 $\alpha_i = +\infty$ 。

(9) 采用式 (7.18) 估计噪声方差。

(10) 若收敛，则终止迭代，否则跳转至步骤 (3)。

其中，步骤 (2) 中 $\boldsymbol{f}_i$ 可选取与观测向量投影最大的基，即 $\boldsymbol{f}_i = \arg\max\limits_{\boldsymbol{f}_k}\left[\sum_{j=1}^{3}\left\|\boldsymbol{f}_k^{\mathrm{H}}\boldsymbol{S}_{\cdot j}\right\|^2 \Big/ \|\boldsymbol{f}_k\|^2\right]$。另外，步骤 (5) 必须从全部基中选取 $\boldsymbol{f}_i$，可随机从所有基中选取 $\boldsymbol{f}_i$，或者通过最大似然准则选取，以提高收敛速度。

在上述计算流程中，已选集合中基的个数远小于原始字典矩阵 $\boldsymbol{F}$ 中基的个数，因此算法计算复杂度大大降低。另外，步骤 (3)、(4) 每次迭代不需要重复计算 $\boldsymbol{\Sigma}$、$\boldsymbol{\mu}$ 与 s_k、$q_{k,j}$，可通过递推方式实现，以进一步提高运算效率。递推分三种情况进行，分别为更新基［步骤 (6)］、添加基［步骤 (7)］及剔除基［步骤 (8)］。

1. 更新基

通过步骤 (6) 更新 α_i 后，可采用如下递推公式计算 $\boldsymbol{\Sigma}$、$\boldsymbol{\mu}$、S_k 与 $Q_{k,j}$：

$$\boldsymbol{\Sigma}^{(\text{new})} = \boldsymbol{\Sigma} - \kappa_i \boldsymbol{\Sigma}_{\cdot i}\boldsymbol{\Sigma}_{\times i}^{\mathrm{H}} \tag{7.40}$$

$$\boldsymbol{\mu}^{(\text{new})} = \boldsymbol{\mu} - \kappa_i \boldsymbol{\Sigma}_{\cdot i}\boldsymbol{\mu}_{i\cdot} \tag{7.41}$$

$$S_k^{(\text{new})} = S_k + \kappa_i\left|\sigma^{-2}\boldsymbol{\Sigma}_{\cdot i}^{\mathrm{H}}\boldsymbol{F}^{\mathrm{H}}\boldsymbol{f}_k\right|^2 \tag{7.42}$$

$$Q_{k\cdot}^{(\text{new})} = Q_{k\cdot} + \kappa_i \left(\sigma^{-2} \boldsymbol{f}_k^{\text{H}} \boldsymbol{F} \boldsymbol{\Sigma}_{\cdot i} \right) \boldsymbol{\mu}_{i\cdot} \tag{7.43}$$

式中，$\kappa_i = \left[\boldsymbol{\Sigma}_{i,i} + \left(\alpha_i^{(\text{new})} - \alpha_i \right)^{-1} \right]^{-1}$。

2. 添加基

当向已选集合中添加基时，$\boldsymbol{\Sigma}$、$\boldsymbol{\mu}$、S_k 与 $Q_{k,j}$ 的递推公式如下：

$$\boldsymbol{\Sigma}^{(\text{new})} = \begin{bmatrix} \boldsymbol{\Sigma} + \sigma^{-4} \boldsymbol{\Sigma}_{i,i} \boldsymbol{\Sigma} \boldsymbol{F}^{\text{H}} \boldsymbol{f}_i \boldsymbol{f}_i^{\text{H}} \boldsymbol{F} \boldsymbol{\Sigma} & -\sigma^{-2} \Sigma_{i,i} \boldsymbol{\Sigma} \boldsymbol{F}^{\text{H}} \boldsymbol{f}_i \\ -\sigma^{-2} \boldsymbol{\Sigma}_{i,i} \left(\boldsymbol{\Sigma} \boldsymbol{F}^{\text{H}} \boldsymbol{f}_i \right)^{\text{H}} & \boldsymbol{\Sigma}_{i,i} \end{bmatrix} \tag{7.44}$$

$$\boldsymbol{\mu}^{(\text{new})} = \begin{bmatrix} \boldsymbol{\mu} - \sigma^{-2} \boldsymbol{\Sigma} \boldsymbol{F}^{\text{H}} \boldsymbol{f}_i \boldsymbol{\mu}_{i\cdot} \\ \boldsymbol{\mu}_{i\cdot} \end{bmatrix} \tag{7.45}$$

$$S_k^{(\text{new})} = S_k - \sigma^{-4} \boldsymbol{\Sigma}_{i,i} \left| \boldsymbol{f}_k^{\text{H}} \boldsymbol{e}_i \right|^2 \tag{7.46}$$

$$Q_{k\cdot}^{(\text{new})} = Q_{k\cdot} - \sigma^{-2} \boldsymbol{f}_k^{\text{H}} \boldsymbol{e}_i \boldsymbol{\mu}_{i\cdot} \tag{7.47}$$

式中，$\boldsymbol{\Sigma}_{i,i} = \left(\alpha_i + S_i \right)^{-1}$；$\boldsymbol{\mu}_{i\cdot} = \boldsymbol{\Sigma}_{i,i} Q_{i\cdot}$；$\boldsymbol{e}_i = \boldsymbol{f}_i - \sigma^{-2} \boldsymbol{F} \boldsymbol{\Sigma} \boldsymbol{F}^{\text{H}} \boldsymbol{f}_i$。

3. 剔除基

当剔除已选基 $\boldsymbol{f}_i$ 时，对应的 α_i 置为 $+\infty$，即 $\alpha_i^{(\text{new})} = +\infty$，将其代入式(7.40)～式(7.43)可得 $\boldsymbol{\Sigma}$、$\boldsymbol{\mu}$、S_k 及 $Q_{k,j}$ 的递推公式为

$$\boldsymbol{\Sigma}^{(\text{new})} = \boldsymbol{\Sigma} - \frac{1}{\boldsymbol{\Sigma}_{i,i}} \boldsymbol{\Sigma}_{\cdot i} \boldsymbol{\Sigma}_{\cdot i}^{\text{H}} \tag{7.48}$$

$$\boldsymbol{\mu}^{(\text{new})} = \boldsymbol{\mu} - \frac{1}{\boldsymbol{\Sigma}_{i,i}} \boldsymbol{\Sigma}_{\cdot i} \boldsymbol{\mu}_{i\cdot} \tag{7.49}$$

$$S_k^{(\text{new})} = S_k + \frac{1}{\boldsymbol{\Sigma}_{i,i}} \left| \sigma^{-2} \boldsymbol{\Sigma}_{\cdot i}^{\text{H}} \boldsymbol{F}^{\text{H}} \boldsymbol{f}_k \right|^2 \tag{7.50}$$

$$Q_{k\cdot}^{(\text{new})} = Q_{k\cdot} + \frac{1}{\boldsymbol{\Sigma}_{i,i}} \left(\sigma^{-2} \boldsymbol{f}_k^{H} \boldsymbol{F} \boldsymbol{\Sigma}_{\cdot i} \right) \boldsymbol{\mu}_{i\cdot} \tag{7.51}$$

进一步删除 $\boldsymbol{\Sigma}^{(\text{new})}$ 的第 i 行、第 i 列及 $\boldsymbol{\mu}^{(\text{new})}$ 的第 i 行，即可获得更新后的协方差矩阵及期望。

7.3.3　基于最小二乘法的运动参数估计与滤波

通过 7.3.2 节 SM-SBL 算法获得三通道 ISAR 图像后，分别将天线 A、B 所得 ISAR 图像与天线 O 所得图像共轭相乘，获取各散射点相位差，并通过式(7.7)估计目标各散射点 x、z 坐标，而 y 坐标则可通过各散射点所在距离单元乘以距离向分辨率获得。在估计目标各散射点三维坐标后，本小节进一步采用最小二乘法估计目标旋转速度并进行滤波，以剔除估计误差较大的散射点。

由式(7.6)可知，ISAR 图像各散射点多普勒频率为

$$f_p = -\frac{2f_c}{c}\left(x_p\omega_z - z_p\omega_x\right) + \Delta f,\quad p = 1,2,\cdots,P \tag{7.52}$$

式中，Δf 表示多普勒频率误差；P 表示目标散射点个数。式(7.52)可表示为

$$\begin{bmatrix} f_1 \\ f_2 \\ \vdots \\ f_P \end{bmatrix} = \begin{bmatrix} \frac{2f_c}{c}x_1 & -\frac{2f_c}{c}z_1 & 1 \\ \frac{2f_c}{c}x_2 & -\frac{2f_c}{c}z_2 & 1 \\ \vdots & \vdots & \vdots \\ \frac{2f_c}{c}x_P & -\frac{2f_c}{c}z_P & 1 \end{bmatrix} \begin{bmatrix} \omega_z \\ \omega_x \\ \Delta f \end{bmatrix} \tag{7.53}$$

记为

$$\boldsymbol{f} = \boldsymbol{A}\boldsymbol{\omega} \tag{7.54}$$

式中

$$\boldsymbol{f} = \begin{bmatrix} f_1 \\ f_2 \\ \vdots \\ f_P \end{bmatrix},\quad \boldsymbol{A} = \begin{bmatrix} \frac{2f_c}{c}x_1 & -\frac{2f_c}{c}z_1 & 1 \\ \frac{2f_c}{c}x_2 & -\frac{2f_c}{c}z_2 & 1 \\ \vdots & \vdots & \vdots \\ \frac{2f_c}{c}x_P & -\frac{2f_c}{c}z_P & 1 \end{bmatrix},\quad \boldsymbol{\omega} = \begin{bmatrix} \omega_z \\ \omega_x \\ \Delta f \end{bmatrix}$$

则可采用最小二乘法估计目标旋转速度：

$$\hat{\boldsymbol{\omega}} = \left(\boldsymbol{A}^{\mathrm{T}}\boldsymbol{A}\right)^{-1}\boldsymbol{A}^{\mathrm{T}}\boldsymbol{f} \tag{7.55}$$

此时目标 x、z 方向的转速估计分别为 $\hat{\omega}_x = \hat{\boldsymbol{\omega}}(2)$、$\hat{\omega}_z = \hat{\boldsymbol{\omega}}(1)$。估计目标转速后可进一步采用式(7.56)剔除误差较大的散射点。

$$\left| f_p - \left(\frac{2f_c}{c} x_P \omega_z - \frac{2f_c}{c} z_P \omega_x \right) \right| > \delta \tag{7.56}$$

由式(7.56)可知，当散射点 p 的多普勒频率误差大于门限 δ 时，认为该散射点三维坐标估计误差较大，将其剔除。门限 δ 一般可取 0.1～0.5Hz，取值越小，剔除的散射点越多。剔除野值后，可进一步采用式(7.54)估计目标旋转速度，以提高估计精度，并通过式(7.56)剔除野值。在迭代过程中，门限 δ 取值逐步减小，一般重复进行 2～3 次即可获得理想结果。

本章所提基于 SM-SBL 的稀疏孔径 InISAR 成像流程如图 7.2 所示。首先三部天线所得多通道稀疏孔径回波通过脉冲压缩与平动补偿，得到补偿后的三通道一维像序列；然后通过传统 RD 成像实现图像配准，以补偿由目标姿态变化所引起的不同通道间 ISAR 图像失配；接着采用所提 SM-SBL 算法实现多通道 ISAR 图像联合重构，以进一步提升图像匹配度。获得稀疏重构的三通道 ISAR 图像后，依次通过 ISAR 图像干涉与三维坐标反演、目标转速估计与滤波，即可获得最终目标的三维图像。

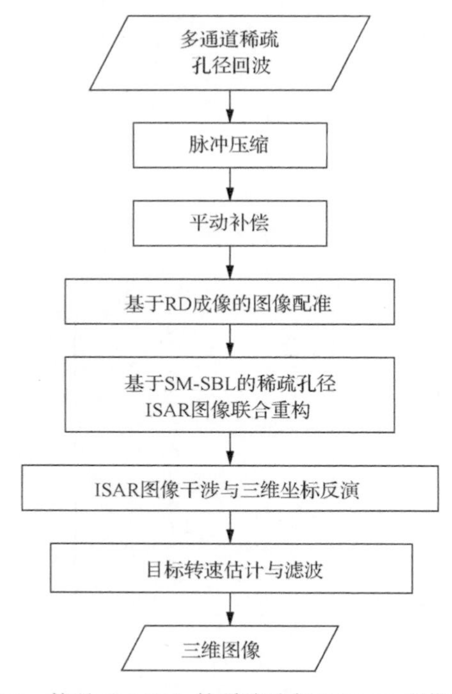

图 7.2　基于 SM-SBL 的稀疏孔径 InISAR 成像流程

7.4　实验结果分析

本节采用仿真“雅克 42”飞机数据进行实验，以分析本章所提稀疏孔径 InISAR 成像算法性能。“雅克 42”飞机三维散射点模型如图 7.3 所示，该模型由 113 个散射点组成。雷达系统由三部天线组成，天线与目标的位置关系如图 7.1 所示，其中天线 O 与 A、B 之间的距离 L_1 与 L_2 均设为 2m，目标初始距离为 20km，旋转速度为(0.01, 0, 0.02) rad/s。雷达发射信号参数如下：中心频率为 9GHz，带宽为 600MHz，脉宽为 100μs，脉冲重复频率为 100Hz，脉冲采样点数为 256，成像区间包含 256 个回波，回波 SNR 设为 5dB。

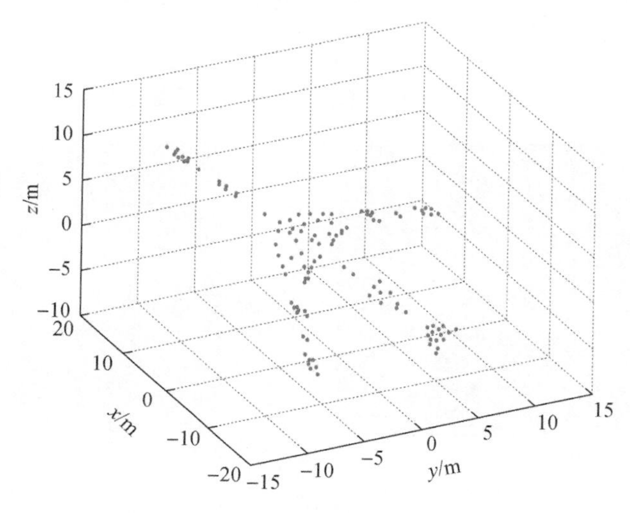

图 7.3　“雅克 42”飞机三维散射点模型

分别对仿真雷达回波进行随机采样与分段采样，以模拟随机丢失采样与分段丢失采样稀疏孔径雷达回波。两种稀疏孔径条件下的一维像序列如图 7.4 所示，两者有效回波个数均为 41。由图 7.4 可知，稀疏孔径一维像序列受到较强噪声影响。

分别采用 RD 成像算法、基于 SBL 的稀疏孔径成像算法及本章所提基于 SM-SBL 的稀疏孔径 ISAR 成像算法对两种稀疏孔径条件下的回波进行 ISAR 成像，两种稀疏孔径条件对应的成像结果分别如图 7.5 与图 7.6 所示。由图 7.5 可知，在 RMS 稀疏孔径条件下，RD 成像结果受到严重栅瓣干扰，散焦严重。基于稀疏恢复的 SBL 与 SM-SBL 算法则获得了聚焦效果较好的 ISAR 图像，其中，SM-SBL 算法由于利用了不同通道 ISAR 图像之间的联合稀疏特性，对噪声抑制效果优于 SBL 算法，所得 ISAR 图像背景噪声低于 SBL 算法，并且三通道 ISAR 图像的一致性强于 SBL 算法。进一步采用式(7.57)计算天线 O 与 A、天线 O 与 B 所得 ISAR

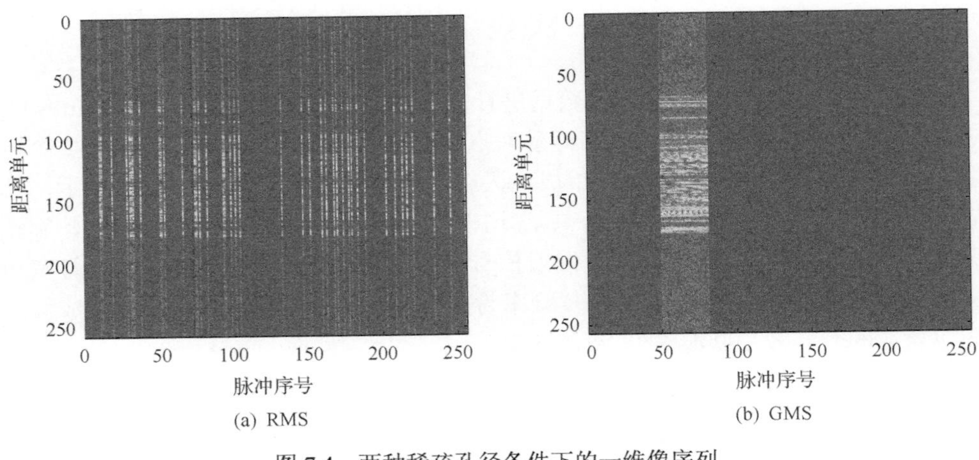

(a) RMS　　　　(b) GMS

图 7.4　两种稀疏孔径条件下的一维像序列

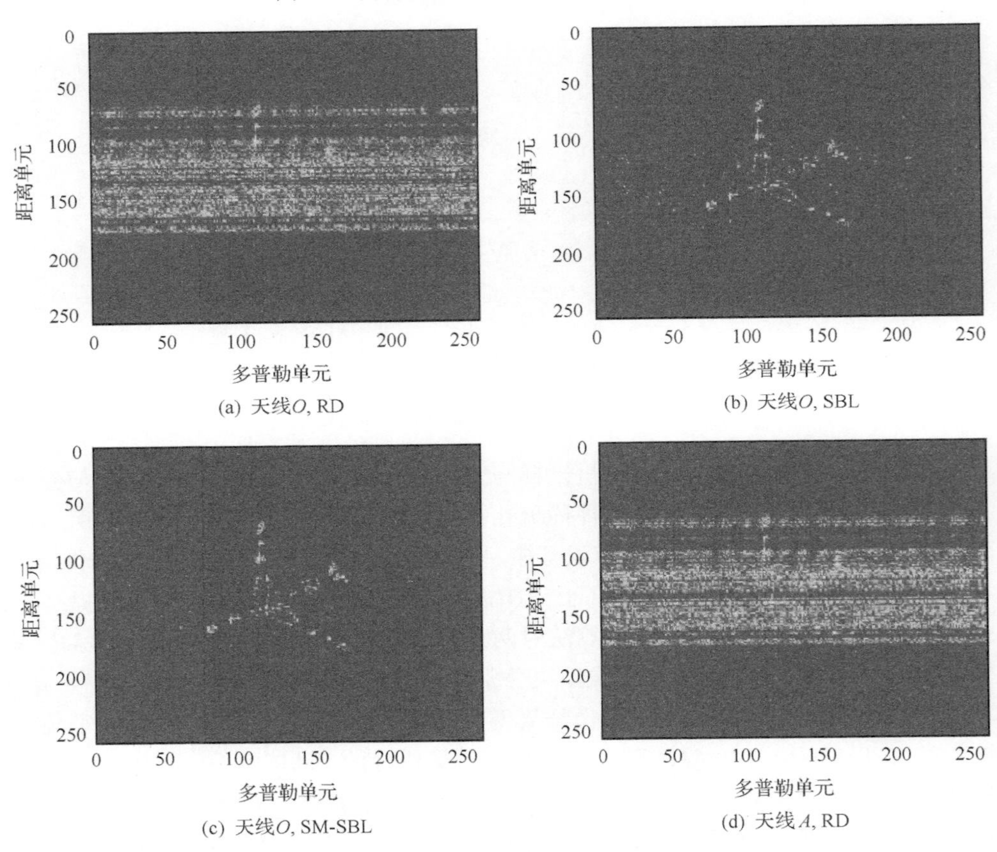

(a) 天线O, RD　　　　(b) 天线O, SBL

(c) 天线O, SM-SBL　　　　(d) 天线A, RD

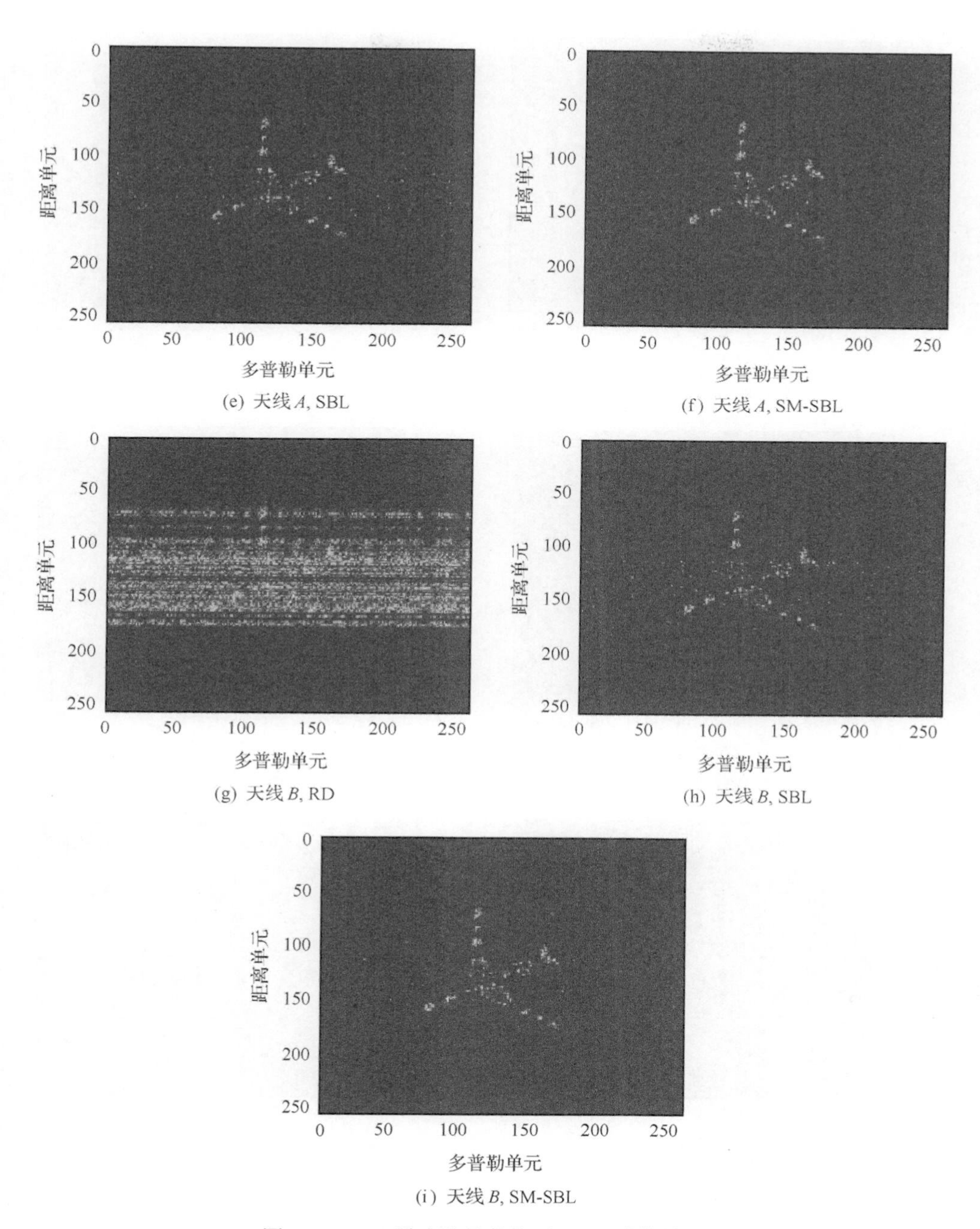

(e) 天线 A, SBL

(f) 天线 A, SM-SBL

(g) 天线 B, RD

(h) 天线 B, SBL

(i) 天线 B, SM-SBL

图 7.5　RMS 稀疏孔径条件下 ISAR 成像结果

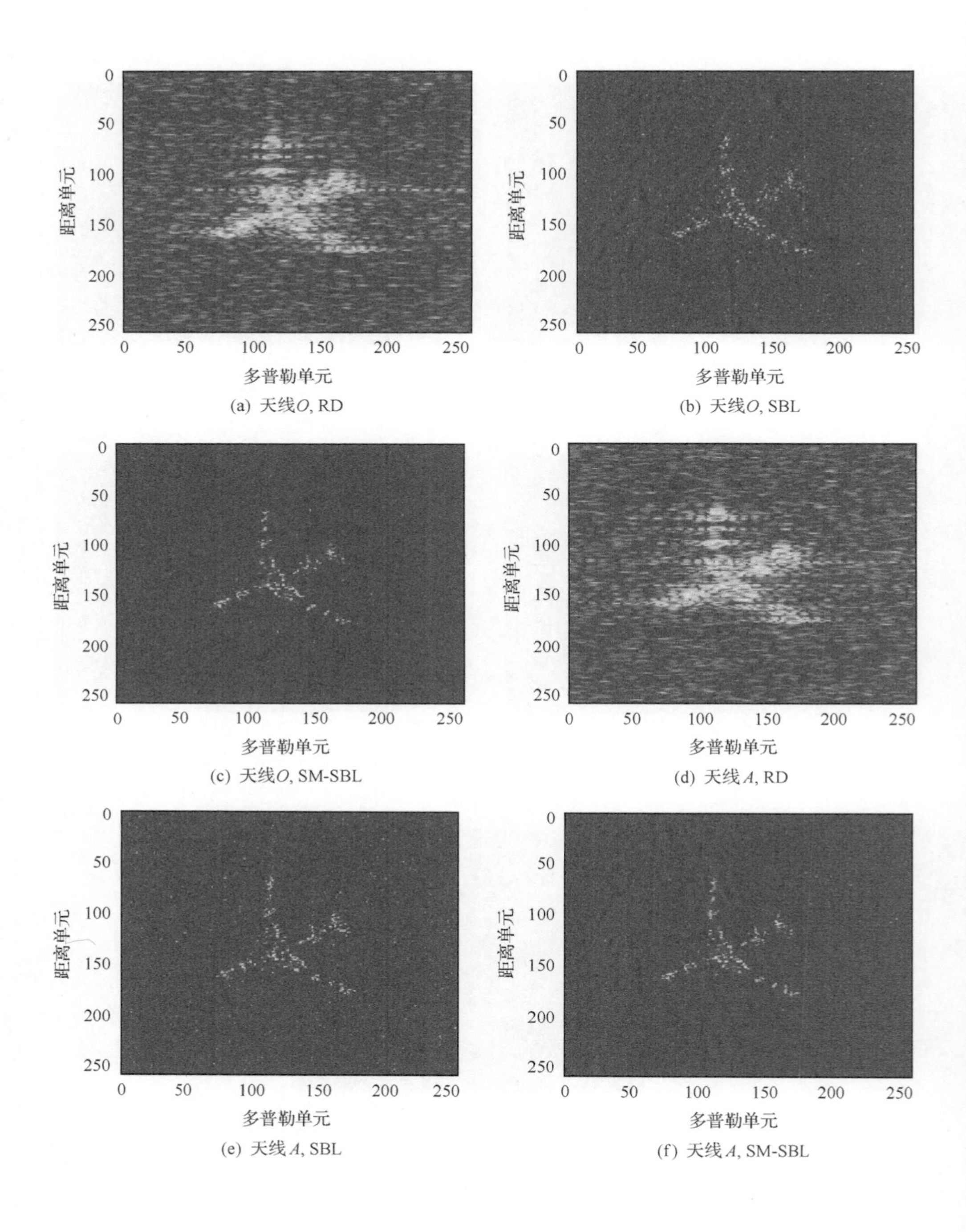

(a) 天线O, RD　(b) 天线O, SBL

(c) 天线O, SM-SBL　(d) 天线A, RD

(e) 天线A, SBL　(f) 天线A, SM-SBL

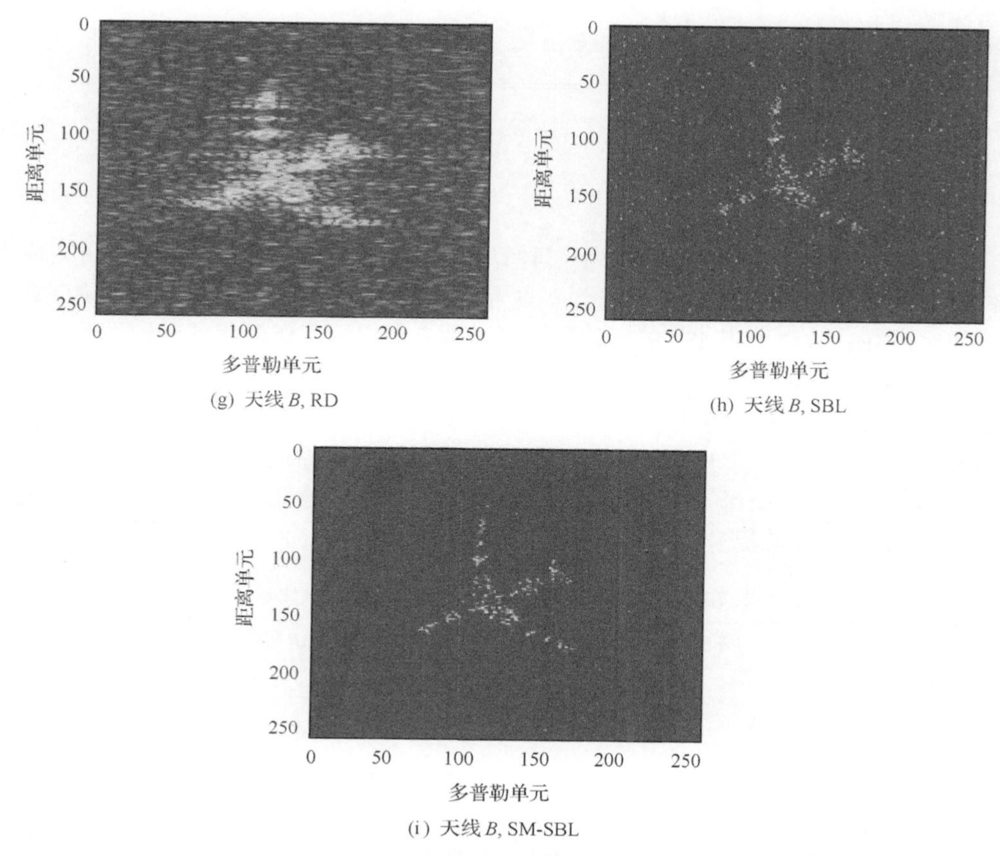

(g) 天线 B, RD

(h) 天线 B, SBL

(i) 天线 B, SM-SBL

图 7.6　GMS 稀疏孔径条件下三种算法所得三通道 ISAR 图像

图像相关系数，以比较不同通道 ISAR 图像之间的匹配程度，结果如表 7.1 所示。ISAR 图像相关系数越大，图像匹配程度越高，越有利于 ISAR 图像的干涉处理。由表 7.1 可知，SM-SBL 算法所得 ISAR 图像相关系数高于 RD 与 SBL 算法，验证了其通过利用不同通道间 ISAR 图像的联合稀疏提高图像匹配度的有效性。另外，由表 7.1 可知，SBL 算法所得图像相关系数低于 RD 算法，说明由于稀疏孔径与强噪声的影响，稀疏恢复算法所重构的 ISAR 散射点的位置随机性较大。

表 7.1　RMS 稀疏孔径条件下图像相关系数比较

成像算法	天线 O 与 A 所得 ISAR 图像相关系数	天线 O 与 B 所得 ISAR 图像相关系数
RD	0.8151	0.8289
SBL	0.7097	0.7048
SM-SBL	0.9399	0.9384

$$\rho_S = \frac{1}{M-1}\sum_{m=1}^{M-1}\frac{\frac{1}{K}\sum_{k=0}^{K-1}\left[S(k,m-1)-\bar{S}(m-1)\right]\left[S(k,m)-\bar{S}(m)\right]}{\sqrt{\frac{1}{K}\sum_{k=0}^{K-1}\left[S(k,m-1)-\bar{S}(m-1)\right]^2}\cdot\sqrt{\frac{1}{K}\sum_{k=0}^{K-1}\left[S(k,m)-\bar{S}(m)\right]^2}} \tag{7.57}$$

图 7.6 为 GMS 稀疏孔径条件下三种算法所得三通道 ISAR 图像，由于可用成像累积区间较短，RD 成像结果受到严重旁瓣与噪声干扰，分辨率较低。与 RD 算法相比，SBL 算法所得 ISAR 图像虽然分辨率有所提高，但仍然受到较强噪声干扰。相比之下，本章所提 SM-SBL 算法不仅提高了图像分辨率，而且较好地抑制了噪声，所得 ISAR 图像背景噪声低于 SBL 算法。各算法所得三通道 ISAR 图像相关系数比较如表 7.2 所示。由表 7.2 可知，在 GMS 稀疏孔径条件下，本章的 SM-SBL 算法同样获得了最高的图像相关系数，进一步验证了该算法对不同通道 ISAR 图像匹配度的提升。

表 7.2　GMS 稀疏孔径条件下图像相关系数比较

成像算法	天线 O 与 A 所得 ISAR 图像相关系数	天线 O 与 B 所得 ISAR 图像相关系数
RD	0.8990	0.9010
SBL	0.4313	0.4562
SM-SBL	0.9320	0.9385

进一步比较不同 SNR 条件下三种算法所得图像相关系数。本次实验中，设 SNR 变化范围为[–5dB, 10dB]，回波脉冲个数为 41，对应孔径稀疏度为 16%。在不同 SNR 条件下，分别采用 RD、SBL 及 SM-SBL 算法对 RMS 与 GMS 稀疏孔径信号进行 ISAR 成像，并求取天线 O 与 A、天线 O 与 B 所得 ISAR 图像相关系数。各 SNR 条件下重复进行 100 次蒙特卡罗实验，取平均 ISAR 图像相关系数，结果如图 7.7 所示。由图 7.7 可知，两种稀疏孔径条件下三种成像算法所得 ISAR 图像相关系数均随 SNR 的升高而增大，因此不同通道 ISAR 图像匹配程度与回波噪声水平成反比。在 RMS 稀疏孔径条件下，基于多通道联合稀疏约束的 SM-SBL 所得 ISAR 图像相关系数明显高于 RD 算法与 SBL 算法。由于噪声影响，单通道 SBL 算法所恢复 ISAR 图像相关系数低于 RD 算法，进一步验证了多通道联合稀疏约束 SM-SBL 算法的有效性。当回波为 GMS 稀疏孔径时，本章 SM-SBL 算法同样获得了最高的 ISAR 图像相关系数，当 SNR 达到 10dB 时，SM-SBL 算法所得相关系数与 RD 算法接近，由图 7.5 与图 7.6 可知，SM-SBL 算法所得 ISAR 图像分辨率明显高于 RD 算法。由于 SBL 算法独立恢复各通道 ISAR 图像，因此尽管同样可提升图像分辨率，其所得 ISAR 图像相关系数仍低于 RD 算法，图像匹配度较差，

将导致后续图像干涉产生较大误差。比较可知，GMS 条件下，SBL 算法所得 ISAR 图像相关系数低于 RMS 条件，而本章 SM-SBL 算法依然保持较高的相关系数。

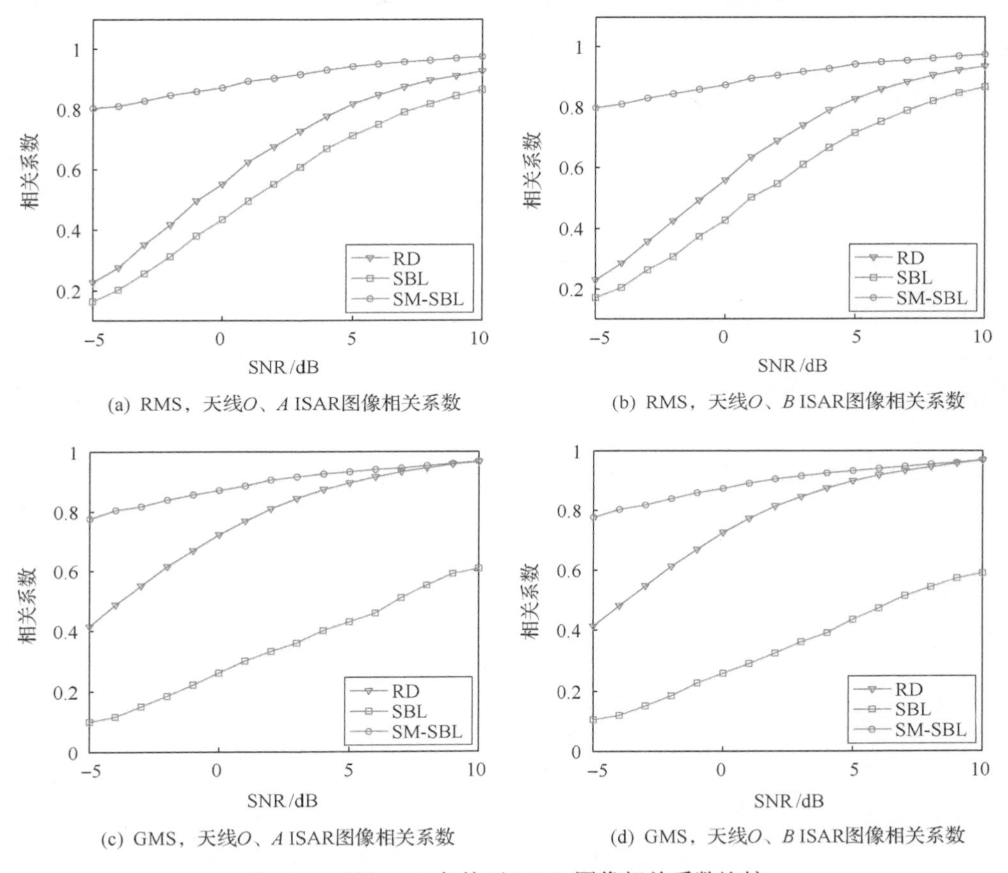

图 7.7　不同 SNR 条件下 ISAR 图像相关系数比较

接着比较不同孔径稀疏度下 RD、SBL 与 SM-SBL 算法所得 ISAR 图像相关系数。本次实验中，回波 SNR 设为 5dB，孔径稀疏度变化范围设为[0.1, 0.9]。分别采用上述三种算法对不同孔径稀疏度的 RMS 与 GMS 稀疏孔径数据进行 ISAR 成像，并求得天线 O 与 A、天线 O 与 B 所得 ISAR 图像相关系数，进行 100 次蒙特卡罗实验所得平均相关系数曲线如图 7.8 所示。由图 7.8 可知，在 RMS 条件下，RD 与 SBL 算法所得 ISAR 图像相关系数与回波孔径稀疏度成正比，回波脉冲个数越高，两种算法所得 ISAR 图像相关系数越高。相比之下，SM-SBL 算法受回波孔径稀疏度影响较小，任何孔径稀疏度下均获得了高于 RD 与 SBL 算法的图像相关系数。对于 GMS 稀疏孔径回波，当孔径稀疏度较低时，SBL 算法受到较大影响，所得 ISAR 图像相关系数明显降低，SM-SBL 算法依然获得了较高的相关系数，进一步说明 SM-SBL 算法可有效提升不同通道 ISAR 图像的匹配程度。

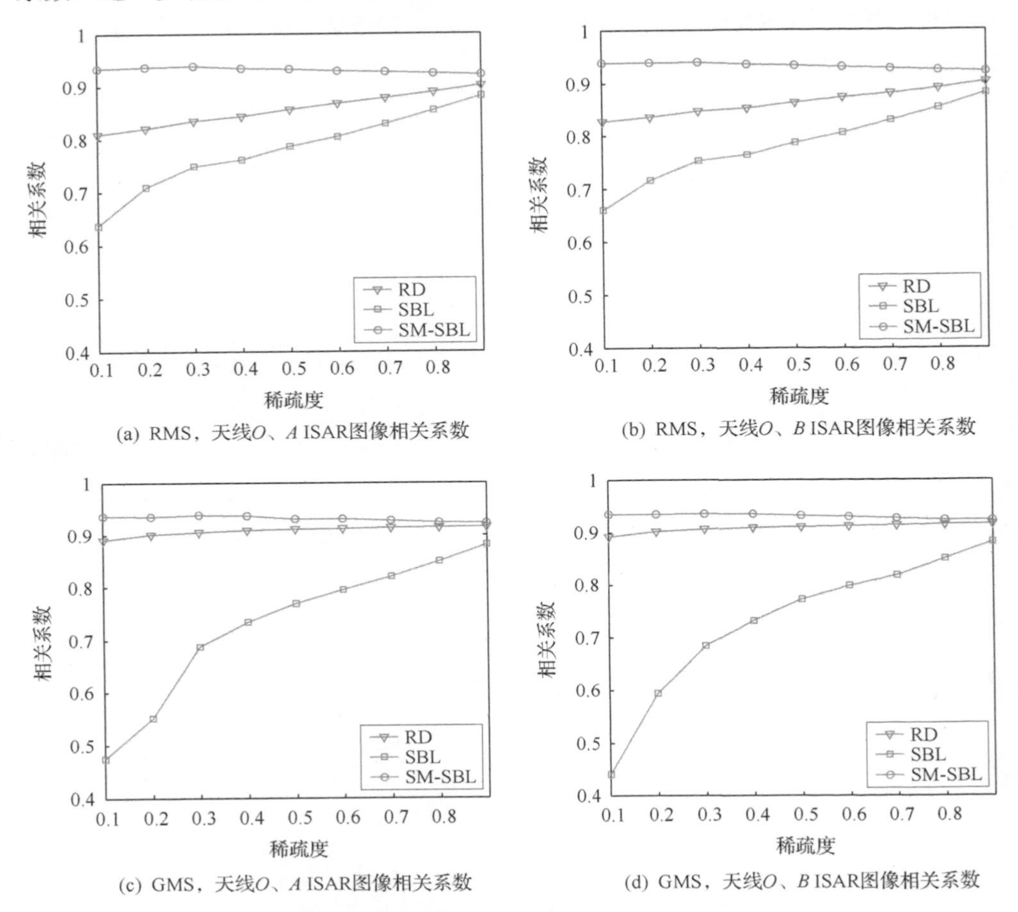

(a) RMS，天线O、A ISAR图像相关系数

(b) RMS，天线O、B ISAR图像相关系数

(c) GMS，天线O、A ISAR图像相关系数

(d) GMS，天线O、B ISAR图像相关系数

图 7.8　不同回波孔径稀疏度条件下 ISAR 图像相关系数比较

最后比较基于单通道稀疏约束的 SBL 算法与多通道联合稀疏约束的 SM-SBL 算法所重构目标散射点的三维坐标。本次实验中，回波 SNR 设为 15dB，分别从全孔径数据中随机抽取与分段抽取 41 个脉冲，以模拟孔径稀疏度为 16%的 RMS 与 GMS 稀疏孔径回波。采用 SBL 与 SM-SBL 算法对两种稀疏孔径回波进行 ISAR 成像，并对所得三通道 ISAR 图像进行干涉处理，估计目标散射点三维坐标与旋转速度。图 7.9 为 RMS 条件下两种算法所得目标散射点三维重构结果。由图 7.9 可知，滤波处理明显改善了三维重构图像质量，滤波后目标散射点分布更接近原始目标散射点模型，从而验证了所提基于最小二乘法的有效性。进一步比较两种算法所得结果可知，SM-SBL 算法所重构散射点相对集中，更接近图 7.3 所示目标散射点模型，因而重构精度高于 SBL 算法，由此验证了基于联合稀疏约束的

SM-SBL 算法不仅提升了 ISAR 图像匹配度而且提升了目标三维重构精度。GMS 条件下两种算法重构的目标三维图像如图 7.10 所示。比较可知，GMS 条件下两种算法所得目标三维重构图像质量均高于 RMS 条件，并且 SM-SBL 算法滤波前

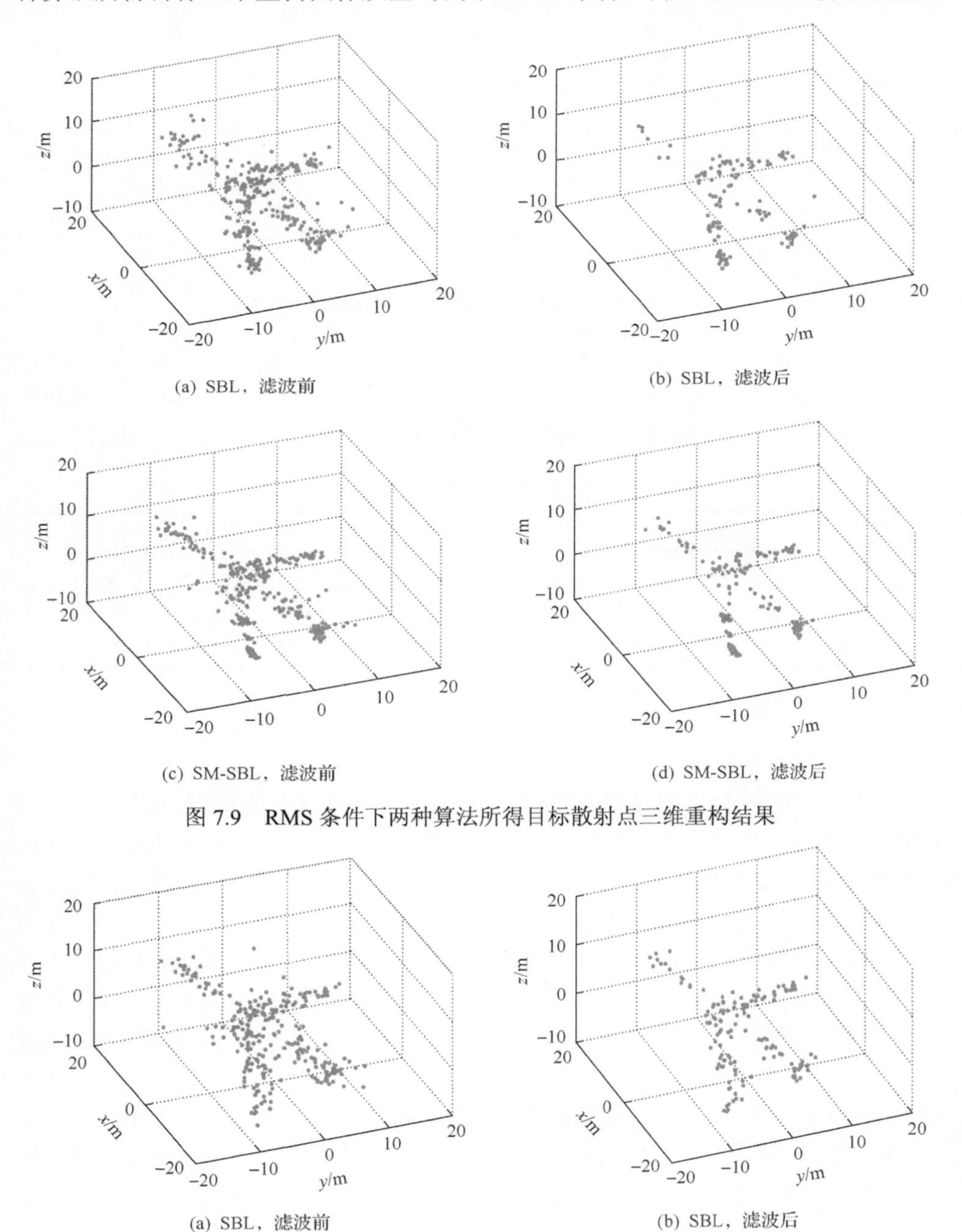

(a) SBL，滤波前　　(b) SBL，滤波后

(c) SM-SBL，滤波前　　(d) SM-SBL，滤波后

图 7.9　RMS 条件下两种算法所得目标散射点三维重构结果

(a) SBL，滤波前　　(b) SBL，滤波后

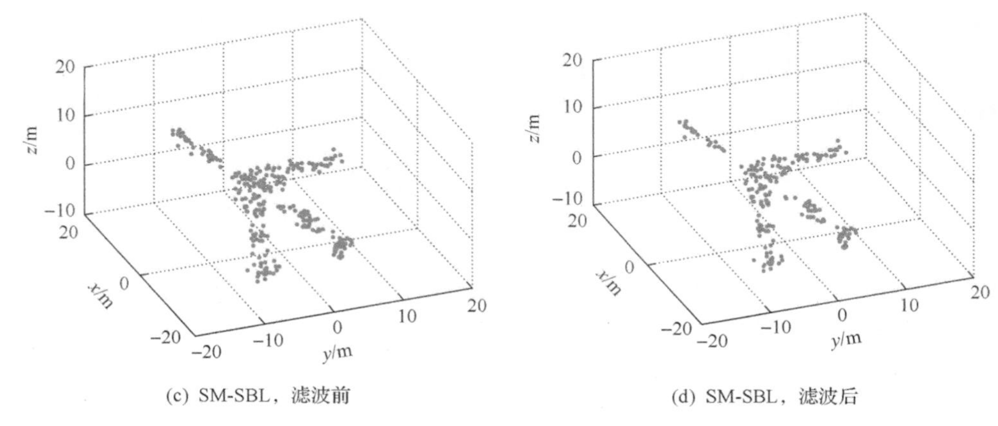

(c) SM-SBL，滤波前　　(d) SM-SBL，滤波后

图 7.10　GMS 条件下目标散射点三维重构结果

后重构精度均高于 SBL 算法。表 7.3 给出不同成像算法性能比较，其中运算平台为 Intel(R) Core(TM) i5-5257U@2.7GHz×2。由表 7.3 可知，本章 SM-SBL 算法所得目标转速精度高于 SBL 算法，并且运算效率较高，进一步验证了其较优的性能。

表 7.3　不同成像算法性能比较

成像算法	估计角速度/(rad/s)		计算时间/s
	RMS	GMS	
SBL	(0.0108, 0, 0.0181)	(0.0089, 0, 0.0188)	49.5
SM-SBL	(0.0095, 0, 0.0190)	(0.0097, 0, 0.0190)	7.3

7.5　本章小结

本章针对稀疏孔径条件下 InISAR 成像三维重构精度低的难题，提出了一种基于序贯多通道稀疏贝叶斯学习的稀疏孔径 InISAR 成像算法。该算法利用不同天线所得 ISAR 图像间相似性，在贝叶斯框架内进行多通道 ISAR 图像联合稀疏重构，并采用一种序贯方式实现多通道稀疏贝叶斯推导，以避免大尺度矩阵求逆，从而提升算法运算效率。通过 SM-SBL 算法获取各天线 ISAR 图像后，对其进行干涉处理，并从所得 ISAR 图像相位差中估计目标三维坐标，再利用最小二乘法进行滤波与目标转速估计，以剔除估计误差较大的散射点。基于仿真数据的实验结果表明：

(1) 所提 SM-SBL 算法可大幅提升不同通道间 ISAR 图像的匹配程度，并且对 RMS 与 GMS 两种形式稀疏孔径数据，所得 ISAR 图像相关系数均高于基于单通道 SBL 的成像算法，尤其在 SNR 低至−5dB 或回波孔径稀疏度低至 10%的情况下，SM-SBL 算法仍可获得高于 0.9 的 ISAR 图像相关系数，而传统 SBL 算法不足 0.5。

(2) 由于采用序贯方式实现稀疏贝叶斯推导，SM-SBL 算法运算效率远高于传统 SBL 算法。该算法恢复三通道 256×256 的 ISAR 图像仅需 7.3s，而相同条件下 SBL 算法需 49.5s 才可恢复 ISAR 图像。

(3) 在 RMS 与 GMS 稀疏孔径条件下，SM-SBL 算法对目标三维坐标与转速的估计精度均高于 SBL 算法，滤波前后三维散射点模型更接近目标原始模型，鲁棒性较强。

参 考 文 献

[1] Zhang S H, Liu Y X, Li X, et al. Sparse aperture InISAR imaging via sequential multiple sparse Bayesian learning[J]. Sensors, 2017, 17(10): 2295.

[2] Zhang Q, Yeo T S, Du G, et al. Estimation of three-dimensional motion parameters in interferometric ISAR imaging[J]. IEEE Transactions on Geoscience and Remote Sensing, 2004, 42(2): 292-300.

[3] Tipping M E. Sparse Bayesian learning and the relevance vector machine[J]. Journal of Machine Learning Research, 2001, 1(3): 211-244.

[4] Tzikas D G, Likas A C, Galatsanos N P. The variational approximation for Bayesian inference[J]. IEEE Signal Processing Magazine, 2008, 25(6): 131-146.

[5] Bishop C M. Pattern Recognition and Machine Learning[M]. New York: Springer-Verlag, 2006.

[6] Wipf D P, Rao B D. An empirical Bayesian strategy for solving the simultaneous sparse approximation problem[J]. IEEE Transactions on Signal Processing, 2007, 55(7): 3704-3716.

第8章 结 束 语

雷达成像技术是获取目标形状、尺寸与结构信息的重要手段，是宽带雷达信号处理的重要环节，对目标分类与识别具有重要的应用价值。日趋激烈的空间攻防对抗、较低的信噪比及多功能雷达的使用等因素容易导致稀疏孔径雷达回波，使得传统 RD 成像算法受到强烈旁瓣与栅瓣干扰，成像分辨率难以满足目标识别要求。本书利用稀疏贝叶斯框架，对稀疏孔径所引起的一系列成像难点问题展开研究，研究内容主要包括稀疏孔径下的 ISAR 自聚焦技术、横向定标技术、Bi-ISAR 技术与 InISAR 技术等，主要技术创新如下：

(1) 提出了两种稀疏先验，分别为对数拉普拉斯先验与拉普拉斯混合先验。与传统稀疏贝叶斯恢复中常用的高斯混合先验相比，本书所提两种先验 PDF 的主瓣宽度更窄，拖尾更长，更有利于稀疏建模。进一步推导了基于两种稀疏先验的稀疏贝叶斯重构，其中采用最大后验概率密度估计算法进行基于对数拉普拉斯先验的稀疏恢复。该算法属于点估计，无法获取 ISAR 图像后验概率密度与高阶统计特性。针对拉普拉斯混合先验，提出了一种基于拉普拉斯估计的变分贝叶斯算法，以推导 ISAR 图像后验概率密度，并将其期望作为 ISAR 图像估计。基于仿真与实测数据的实验结果表明，本书所提两种稀疏先验及其对应稀疏贝叶斯恢复算法的稀疏重构精度与对噪声的鲁棒性强于传统基于 GSM 先验的稀疏贝叶斯恢复算法。

(2) 针对稀疏孔径条件下 ISAR 自聚焦精度下降的问题，提出了两种基于 LSM 先验的最小熵稀疏孔径 ISAR 自聚焦算法，分别为 ME1 自聚焦算法与 ME2 自聚焦算法。两者的区别在于最小化图像熵的目标图像选取不同。ME1 自聚焦算法的目标图像为 RD 成像结果，通过在重构 ISAR 图像的过程中最小化 RD 图像熵估计并补偿初相误差，以实现自聚焦；ME2 自聚焦算法的目标函数则为迭代过程中稀疏重构的 ISAR 图像，在相位误差估计中充分利用了 ISAR 图像后验概率密度与高阶统计信息，鲁棒性强于 ME1 自聚焦算法。多组仿真与实测飞机数据证明，本书所提两种算法具有收敛速度快、对噪声鲁棒性强及自适应性强等特点。尤其是 ME2 自聚焦算法，在 SNR 低至–5dB、回波孔径稀疏度仅为 12.5%的条件下，不需要给定初始相位误差即可在 10 次以内迭代收敛，并获得聚焦程度较好的 ISAR 图像。而同等条件下，已有稀疏孔径自聚焦算法已无法聚焦 ISAR 图像。

(3) 针对稀疏孔径条件下的 ISAR 横向定标，分别提出了基于修正牛顿迭代的最小熵与最大对比度横向定标算法。两种算法均通过最优化图像质量估计目标转速与等效旋转中心，以实现横向定标与目标旋转引起的高阶相位误差补偿。为提高算法收敛速度，采用一种修正牛顿迭代算法进行目标转速与等效旋转中心估计。该算法在迭代过程中对所有 Hessian 矩阵负的特征值取反，以保持其正定性，再利用修正后的 Hessian 矩阵确定迭代方向，并且进一步采用后向追踪算法确定迭代步长，以提高收敛速度。基于仿真与实测数据的实验结果表明，本书基于修正牛顿迭代算法的最小熵与最大对比度 ISAR 横向定标算法与已有算法相比具有如下优势：

① 对噪声鲁棒性强，在 SNR 低至–10dB 条件下所得目标转速估计相对误差低于 0.05；

② 对稀疏孔径数据稳定性强，回波孔径稀疏度低至 12.5%的条件下所得相对误差低于 0.02；

③ 收敛速度快，在无特殊初值设定的情况下仅需要 5～6 次迭代即可收敛。

(4) 对于稀疏孔径 Bi-ISAR 成像，针对 Bi-ISAR 系统导致回波 SNR 降低的问题，首先提出了一种基于非相参累积的一维像降噪算法，以提升回波 SNR。然后提出了基于重排时频分析的成像区间选取算法，以从由目标复杂运动与 Bi-ISAR 系统所引起的时变 RID 谱中选取多普勒谱相对平稳的区间段，作为成像区间段。当选取的成像区间段较短时，传统 RD 算法成像分辨率较低，因此进一步提出基于 LSM 先验的稀疏孔径 Bi-ISAR 成像算法，以提高成像分辨率。最后通过暗室测量数据进行实验，验证了该算法可有效改善低 SNR 条件下 Bi-ISAR 成像质量，对噪声有较强的鲁棒性。

(5) 对于稀疏孔径 InISAR 成像，针对稀疏孔径导致不同通道 ISAR 图像匹配度降低的问题，提出了一种基于序贯多通道稀疏贝叶斯学习的稀疏孔径 InISAR 成像算法。该算法利用不同通道 ISAR 图像的相似性，对其进行联合重构，以提高图像匹配度，进而提升 ISAR 图像干涉与目标三维重构精度。为提升算法运算效率，进一步提出了 SM-SBL 算法，通过序贯更新的方式避免大矩阵求逆运算，从而大幅减少计算量。仿真实验结果表明，基于 SM-SBL 算法的 InISAR 成像算法可明显提升多通道 ISAR 图像的匹配度，与基于传统稀疏贝叶斯学习的 InISAR 成像算法相比，本书算法对目标三维坐标与旋转速度的估计精度较高，对噪声的鲁棒性较强，并且运算效率较高。

本书对稀疏孔径 ISAR 成像技术展开研究，取得了阶段性成果，具有一定理论和应用价值。以下问题有待进一步展开研究：

(1) 稀疏孔径条件下的复杂运动目标 ISAR 成像。复杂运动目标成像一直以来都是 ISAR 成像领域中的研究难点，目标运动的复杂性将导致多普勒频率非平稳，进一步导致 ISAR 图像散焦。如果先进行成像区间选取，选出目标多普勒谱相对平稳的区间段作为成像区间，选取的成像区间往往较短，导致成像分辨率较低。

尤其是在稀疏孔径条件下，回波数据率与相参性的降低进一步增加了成像难度。开展稀疏孔径条件下的复杂运动目标ISAR成像技术研究具有重要理论与应用价值。

(2) 稀疏孔径条件下非匀速旋转目标 ISAR 横向定标与相位误差补偿。本书提出的基于修正牛顿迭代的稀疏孔径 ISAR 横向定标算法仅考虑了目标转速，对于非匀速旋转目标，还需进一步考虑高阶转动参数所引起的相位误差，并且该相位误差具有空变特性，与目标各散射点坐标有关。在稀疏孔径条件下，目标 ISAR 图像质量下降，分辨率降低，将导致目标转动参数估计精度降低，难以满足 ISAR 横向定标要求。稀疏孔径条件下非匀速旋转目标 ISAR 横向定标有待进一步研究。

(3) 低信噪比条件下的稀疏孔径 ISAR 成像。对于稀疏孔径回波，一般利用目标 ISAR 图像的稀疏特性，通过稀疏恢复算法从稀疏孔径数据重构 ISAR 图像。然而，由于噪声分布同样具有稀疏特性，噪声严重影响 ISAR 图像重构精度。随着空间攻防对抗的加剧，越来越难以获得空间目标高信噪比稳定回波。开展低信噪比下的稀疏孔径 ISAR 成像研究具有重大工程应用价值。

(4) 稀疏孔径 ISAR 实时成像。本书所提出的稀疏孔径 ISAR 成像虽然对基于贝叶斯框架的稀疏孔径 ISAR 成像算法的运算效率有所考虑，如序贯多通道稀疏贝叶斯恢复算法，但仍然难以达到实时成像要求，仅适用于事后数据处理与分析，局限性较大。另外，压缩感知雷达的发展同样对稀疏恢复算法运算效率提出了较高要求。开展稀疏孔径 ISAR 实时成像技术研究是将其应用于实时雷达信号处理与分析系统的重要前提。

(5) 稀疏孔径斜侧式 InISAR 成像。本书所提基于序贯多通道稀疏贝叶斯恢复的 InISAR 成像算法仅考虑正侧式情况，即认为目标位于天线阵面法线方向，对于斜侧目标，该成像模型不再适用。稀疏孔径条件下的斜侧式 InISAR 成像技术有待进一步展开研究。